U0260125

BBC 宇宙的本质

夜晚的天空为什么是黑的

[英] 约翰 · 格里宾（John Gribbin）/ 著　　周宇恒 / 译

江苏凤凰科学技术出版社 · 南京

Space: Our Final Frontier by John Gribbin
Copyright © by 2001 John Gribbin and Mary Gribbin
Simplified Chinese translation copyright © 2021 Beijing Highlight Press Co., Ltd.
All rights reserved.

江苏省版权局著作权合同登记 图字：10-2021-161

图书在版编目（CIP）数据

BBC宇宙的本质：夜晚的天空为什么是黑的 /（英）约翰·格里宾著；周宇恒译. — 南京：江苏凤凰科学技术出版社，2022.2
ISBN 978-7-5713-2419-3

Ⅰ. ①B… Ⅱ. ①约… ②周… Ⅲ. ①宇宙－普及读物 Ⅳ. ① P159-49

中国版本图书馆 CIP 数据核字 (2021) 第 199429 号

BBC宇宙的本质：夜晚的天空为什么是黑的

著　　者	［英］约翰·格里宾（John Gribbin）
译　　者	周宇恒
审　　定	陈　维
责任编辑	沙玲玲
助理编辑	杨嘉庚
责任校对	仲　敏
责任监制	刘文洋
出版发行	江苏凤凰科学技术出版社
出版社地址	南京市湖南路 1 号 A 楼，邮编：210009
出版社网址	http://www.pspress.cn
印　　刷	北京利丰雅高长城印刷有限公司
开　　本	880 mm×1 230 mm 1/16
印　　张	15.75
字　　数	300 000
插　　页	4
版　　次	2022 年 2 月第 1 版
印　　次	2022 年 2 月第 1 次印刷
标准书号	ISBN 978-7-5713-2419-3
定　　价	168.00 元（精）

图书如有印装质量问题，可随时向我社印务部调换。

SPACE
our final frontier

目录

第一章 跨越宇宙 ………… 009

在发展出测量宇宙间距离的技术后，天文学家才开始洞悉宇宙运行的原理。若不了解这个寥廓宇宙中的距离，天文学家便无从测量恒星与星系的大小和亮度。

第二章 宇宙的命运 …… 087

宇宙是会永远膨胀下去，抑或是有朝一日会坍缩成黑洞呢？人类尚无法知道明确的答案，但 21 世纪的宇宙学家至少知道应当如何探求这些终极问题的答案。

第三章 接触地外生命

人类在这个广袤的宇宙中是孤独的吗？如今天文学家已能估算宇宙中存在其他形式生命体的概率。倘若其他生命确实存在，那么，其他有智慧的生命又是否存在呢？

第四章 其他宇宙

我们的宇宙有多特殊呢？它看起来似乎恰好适合人类这种生命体的存在。但究其根本，这种相互匹配是因为宇宙是为人类量身设计的，还是因为人类为适应这个宇宙而进化出了现有的特征呢？

CONTENTS

第一章

跨越宇宙

第 1 节

探索宇宙的“垫脚石”

《星际迷航》中的旅行者们勇敢无畏地踏入了前人未至之境，去探索人类最后的疆界——太空。在现实中，尽管人类尚未亲自踏足过太阳系之外的任何天体，但我们从未停止对外部世界的探索——我们用地基望远镜与在大气层上方环绕地球运行的星载仪器来进行远距离观测，再将此类观测取得的数据与基于物理定律对恒星和星系做出的推论进行比较。在天文学领域，理论与观测永远是相辅相成的。比如：对于某个描述恒星的理论而言，倘若其预言无法通过对恒星的实际观测得到检验，那么该理论便会毫无用武之地；而对于实验所观测到的颠覆性的新奇现象而言，倘若它不能被置于关于整个宇宙的理论体系内来理解，那么该现象也只会是未解之谜。理论与观测能共同指引人类踏上这段无尽的旅程，在空间上去到宇宙的遥远“边缘”，在时间上回到宇宙的最初“起点”。

第 8 页图　一个旋涡星系，类似我们所在的银河系

绘制太空地图

天文学家热衷于了解恒星与星系的演化，即它们的诞生、存在与死亡，也热爱探究整个宇宙的起源与最终命运。将这方面的知识与有关天体之间距离的知识结合起来，天文学家便能如同博物学家了解地球那般去了解宇宙。

博物学家通过结合生物学与地理学来探索在世界各地的不同地区中生活着哪些不同种类的生物。同理，天文学家通过研究恒星与星系发出的光来探索在宇宙的不同区域中存在着何种不同类型的天体。不过，我们仍需测量宇宙中的天体与地球之间的距离，方可了解这些天体相对于彼此的位置[1]。人类应该如何测量那些我们永远无望拜访、即便是无人的空间探测器也无法抵达的恒星和星系与地球之间的距离呢？这看似是一个不可能的任务，但天文学家发现了从地球直至宇宙最深处一步一步铺开的“垫脚石”。

三角形乃关键

正如一句中国名言所讲，“千里之行，始于足下”，人类对于宇宙的探索始于简单的三角形几何学。

人类测量太空的第一步所使用的技术，与在地球上用来非实地测量自身

上图　人类使用射电望远镜等仪器进行远程观测，以探索深空

左图　人类目前只拜访过太空中最近的邻居——月球

① 人类使用天球坐标系（celestial coordinate system）来绘制宇宙的地图，从而反映各个天体在宇宙中相对于彼此的位置。天球是天文学中引进的以选定点（常为地球）为中心、以任意长为半径的假想球面。只需知道任意两个天体各自与地球之间的距离及相对于我们的方向，便可得出这两个天体相对于彼此的位置。——本书中的脚注如无特殊说明，均为译者注。

与遥远物体（譬如山峰）之间距离的测绘技术在原理上完全相同。这背后的概念本身并无新奇之处，然而，由于地基仪器和星载仪器都在不断地推陈出新，因此这种方法如今能够触及前所未至的远方。

这种测绘方法基于三角形几何学。如果已知三角形一边（底边）的长，并有条件分别测量另外两边与底边的夹角，那么便不难计算出三角形底边到对面顶点的距离。这一过程被非常贴切地称为“三角测量”（triangulation）。

三角测量的问题在于，为了测量到更远物体的距离，我们需要更长的基线（baseline）。

上图　三角测量

视差的重要性

三角测量不仅限于测量地球上的距离，也同样适用于测量地球与太空中最邻近的天体——月球之间的距离。譬如，假设观测者 1 看到月球位于头顶正上方，同时，观测者 2 站在对观测者 1 而言是地平线的位置，测量月球在天空中的角度，根据三角形几何学，便很容易推算出地月距离约为 384 000 千米。

这一点之所以可能，是因为对于两名观测者而言，月球处于天空中不同的位置。倘若我们将手臂平伸至身前，食指向上，轮流闭上一只眼睛看食指，便会看到这根食指仿佛在遥远的背景中跳跃到了不同的位置，这与观测月球

▷ 测绘地球

三角测量是一种用于测量遥远物体与我们之间的距离的方法。如果想要在地图上标出一座山丘的位置，制图师可以首先测出一条基线的长度（也许约为 1 千米），然后使用被称为“经纬仪”（theodolite）的小型测量仪器，从基线的两端分别测量此处到山顶的连线与基线之间的夹角。利用已知的基线长度与所测得的两个角度，制图师便能计算出此三角形其他两边的长度，并由此得知这座山丘与基线之间的距离。基线的一端与山顶之间的连线也可以被用作一条新的基线来测量其他距离。不断重复这一过程，我们便可完成对整个地球表面的测绘。事实上，尽管如今三角测量已被卫星测绘法所取代，但 19 世纪的测绘者正是使用这种方法绘制出了印度的地图，他们从南亚次大陆的最南端开始测量，一路往北直至喜马拉雅山脉。

的原理是完全相同的。人的双眼略微相异的视野，给了我们观察眼前食指的不同视角；而两座天文台略微相异的视场，也给了天文学家观测月球的不同视角。从有一定距离的两个点上观察同一个目标所产生的这种方向差异，被称为“视差”（parallax）。视差使得前文中观测者 1 所看到的月球视位置 a 与观测者 2 所看到的月球视位置 b 之间相隔的距离几乎达到了满月在地球夜空中直径的 2 倍。

背景恒星距离地球太过遥远，因此从地球上的任意地点观测到的夜空背景皆大致相同。因此，我们通过测量月球（在这一例中[①]）在“固定”的恒星背景上的位移大小，便可方便地测量月球的视差。

下图　天文学家确定星系的尺寸后，甚至可以根据其在地球天空上的大小，使用三角测量来估算这些星系之间的距离

① 指除月球外的其他天体的视差亦可通过此种方式测量。

☆ 在法属圭亚那进行的观测，为人类首次测量地球与火星之间的距离提供了重要数据，那时的观测地点与欧洲空间局(European Space Agency，ESA) 后来发射阿丽亚娜（Ariane）系列火箭的地点相距不远。

在月球之外

三角测量与视差也被用来测量地球与最近的两颗行星——金星与火星之间的距离。鉴于这两颗行星比月球远许多，这项任务远比测量地月距离困难。我们需要同时在地球上相对的两个地点进行观测，然后计算出一个高且细的大三角形的几何数据。

1671 年，火星的视差首次得到了精确的测量。那时，法国天文学家让·里歇尔（Jean Richer）带领一支科考队前往南美洲的法属圭亚那，在指定夜晚（实际上是几个夜晚，考虑到云层的影响）的指定时刻，测量了火星相对于背景恒星的位置。

而在相同夜晚的相同时刻，远在巴黎的天文学家乔凡尼·卡西尼(Giovanni Cassini）同样测量了火星相对于背景恒星的位置。在里歇尔的科考队返回巴黎之后，两个团队比对了数据，由此计算出了地球与火星之间的距离。

遵循规律的行星

这些测量对于人类而言至关重要，因为人们从此得以了解整个太阳系的构成与天体分布。

描述诸行星环绕太阳运动的定律，是在 17 世纪初由德国天文学家、物理学家约翰内斯·开普勒（Johannes Kepler）提出的，而后英国物理学家、数学家艾萨克·牛顿（Isaac Newton）又进一步用万有引力理论对其进行了阐释。这些定律说明，如果行星 A、B 分别在不同的轨道上绕太阳公转，那么行星 A 的轨道周期——它环绕太阳一周所需的时间，即它的“一年”，必然是行星 B 轨道周期的一个特定倍数。

因此，尽管那时天文学家已经知道诸行星的轨道周期，但他们仍需直接测量至少一颗行星与太阳之间的距离，方可将实际的数值代入方程。通过测量地球与金星及火星各自的距离，天文学家便能计算出太阳与这两颗行星各自的距离。一旦知道这些距离，他们就可以进一步运用开普勒的行星运动定律来计算出太阳与太阳系中的其他所有行星（包括地球）的距离。此外，天文学家还能运用牛顿运动定律算出，要通过自身引力将各行星约束在公转轨道中，太阳必须达到多大的质量。

到了 17 世纪末，天文学家已能相当精确地计算出日地距离。此后，人类的观测技术取得了显著进步——我们现在甚至能通过从金星表面反射雷达信号[1]的方式来直接测量地球与金星的距离。如今，我们知道日地距离约

① 此为电磁波测距法的一种。

约翰内斯·开普勒（上图）通过研究火星（左图）的轨道发现了行星运动定律

为 1.496 亿千米（是地球赤道周长的 3 000 多倍）。而早在 200 年前，天文学家便已将日地距离精确到 1.4 亿千米——与现代数值相较，误差只有不到 7%。

右图　开普勒有一项关键的发现，即在相等的时间内，在公转轨道中运行的行星会扫过相等的面积[①]

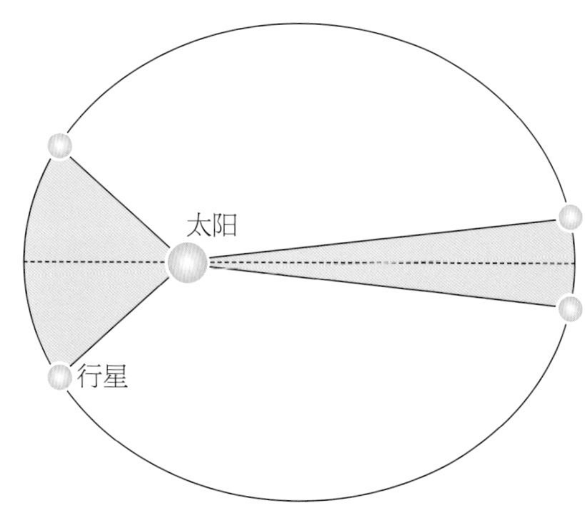

① 即开普勒行星运动第二定律，准确来说，是太阳系中太阳与运动中的行星的连线在相等的时间内会扫过相等的面积。这意味着，距离太阳愈远的行星，轨道速度愈小，轨道周期愈长。

通往群星的“垫脚石”

地球环绕太阳一周需要 12 个月。地球的轨道半径（太阳与地球的平均距离）约为 1.5 亿千米，这一距离又被称为天文单位（Astronomical Unit，AU）。它可以作为一条新的基线来测量更遥远的天体（譬如离太阳最近的恒星）的视差，因此在天文学中有着极其重要的意义。

每隔 6 个月的时间，地球便会运行到直径为 2 天文单位的公转轨道的另外一侧。这条基线实在太长，因此在间隔 6 个月拍摄的夜空照片中，有一些恒星由于视差效应而看似产生了微小的位移。鉴于恒星距离地球如此遥远，这种位移是微不足道的。若要了解这种影响究竟有多么微弱，以下这个例子可作为参考：19 世纪 30 年代，天文学家发现通过这种方式研究的第一颗恒星——天鹅座 61（61 Cygni）的视差位移仅有 0.31 角秒（一个圆周等于 360 度，1 度等于 60 角分，1 角分等于 60 角秒）。相比之下，满月在地球天空中的视直径可达 30 角分。因此天鹅座 61 在地球绕太阳公转时产生的视差位移，仅为月球视直径的 1/6 000 左右。

右图　我们所在的银河系与此图上的 M66 星系大小相当，它们都包含数以亿计的恒星

地球与其他恒星之间的距离太过遥远，因此天文学家不得不发明新的长度单位来加以描述。倘若一个天体距离地球远到日地距离（1 天文单位）在该天体天空中的视直径只有 1 角秒，那么该天体与地球的距离便正好是 1 秒差距（parsec）。1 秒差距略大于 30 万亿千米，这一数字大得难以具象化，不过我们可用光速来更直观地表示。光以大约 30 万千米 / 秒的速度传播，因而光 1 年可行进 9.46 万亿千米，这一距离又被称为光年[①]。因此，1 秒差距约等于 3.26 光年。将测得的视差转换为距离，我们即可发现天鹅座 61 与地球只有 3.4 秒差距的距离。这便是说，我们出乎意料地发现它竟然是距离太阳最近的恒星之一。

尘埃般的繁星

在清朗的夜晚仰望夜空，繁星无穷无尽，古往今来诸多诗人借此盛景感慨抒怀。然而人眼对微弱的光线并不敏感，即便是在无云无月、远离城市灯

▷ 其他恒星便是其他太阳

太阳是一颗恒星，换言之，其他恒星便是其他“太阳”。科学家直至 17 世纪才开始意识到这一点，且在意识到之后仍然无法相信。譬如，牛顿计算出如果天狼星（Sirius）确实是一颗与太阳一样明亮的恒星，那么要在天空中显得如此暗淡，它与地球之间的距离必然比日地距离大 100 万倍[②]。牛顿在某种意义上是对的，但这项计算结果令他如此困窘，因此他在世时并未将其发表。此理论初见于 1728 年牛顿逝世以后出版的《世界的系统》（*System of the World*）一书。天狼星事实上是离我们最近的恒星“邻居”之一，距地球只有 2.64 秒差距的距离。

我们现在知道太阳是一颗相当普通的恒星，大小适中，温度合宜，大致处于自己寿命的半程。对于那些期望人类在宇宙中的位置与众不同的人而言，这一事实或许有些令人失望。然而，这实际上带来了更为振奋人心的可能性。倘若太阳确实如此平凡，那么其他类太阳恒星似乎也有很大概率像太阳一样有行星环绕。倘若太阳在其他任何方面皆是寻常无奇的，那么就太阳的行星中包含适合生命居住的家园这一点而言，太阳是否也只是符合这一条件的诸多恒星中的一颗？若是如此，银河系中或许便真正存在着数十亿颗如地球一样的行星。

① 研究宇宙中各类天体时常用的长度单位，由大至小排序有：吉秒差距（gigaparsec，Gpc）、百万秒差距（megaparsec，Mpc）、千秒差距（kiloparsec，kpc）、秒差距（parsec，pc）、光年（light year，ly）、天文单位、千米等。一般认为整个可观测宇宙的直径只有 28.5 吉秒差距（约合 930 亿光年）。

② 据较新数据，天狼星与地球的实际距离约为 8.6 光年，是日地距离的 54 万倍左右。

火的完美观星条件下，单次观星所能看到的恒星最多也只有 3 000 颗左右。而在更为寻常的观星条件下，能看到 1 000 颗便已属幸运。

直至 17 世纪初，人类才开始初步了解夜空中恒星的真实数量，那时意大利天文学家、物理学家伽利略・伽利雷（Galileo Galilei）使用了望远镜来观测夜空。他发现一团看似是发出微弱光芒的“云”的光斑，这团“云”事实上是由无数颗独立恒星聚集而成的，其中的每一颗都暗淡得无法被人类的肉眼所见。他在 1610 年出版的《星际使者》（*The Starry Messenger*）一书中公布了自己的发现。

那时，人类尚没有精确的方法来估算这些恒星中的绝大多数与地球的距离。直至不久以前，天文学家直接通过视差完成测距的恒星数量仍然很少。19 世纪末，用此种方法成功测得距离的恒星只有 60 颗。到了 20 世纪末，这种情况有了极大的改善，沿轨道绕地球运行的依巴谷天文卫星（High

右图　依巴谷天文卫星在接受发射前的测试。它以前所未有的精度测量了诸多恒星与地球之间的距离

Precision Parallax Collecting Satellite，Hipparcos）摆脱了地球大气层的遮蔽影响，以史无前例的精度测量出了诸多恒星与地球之间的距离。它确定了超过 10 万颗恒星的视差，精度达到 0.002 角秒。但即便是一项意义重大的任务，它也只不过帮助我们测量了不到银河系恒星总数百万分之一的恒星的距离，将人类可以直接对恒星测距的范围扩大至数百秒差距。

颜色、亮度与距离

即便在依巴谷这类卫星的帮助下，天文学家仍然需要结合其他技术方可测量银河系以外的恒星与地球之间的距离。其中最为重要的一种技术被称为“移动星团法”（moving cluster method），它测出毕星团（Hyades）中的恒星与地球的距离大约为 40 秒差距（此数据已被依巴谷天文卫星所证实），这些恒星以整个星团的形式在太空中成群运动。毕星团包含数百颗颜色与亮度

下图　毕星团（左侧）与较小的昴星团（Pleiades，右侧）

右图　人类利用星团对银河系进行了测绘

右页图　银河系某部分的图片，可以让人直观感受银河系中的恒星数目之巨

只要做一次深呼吸，一个人肺部存在的空气分子的数量便能超过可观测宇宙里所有星系中的所有恒星的总数。

各异的恒星，并且它们与地球的距离大致相同，这有助于天文学家理解恒星亮度与恒星所发之光的颜色之间的微妙关系。恒星的颜色同它与观测者之间的距离无关，我们只能通过亮度判断某颗恒星与地球的距离。一旦天文学家观测到一颗与毕星团中某类恒星颜色相同的恒星，通过将该恒星的亮度（或暗淡程度）与毕星团中的类似恒星相比较，他们便能估算出该恒星的距离。至关重要的是，天文学家所研究的恒星在颜色上的微弱差异，是通过一项被称为光谱分析的技术揭示出来的，这项技术或许可以说是天文学家所运用的最为重要的工具。

得益于这些方法的应用，人类如今对恒星之间的距离与恒星的大小都已取得明晰的认识。即便是一颗恒星与其最近的“恒星邻居”之间的距离，通常也可达到该恒星自身直径的数千万倍（自然，这一点不适用于那些两颗及以上恒星围绕彼此运行的恒星系统）。例如：太阳的直径为 139 万千米（这对于像太阳这样处于生命周期中主序阶段的恒星而言非常典型），倘若将太阳想象为只有一粒药片的大小，那么根据这一缩放尺度，离它最近的恒星会是 140 千米外的另一粒药片。即便是与恒星本身惊人的大小相比，恒星之间的距离也可谓是不可思议。

光谱分析：天文学的关键工具

天文学家最为重要的工具之一便是分析星光并了解恒星构成元素的光谱分析技术。它所依据的原理是：任何一种特定化学元素的原子，都会以光谱①中非常精确的特定波长来辐射能量（如果原子温度较高）或吸收能量（如果原子温度较低）②。每种元素的原子在辐射或吸收能量时都会在光谱上留下其独有的谱线组，形成类似条形码的图案。而且正如条形码一样，每种元素的光谱图也是独一无二的。

焰色试验

人类如今已经知道某种特定化学元素对应的是何种光谱“条形码”，因为科学家已经通过简单的焰色试验对各种元素原子所发的光进行了研究。在进行焰色试验时，他们（通常用本生灯）加热某种已知元素的样本（譬如铜线），并让其受热后发出的光穿过一个三棱镜。光在穿过三棱镜时发生色散，从而形成该元素独一无二的谱线图案。在使用大量不同物质来重复进行这项测试之后，科学家建立起一座巨大的光谱图资料库。我们若要识别一种未知物质，便可分析其光谱图并与资料库中的光谱图相比较。

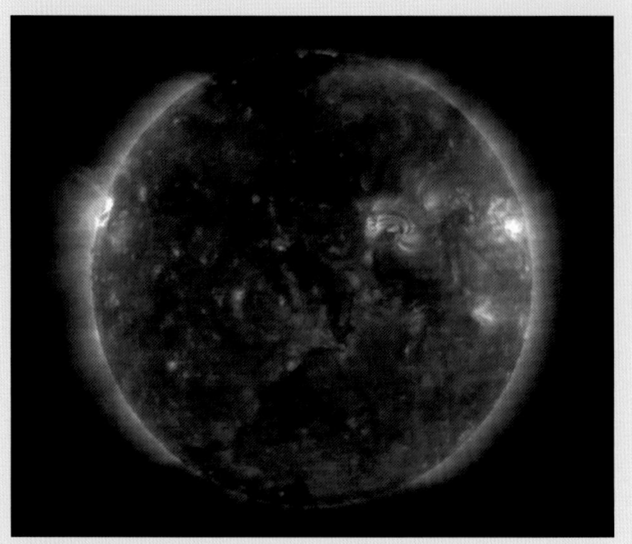

上图　太阳大气层的最外层——日冕（corona）的紫外图像，由太阳和日球层探测器（Solar and Heliospheric Observatory，SOHO）拍摄。图中左侧可见在一次太阳耀斑事件发生后被吸收的日珥

右图　在焰色试验中用本生灯来加热铜线

光谱分析发明于19世纪中叶，但那时资料库中存在着诸多空缺的部分，有待通过更多的研究去填充。第一个注意到来自太阳的光在穿过棱镜之后会形成含有许多不连续的独特谱线的光谱图的人是英国化学家、物理学家威廉·沃拉斯顿（William Wollaston），他于1802年发现了这一点。不过，他并不清楚这些谱线为何物。1814年，德国物理学家约瑟夫·冯·夫琅和费（Josef von Fraunhofer）统计出太阳的光谱图中含有574条谱线，同时也在其他恒星的光谱图中发现了许多与太阳光谱图中所见相同的谱线。然而，德国物理学家古斯塔夫·基尔霍夫（Gustav Kirchhoff）才是正确解释这些谱线的第一人。这些谱线的形成是因为恒星的大气层中存在不同元素。基尔霍夫于19世纪50年代末在德国与化学家罗伯特·本生（Robert Bunsen）共同确定了光谱分析的基本原则。

---

① 即电磁波谱（electromagnetic spectrum），因为可见光、红外线等本质上皆为波长不同的电磁波。按波长由长至短排序，电磁波的主要类型包括无线电波（其中包含微波）、红外线、可见光、紫外线、X射线、γ射线。波长愈短，频率愈高，能量愈大，传播距离愈短。可见光的波长范围为380～780纳米，该范围在不同的标准中略有差异。

② 原子中的电子从较低能级跃迁至较高能级时吸收能量，从较高能级跃迁到较低能级时则释放能量。

日光的秘密

对从 1868 年的一次日食中取得的来自太阳大气层的光进行光谱研究后，科学家发现其中一种独特的谱线分布方式与任何已知的元素皆无法对应。因此，英国天文学家诺曼·洛克耶（Norman Lockyer）推断，太阳中必定存在一种地球上从未发现过的元素。他根据希腊语中表示太阳的单词 helios 将此种元素命名为氦（helium）。1895 年，氦元素在地球上的存在得到了证实。一定程度上受这条著名预言的影响，洛克耶在 1897 年受封为爵士。光谱分析指引人类在太阳这颗距离地球最近的恒星中发现了一种完全未知的新元素，彼时人类还从未在地球上发现过这种元素。

移动的恒星

光谱分析在天文学中还有另一种至关重要的用途。与每种元素相对应的谱线总是以相同的特定波长产生，然而，如果产生这些谱线的物体正在移动，那么整个如“条形码”一般的谱线图就会相应地在光谱上移动。倘若某个物体正在靠近地球，它的谱线图便

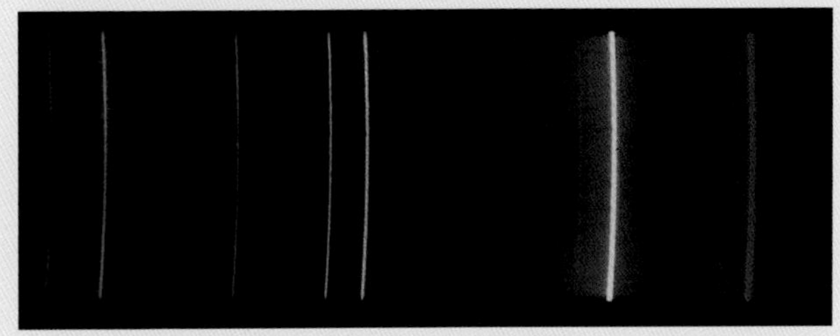

会向波长较短的方向移动。鉴于蓝光的波长短于红光，这种现象被称为“蓝移”（blue shift）。同理，倘若某个物体正在远离地球，它的谱线图便会向波长较长的方向移动，这种现象被称为“红移”（red shift）。上述现象便是著名的多普勒效应（Doppler effect）。天文学家利用多普勒效应来测量恒星在宇宙中运动的速度、星系旋转的速度、双星系统（两颗恒星围绕彼此旋转的系统）中恒星在轨道中运行的速度。最末一种应用方式尤其有价值，因为它（与万有引力定律一样）对于测量所研究恒星的质量至关重要。

总而言之，光谱分析能为我们揭示恒星的构成、运动速度与质量。倘若没有光谱分析的存在，那么天文学整个学科在很大程度上便只能局限于根据夜空中繁星的排列来创造星座图。

上图　图中清晰地显示了炽热氦气所发出的光线中不同颜色的谱线。这些谱线仿佛是元素独特的指纹一般

左图　由 4 个在互相碰撞的路径上的星系和 NGC 7320 组成的斯蒂芬五重星系（Stephan's Quintet）。图中的颜色差异表示星系成员红移量的差异

主题链接

第 19 页　颜色、亮度与距离

第 93 页　移动的星系

第 158 页　巨大惊喜

第 170 页　寻找生命的迹象

宇宙中的“星岛”

通过运用各种可能的技术来测量恒星与地球之间的距离，天文学家现已能为我们所在的这个恒星集合地——这座名为银河系的“星岛”绘制地图。这就像一个身在森林中的绘图师，通过计算出各个方向上树木的距离与相对位置，来绘制出森林的全貌。在银河系的某些区域，恒星之间的“空隙”中存在巨大的气体尘埃云，这一点对绘图过程也有所裨益。这些气体尘埃云中含有大量的氢，而氢可以被射电望远镜探测到。

银河系的整体形状是一个扁平的圆盘，它的直径约为 30 000 秒差距，包含数千亿颗或多或少与太阳相似的恒星。这个圆盘（银盘）外缘部分的厚度仅有 300 秒差距左右（约等于其自身宽度的 1%），但银盘中心的凸出部分（银核）的宽度达到 7 000 秒差距，厚度达到 1 000 秒差距。倘若我们从外部来看银河系，它看起来仿佛是一个硕大无朋的荷包蛋。

一轮光晕环绕着整个银盘，它是由大约 150 个已知的被称为球状星团（globular cluster）的明亮恒星系统构成的。每个球状星团都含有数十万乃至数百万颗恒星，这些恒星彼此之间的距离非常近，在每立方秒差距的体积内便可包含多达 1 000 颗恒星。根据恒星运动的方式，天文学家推断有大量暗物质（有质量但无法被直接探测到的物质）环绕着整个银河系，并一直在对银河系施加引力作用。

构成旋涡的恒星

倘若我们能从正上方俯瞰银河系，我们会发现银河系的结构不无特别之处：有几条被称为“旋臂”（spiral arm）的长串明亮恒星，从银核部分一直向外伸展、盘绕。但事实上，这种结构对于银河系这样的盘星系[①]（disk galaxy）而言极为寻常。然而，银核部分与银盘本身最根本的差异在于，银核中的所有恒星（以及环绕银河系的银晕里球状星团中的所有恒星）都是相当古老的。它们的年龄可能高达 120 亿年，并且由于一些历史原因而被称为星族Ⅱ恒星[②]（Population Ⅱ star）。同时，银核中的气体与尘埃也十分之少。而有旋臂向外盘绕的银盘部分不仅含有气体、尘埃与部分老年恒星，也含有被称为星族Ⅰ恒星（Population Ⅰ star）的中年恒星与年轻恒星，太阳便是一颗星族Ⅰ恒星。此外，在银盘中，仍有新恒星在不断地诞生。

银盘中的所有恒星以及气体、尘埃都在围绕银河系的中心（银心）旋转，

---

① 盘星系指有星系盘的星系，包括正常旋涡星系、棒旋星系和透镜状星系；旋涡星系指具有旋涡状结构的星系，包括正常旋涡星系和棒旋星系。更具体来讲，银河系是一个棒旋星系。——编者注

② 1944 年，德国天文学家沃尔特·巴德（Walter Baade）根据不同恒星中化学元素的丰度将恒星分为两个星族，1978 年星族Ⅲ的概念也被引入这一分类系统。我们通过光谱得知三个星族的恒星在化学构成上存在显著差异，而普遍来说，愈古老的恒星，其所含的比氢、氦重的元素（天文学中称为重元素）便愈少。星族Ⅰ恒星所含的重元素相对而言最多，诞生时间最晚，通常存在于旋臂中，太阳便属于此类；星族Ⅱ恒星含有少量重元素，通常靠近星系中心或是存在于球状星团中；星族Ⅲ恒星几乎不含任何重元素，是宇宙中最早诞生的恒星，但关于星族Ⅲ的存在至今还是一个假设。

但银盘并不会像正在播放的光盘那样整体旋转。银盘中包含的每一颗恒星都在独立地运动——正如太阳系中的每一颗行星都在独立地围绕太阳公转。而靠近银心的恒星的公转速度，要快于那些靠近银盘边缘的恒星的公转速度。太阳在自身轨道里“携带”着整个太阳系一起围绕银心旋转，公转速度约为250 千米 / 秒。然而，银河系非常庞大，即便以这样高的速度旋转，太阳系绕银心公转一周仍需 2.25 亿年左右。太阳自从 46 亿年前诞生以来，只完成过大约 20 次公转。

太阳及绕其运行的诸行星在距离银心 9 000 秒差距左右的位置围绕银心旋转，大致处在银心到银盘边缘 3/5 的距离上，位于猎户臂（Orion Arm）的内缘。我们现在知道，地球并非处于银河系的中心，在银河系中的位置没有什么特别之处。

下图　银河系是一个嵌在球状星团光晕中的由恒星构成的扁平圆盘

透视的问题

直至 20 世纪 20 年代，人类才能正确地描述银河系的大小与形状。在此之前，大多数人以为地球夜空中可见的恒星便构成了整个宇宙。然而，人类不但运用望远镜观测到了银河系中的无数恒星，还发现了天空中微弱的小片光芒，即那时被称为 nebulae（星云）的模糊光团。在天文学家开始认识、理解银河系的同时，其中一些学者开始猜测这些星云是否有可能是宇宙中的其他“星岛”，即像银河系一样的星系，只是因为它们距离地球实在太过遥远，故其包含的所有恒星发出的光在地球上看来就像地球夜空中微小的云那样暗淡。那个年代的天文学家对此展开了激烈的辩论，因为如果这种推测确为事实，那便意味着其他星系与地球之间相隔数十万乃至数百万秒差距的遥远距离。这一点在那时之所以令人难以接受，是因为在此不久之前，天文学家才发现银河系本身的直径达到了数万秒差距，比人类此前所能想象到的任何物体都更为庞大。另一种易于接受的假说则认为，这些星云其实是存在于银河系内部的恒星之间的发光气体云。

若要了解这些星云是否确为星系，唯一的方法是识别它们内部的恒星并直接对其进行测距。由于它们的距离太远，三角测量已无法发挥作用。但在 20 世纪 20 年代，天文学家已经知道某些类型的爆发恒星（被称为新星）有

右图　威尔逊山天文台的胡克望远镜（Hooker Telescope）曾被用在计算银河系大小的科研项目中

着近乎相同的绝对光度峰值，而另一类恒星（被称为造父变星）的光度可以通过它们的其他属性推断出来。已知一颗恒星的真实光度，再测量其视亮度[1]，便不难算出该恒星与地球之间的距离。这就是说，只要天文学家能够发现星云中的新星与造父变星，他们便能大致算出这些恒星与地球之间的距离。

20 世纪 20 年代，使用当时世界上最好的望远镜——胡克望远镜，正好可以对其中一些星云所含的恒星做出关键性测量。胡克望远镜（至今仍在使用）口径达 2.54 米，以出资建造者的姓氏命名，被放置在美国加利福尼亚州帕萨迪纳市附近的威尔逊山山顶。

上图　1987A 超新星爆发是一次大型恒星爆发事件。该图片由哈勃空间望远镜（Hubble Space Telescope，HST）于 1987 年 3 月拍摄

下图　图片中心的这颗垂死恒星被两个发光的星周物质环和一个非常明亮的环所围绕

在银河系之外

做出上文所述之关键性测量的天文学家是埃德温·哈勃（Edwin Hubble），他在一些当时被认为是星云的区域中发现了造父变星和新星这两种恒星，这些星云也就是现在已知最靠近银河系的星系。然而事实上，并非所有星云都是银河系外的星系（河外星系），一些星云其实是银河系内部的气体尘埃云，它们对于恒星的生命周期以及太阳系等行星系统的起源发挥着重大的作用。

为避免混淆，天文学家保留了“星云”一词来指代银河系内部的气体尘埃云（由于历史原因，一些河外星系有时仍被称为星云），而使用“星系”一词来指代银河系以外包含众多恒星的庞大系统。

即便是使用口径达 2.54 米的胡克望远镜，为计算其他星系与地球之间的距离而进行观测也是相当困难的。当哈勃最初开始测量所需研究的距离时，他发现尽管其他星系确实位于银河系之外，但它们似乎并不像银河系这般庞大。这完全是个透视的问题。我们能实际测量的为数不多的天文学数值之一，便是一个星系在地球天空中覆盖的面积，而一个距离较近的较小星系所覆盖的面积可能恰好会与一个距离较远的较大星系所覆盖的面积相同。这与以下这一例子的原理是相同的：倘若我们将一个小牛模型置于眼前，它看起来会与远处田野中的一头真牛大小相仿。同理，在日全食期间月球之所以能完全遮挡住太阳，是因为尽管太阳的直径比月球大将近 400 倍，但它与地球之间的距离同样也比地月距离远将近 400 倍，因此在地球上看来太阳和月球仿佛大小相同。

随着望远镜变得越来越先进，天文学家也能愈发精确地测量其他星系与地球之间的距离。他们使用了诸多不同的“垫脚石”，不只使用造父变星与新

① 某个天体对于观测者而言的视亮度等于 $L \div 4\pi d^2$，其中 L 表示该天体的光度，π 表示圆周率，d 表示该天体与观测者之间的距离。

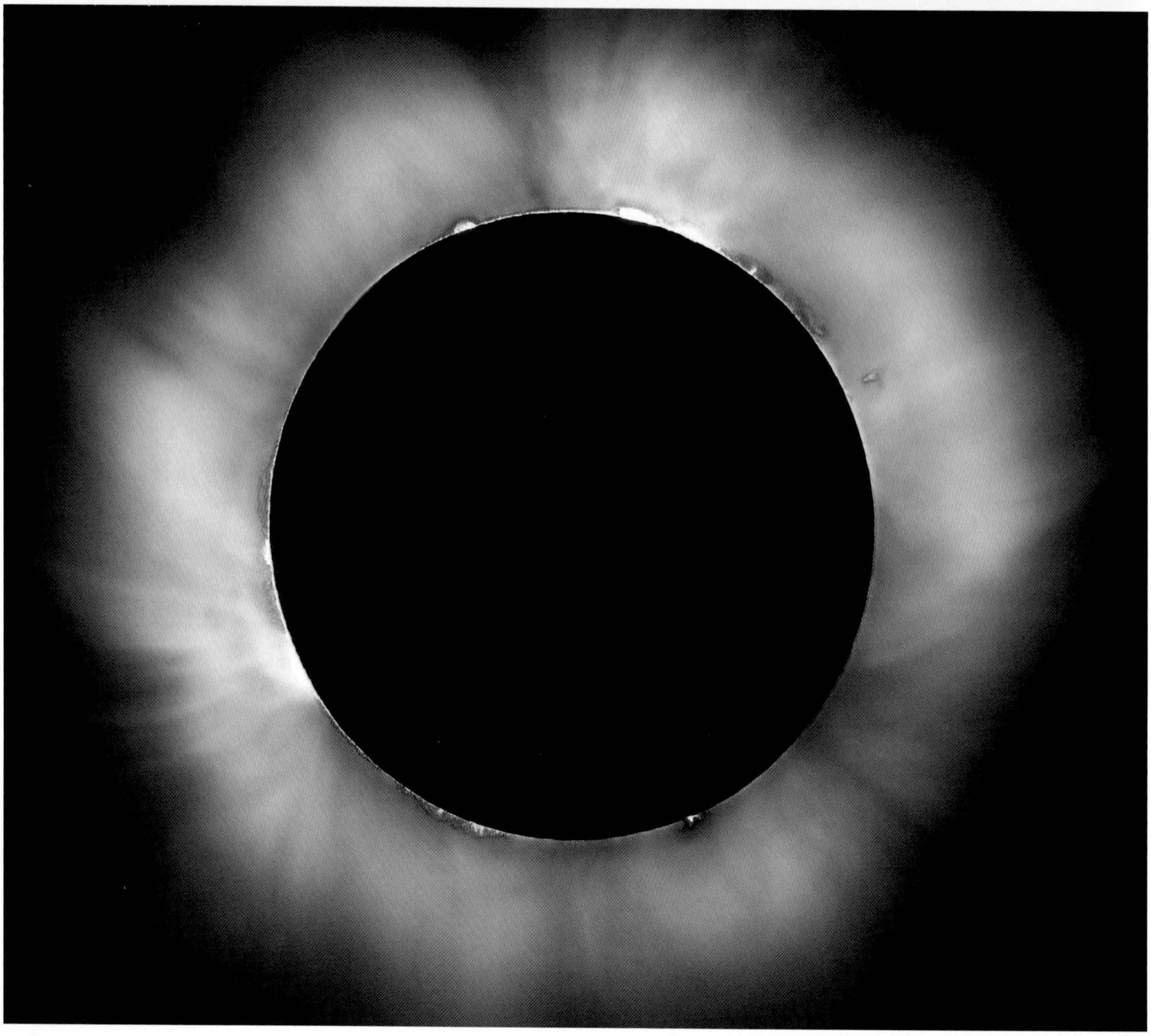

星，也使用了比较不同星系中球状星团等天体的亮度的方法。经过逾 50 年的不懈研究，天文学家发现银河系以外的其他星系与地球之间的距离比哈勃所估算的远 10 倍左右。因此，合乎逻辑的结论是，这些星系必定也比哈勃所估算的大 10 倍左右，这样它们方可在地球天空中呈现出现在的大小。

然而，造父变星与新星仍然是最好的示距天体。20 世纪 90 年代，一个来自英国萨塞克斯大学的团队运用哈勃空间望远镜测得的造父变星距离，最终确定银河系的各种性质在同类星系中处于平均水平。若要说银河系有任何特别之处，那便是它略小于宇宙中同类盘星系的平均大小。银河系本身的性质与地球在银河系中的位置一样平凡。

左页图 · 上　银河系这类星系由一个含有大量恒星的中心凸出部分与围绕它的较薄盘面构成

左页图 · 下　尽管太阳事实上远大于月球，但在地球上看来太阳与月球大小相近。同理，各个星系在地球夜空中之所以显得如此渺小，也只是因为它们距离地球过于遥远

按比例看待星系

通过上述这些研究，人类如今对星系的大小与星系之间的距离都有了清楚的认识。

除了像银河系这样的盘星系（旋涡星系）之外，宇宙中还存在着更为庞大的椭圆星系，它们不呈扁平的圆盘状或旋涡状，而是呈椭球状（类似于橄榄球）。一般认为，此类星系是通过宇宙中星系的相互噬食（盘星系的融合）形成的。

此外，宇宙中也存在较小的椭圆星系（类似第 24 页讲到的球状星团），以及没有明确形状的小型不规则星系。最大的椭圆星系含有数万亿颗恒星，而像银河系这样的盘星系含有数千亿颗恒星，直径为数万秒差距。

相对于星系、恒星各自的大小而言，星系之间的相对距离要比恒星之间的小得多。这一点与前文所述的透视问题在原理上是相近的。倘若我们将之前的药片比喻应用于星系，用单独一粒药片来表示整个银河系，那么距离银河系最近的大型盘星系——仙女星系（Andromeda Galaxy）便是仅在 0.13 米之外的另一粒药片。此外，仅在 3 米之外，便有一个由大约 2 000 粒药片构成的大型聚合体，分布在相当于一个篮球大小的空间里，这便是室女星系团（Virgo Cluster）。若用一粒药片来表示整个银河系，根据这一缩放尺度，整个可观测宇宙的直径仅有 1 千米，其中包含数千亿粒药片。从星系的角度看，宇宙还是一个相当拥挤的地方。

大多数星系都组合在一起构成星系团（规模较小的星系团称为星系群）。图中显示的是室女星系团的中心区域，它是探索整个宇宙的重要“垫脚石”

造父距离尺标

有一类变星被称为造父变星，它们为人类测量宇宙中的距离发挥了关键性作用。每颗造父变星的亮度都会经历一种非常规律的周期性变化，有的周期短至1天，有的周期长至50天，而其他大多数周期处于这两个极端数值之间。尽管造父变星本身便十分令人着迷，但其在天文学中的重要性主要来自其作为探索整个宇宙的至关重要的“垫脚石”——它们能精确地告知我们地球与最近的星系之间的距离。

造父变星是黄色的大型恒星，本征光度通常为太阳的300 ~ 26 000倍，大小通常为太阳的14 ~ 200倍。一颗造父变星亮度的变化与它的周期性脉动有关，这种脉动仿佛呼吸一般。当一颗造父变星的包层已膨胀至最大尺寸并已冷却时，光度最小；当其包层已收缩至最小尺寸并已变热时，光度最大。

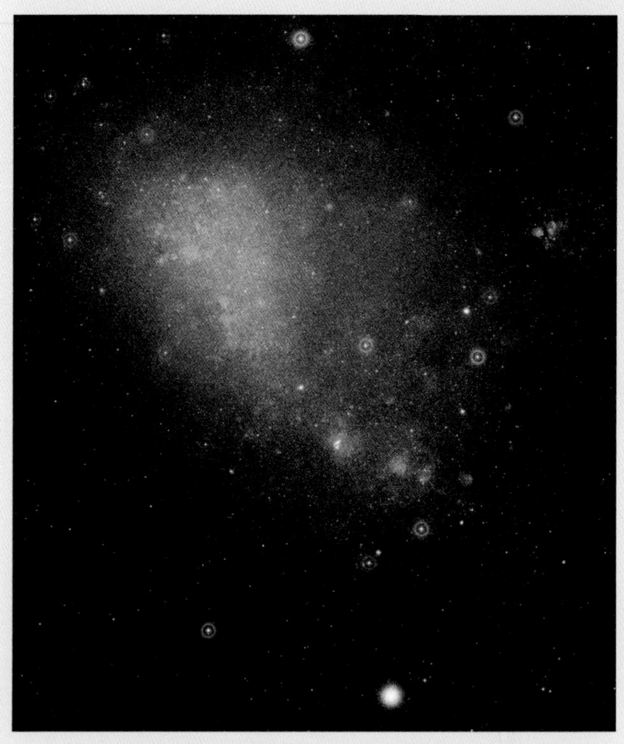

上图　小麦哲伦云与地球之间的距离约为20万光年，其中含有大量造父变星

最初的步伐

20世纪初，美国天文学家亨丽埃塔·斯旺·莱维特（Henrietta Swan Leavitt）在哈佛大学天文台工作，研究小麦哲伦云（Small Magellanic Cloud，一个环绕银河系运行的小型不规则星系）内的造父变星。她发现，一颗造父变星的光度越大，它完成光变周期所需的时间便越长。

这条规律在小麦哲伦云里的造父变星中得到了清晰的体现。该星系距离地球太过遥远，以至于星系一端至另一端的距离和星系与地球之间的距离相比微不足道，因此该星系包含的所有恒星与地球之间的距离都可被视为是大致相同的。

这意味着，倘若其中一颗造父变星的视亮度是另一颗造父变星的2倍，这并不是因为前者离我们更近一些，而是因为前者的光度确实是后者的2倍。

左图　亨丽埃塔·斯旺·莱维特发现造父变星可被用作示距天体

恒星路灯

莱维特所发现的造父变星光度与光变周期间的关系（周光关系）意味着，我们可以使用这些数据来测量银河系内部的相对距离。举个例子，倘若我们借由这种周光关系发现一颗造父变星的本征光度是另一颗造父变星的 2 倍，那么我们通过比较这两颗造父变星在地球天空中的视亮度，便能得出它们与地球之间的相对距离。不过，若要运用此类信息来测量银河系内部的实际距离，我们首先必须对至少数颗造父变星完成直接测距。

起初，只有一小部分造父变星的距离能够被直接测得。然而，至关重要的是，毕星团中有些可以测距的恒星与含有造父变星的星团中的恒星十分相似。如此我们便有了校准的依据，于是任何造父变星与地球之间的距离皆可通过以下这一方法简单算出：首先测量它的周期、计算它的本征光度，再将它的视亮度与本征光度相比较。不过，直至 20 世纪 80 年代，只有 18 颗造父变星的距离得到过准确测量，可见那时这种方法仍只是勉强能够奏效。然而，从 20 世纪 90 年代开始，依巴谷天文卫星获得的数据提供了对部分造父变星与地球之间距离的直接测量结果，也提高了对毕星团测距的精度。因此，如今造父距离尺标的基础比以往任何时候都要更为坚实可靠。

进入宇宙

经过上述这类研究，现在我们便可以根据造父距离尺标，来校准与造父变星位于相同星系中的其他天体（尤其是爆发的超新星）的光度了。超新星十分明亮，因此它们可以发挥示距天体的作用，帮助人类测量极其遥远的星系的距离。

上图　倘若知道一颗恒星的本征光度，我们便可通过测量其视亮度来得出它与地球之间的距离，正如我们可以通过路灯的亮度来判断它的远近一样

左图　2010 年，哈勃空间望远镜拍下了这张被称为“宇宙花环”的图像，图中最亮的就是造父变星船尾座 RS

主题链接
第 27 页　在银河系之外
第 90 页　在本星系群之外
第 107 页　爱因斯坦的几何

第2节

恒星的诞生

恒星并不是在孤立的环境中独自诞生的，而是诞生于可能同时孕育着成千上万颗恒星的“摇篮”之中。尽管天文学家未曾直接观测到单个恒星诞生的全过程[1]，但鉴于我们可以分别观测处于生命周期中各个阶段的恒星，我们依然能理解恒星从诞生至死亡的整个过程。同理，一名造访地球的外星来客若要理解人类的整个生命周期，也无须观测某一人类个体出生、成长、死亡的全过程，而只需研究人类生命周期中每个阶段的人群。

太阳系位于银河系中一个天体分布相当密集的区域，靠近一个不断有恒星诞生的恒星摇篮——猎户星云（Orion Nebula），这对于天文学研究而言可谓是一大幸事。我们只需使用小型单筒望远镜或双筒望远镜便能观测到猎户星云，它会显现为猎户座“腰带”下方不远处的一片微弱光斑。

① 从星云中密度较大的部分发生坍缩开始，直至新诞生的恒星完全稳定下来、开始进行核聚变为止，这个时间跨度过长（数十万乃至上千万年），所以人类自从发展现代天文观测技术以来还远未能完整观测到单个恒星诞生的全过程。

猎户座恒星诞生区

猎户座是地球夜空中最为人类所熟知的星座之一。倘若我们在形成猎户座“腰带”的 3 颗恒星的下方不远处留心寻觅，我们会看到一片模糊的光斑，它便是猎户星云，如果使用一副不错的双筒望远镜，便能将它看得相当清楚。猎户星云是此类气体尘埃云的典型代表，它们广泛散布在银盘之中，在从银盘边缘向外盘旋伸出的旋臂里尤为常见。人类已知星云中的绝大多数都只有借助望远镜才能观测到，不过由于猎户星云距离地球极近，只有 1 500 光年的距离，所以人类用肉眼便可看见它。

猎户星云距离地球如此之近，因此当我们使用哈勃空间望远镜等大型天文仪器对准它进行观测时，仪器能以令人惊叹的细节揭示出星云的结构，也能显示其中存在的数百颗新近形成且十分炽热的年轻恒星。这些恒星从内部照亮了星云，而人类用肉眼或双筒望远镜看到的那团光芒也是由它们发出的。

尽管猎户星云因为与地球距离极近而显得蔚为壮观，但它实际上在各个方面都没有什么特别之处。它是银河系中典型的恒星诞生区，其中时刻都有新的恒星在形成。猎户星云的直径约为 20 光年，其中 4 颗巨大而明亮的恒星尤

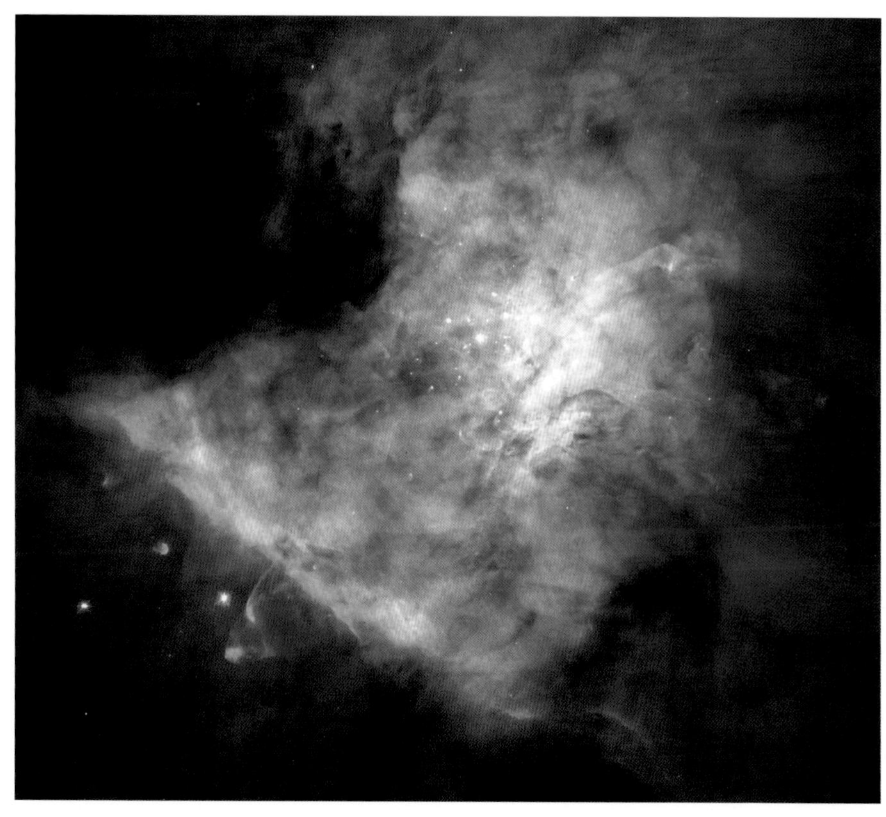

左图　猎户星云是一个此刻仍在孕育新恒星的区域

为显眼，它们构成了被称为“猎户四边形”（Trapezium of Orion）的恒星图案。除此之外，猎户星云也包含数百颗或多或少与诞生之初的太阳相似的较小恒星。

上图　猎户星云中的气体会反射炽热的年轻恒星所发出的蓝光

左页图　哈勃空间望远镜拍摄的鹰状星云（Eagle Nebula）中由气体与尘埃组成的“手指[③]”。它们是由年轻恒星的辐射雕琢而成的，每根“手指”的长度约为1光年

恒星开始燃烧

恒星之所以会开始在猎户星云这样的气体尘埃云中形成，本质上是因为这种星云不可能是完全平滑且均匀的[①]。星云中的某些区域难免会比其他区域密度更大，这些密度较大的区域会开始吸引物质，并在自身引力的作用下坍缩。而这一物质聚集区的密度变得愈大，其引力作用便会相应地愈强，因此它从周围环境中吸引的物质也会愈来愈多。

随着原恒星（protostar）发生坍缩，它的内部将变得非常炽热。这种热量使得这颗年轻恒星开始发光，也在星云内部这颗恒星的周围清出了一片透明罩般的、或多或少类似真空的区域。起初，年轻恒星的热量来自它坍缩时释放出的引力能（gravitational energy）。之后，一旦恒星核心的温度超过1 000万摄氏度，恒星便可以启动将氢原子核（质子）聚变成氦原子核的过程了。不过，只有在原恒星的质量超过0.08倍太阳质量的情况下，这一过程才有可能被启动。而质量小于这一数值的气体团则会冷却下来，形成类似木星（木星质量相当于太阳质量的0.1%）但比木星更为庞大的天体。这类天体有时被称为褐矮星[②]（brown dwarf），它们是本可能成为恒星但未能成功的天体。

像猎户座中这样的星云所含的气体与尘埃，最多可以孕育数百万颗类似太阳的恒星。不过，并非所有的气体与尘埃都会转变为恒星，因为随着第一代恒星的诞生，恒星形成过程中产生的光与热会将剩余的物质驱散。这些物质之所以能被如此轻易地驱散，是因为其在极大程度上是由宇宙诞生时那场大爆炸所留下的氢气与氦气组成的。大致来说，恒星赖以形成的这些物质起初含有大约75%的氢与略少于25%的氦（以上百分比表示质量占比），而余下所有元素的总占比尚不足1%。

类似太阳的恒星

对于质量足够大的恒星而言，当4个氢原子核经过一系列步骤合成一个氦原子核时，核燃烧便开始了。氦原子核十分稳定，对于恒星形成的过程也很重要，它们有时被直接视为具有独特意义的独立实体，即“α粒子”。尤其

① 指这种气体尘埃云中物质的分布不可能是完全均匀的。事实上，这种不均匀性是我们宇宙中一切天体乃至大尺度结构（large scale structure）赖以形成的基础。因为倘若没有不同区域之间的密度差异，便也不会存在引力差异，那么引力只会在各个方向上均匀地施加影响，而不会有某些区域比其他区域吸引更多的物质，物质便无法聚集在一起形成各类天体。

② 褐矮星的质量介于质量最大的气态巨行星与质量最小的恒星之间。大多数褐矮星的体积只比木星略大一些，但因密度更大，所以质量通常为木星的13～80倍。

③ 即著名的“创生之柱”（Pillars of Creation）。

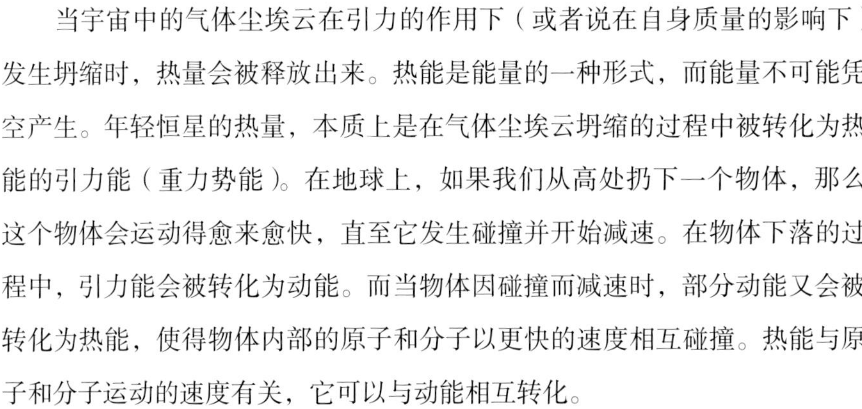

源自引力的热能

当宇宙中的气体尘埃云在引力的作用下（或者说在自身质量的影响下）发生坍缩时，热量会被释放出来。热能是能量的一种形式，而能量不可能凭空产生。年轻恒星的热量，本质上是在气体尘埃云坍缩的过程中被转化为热能的引力能（重力势能）。在地球上，如果我们从高处扔下一个物体，那么这个物体会运动得愈来愈快，直至它发生碰撞并开始减速。在物体下落的过程中，引力能会被转化为动能。而当物体因碰撞而减速时，部分动能又会被转化为热能，使得物体内部的原子和分子以更快的速度相互碰撞。热能与原子和分子运动的速度有关，它可以与动能相互转化。

在一团正在坍缩的气体尘埃云中，所有的原子与分子都受到来自气体尘埃云中心的引力，它们被吸引着向中心坠落。于是这些原子与分子会以愈来愈快的速度运动，直至撞到其他物体为止。然而，它们唯一能撞到的只有彼此。因此，随着气体尘埃云的坍缩，原子与分子会愈发猛烈地撞击彼此。由于移动速度加快，它们的动能也随之增大，这便使得气体尘埃云变得愈来愈热。

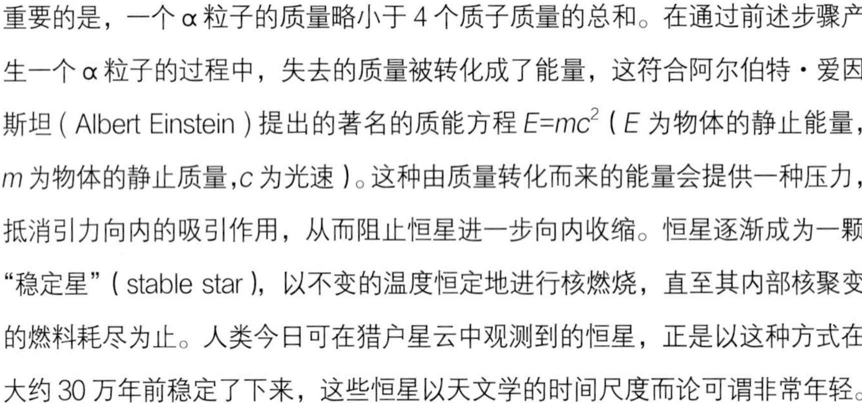

重要的是，一个 α 粒子的质量略小于 4 个质子质量的总和。在通过前述步骤产生一个 α 粒子的过程中，失去的质量被转化成了能量，这符合阿尔伯特・爱因斯坦（Albert Einstein）提出的著名的质能方程 $E=mc^2$（E 为物体的静止能量，m 为物体的静止质量，c 为光速）。这种由质量转化而来的能量会提供一种压力，抵消引力向内的吸引作用，从而阻止恒星进一步向内收缩。恒星逐渐成为一颗“稳定星”（stable star），以不变的温度恒定地进行核燃烧，直至其内部核聚变的燃料耗尽为止。人类今日可在猎户星云中观测到的恒星，正是以这种方式在大约 30 万年前稳定了下来，这些恒星以天文学的时间尺度而论可谓非常年轻。

尽管许多恒星是在星云里一起诞生的，但它们在漫长的生命中并不会始终相伴。正如银河系的银盘里的其他物质一样，猎户星云与其所包含的恒星也在围绕银心旋转。随着星云分散开来，恒星继续在各自的轨道中运行，同一星云中所诞生的恒星各自运行的速度会产生细微的差异。尽管起初它们看起来是在成群移动，组成一个所谓的“疏散星团”（open cluster），但经过数亿年的时间，它们最终会四散于银盘之中。太阳大约形成于 46 亿年前，我们如今已不可能确定在银河系的数千亿颗恒星中，哪些是与太阳在同一个恒星摇篮——同一个星云中诞生的。

诞生于尘埃之中

在宇宙中诸如猎户星云这样的星云中诞生的并不只有恒星。事实上，对于今日银河系里许多正在形成的恒星而言，随着它们发生坍缩、启动核心处的核燃烧，它们的周围或许也有行星正在诞生。行星之所以能够形成，是因为星云中存在除了氢气与氦气之外的那不足 1% 的其他物质。此种物质以其他气体（譬如一氧化碳）为主，但其中也有非常细小的尘埃微粒，其大小相当于香烟烟雾中的微粒，由碳、硅以及其他元素构成。星云中所有这些除了氢与氦之外的物质皆是在前几代恒星的内部产生的，并随着那些恒星的衰老与死亡而被散布到太空之中。

除了太阳本身的存在之外，太阳系最重要的特征在于其中所有的物质（只有少数微不足道的例外）几乎都是以相同的方向沿轨道运行的。太阳本身绕轴自转（自转一周耗时 25.05 天左右），诸行星（包括地球）以同样的方向绕母恒星太阳公转，而太阳系中的诸卫星也几乎以相同方向绕各自的母行星公转。

☆ 猎户四边形中的 4 颗恒星相互之间的距离只有大约 0.1 光年，这尚不足太阳与其最近的“恒星邻居”之间距离的 3%。

左图　心宿二 – 心宿增四（Antares-Rho Ophiuchi）恒星复合体中的年轻恒星

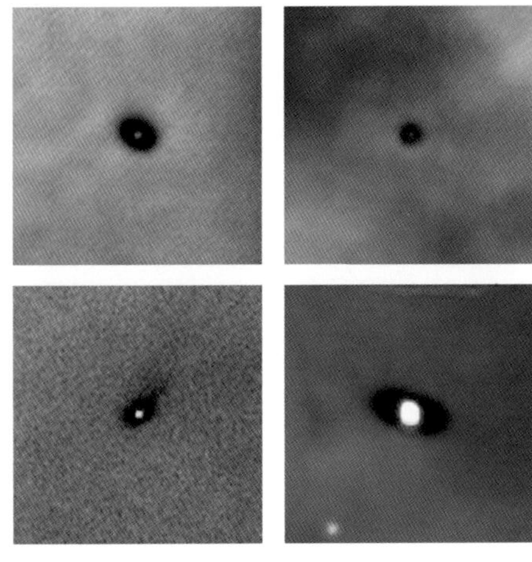

上图　在猎户星云中的年轻恒星附近拍摄到的圆盘状尘埃物质

下图　恒星在体积缩小时，正如收拢双臂的花样滑冰运动员一样，会旋转得更快

这一特征向我们揭示的是，孕育了太阳系的气体尘埃云本身也曾以这个方向旋转。这并不出我们所料，因为任何气体尘埃云只飘浮在太空中而不旋转都是不大可能的。当气体尘埃云开始坍缩时，它的旋转速度会加快，这与花样滑冰运动员将手臂从身体两侧收拢便能加速旋转的原理是完全相同的。所有旋转物体都具有一个物理量——角动量（angular momentum）。角动量的大小取决于物体质量的大小、物体质量的分布以及物体旋转的速度。当总质量与旋转速度相同时，一个大部分质量远离中心的物体比大部分质量集中于中心的物体角动量大；当总质量与质量分布相同时，旋转速度快的物体角动量大。因此，当一个正在旋转的物体发生坍缩、体积缩小时，它要保持相同的角动量便必须旋转得更快。

齐头并进

那团孕育了太阳与其行星的坍缩中的气体尘埃云，通过将物质抛向太空而损失了一些角动量，它抛射物质的方式类似于花园里的旋转喷水器向外喷水。然而即便如此，所余的角动量依然太大，使得彼时周围的尘埃无法全部落入太阳这颗年轻恒星中。当太阳开始在坍缩的气体尘埃云的核心发光时，余下的尘埃形成了一个环绕太阳的圆盘（原行星盘）。这一圆盘只含有太阳系总质量的一小部分[①]，但却由于位置远离中心而具有很大的角动量。

从尘埃到岩石块

甚至早在气体尘埃云定型为圆盘之前，行星在气体尘埃云中形成的过程便已经开始了。随着气体尘埃云坍缩，云中甚小的尘埃微粒会愈来愈频繁地相互碰撞，这是因为随着云的体积变小，其中微粒之间的空隙也随之缩小。这些相当温和的碰撞使尘埃微粒得以聚集在一起，形成直径为数毫米的蓬松颗粒，之后这些“超级微粒”再继续彼此碰撞，产生更大的颗粒。最终，聚集在一起的尘埃颗粒形成了鹅卵石般大小乃至体积更大的岩石块。这时，引力也开始发挥作用。一旦这些原初的岩石块达到一定的大小，引力便会使它们彼此靠近，之后其中最大的、直径达数千米的岩石块将开始占据主导地位，通过引力吸引较小的岩石块，由此不断增大自身的体积与质量。

岩石块在逐渐增大的过程中会继续彼此碰撞，它们现在已经成了原行星（protoplanet）。所有这些原行星绕太阳旋转的方向都是相同的，所以这些岩石块之间的碰撞相对温和，这使它们得以逐渐结合在一起，而不是在剧烈的

① 在太阳系的总质量中，太阳的占比达到 99.86%，而在环绕太阳的尘埃盘内形成的所有天体的总占比尚不足 0.2%。

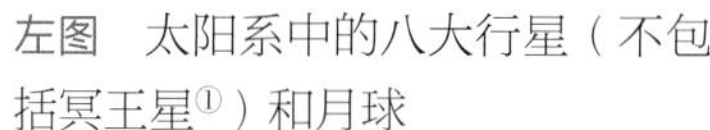
左图 太阳系中的八大行星（不包括冥王星①）和月球

爆炸中灰飞烟灭。原行星盘中较大的岩石块最终成长为真正的行星，它们清除了大部分仍散落在盘中的“宇宙垃圾”。时至今日，我们在太阳系中仍能见到这一时期留下的痕迹。在火星与木星的轨道之间，有一条被称为小行星带（asteroid belt）的碎石带，一般认为其中聚集的天体是行星形成时期所遗留下来的物质。据估算，小行星带中存在超过 100 万颗直径大于 1 千米的岩石块，而较小的岩石块更是数不胜数。其中最大的小行星——谷神星（Ceres）的直径约为 950 千米。不过，目前小行星带内所有天体的总质量仅相当于月球质量的 4%。

两种类型的行星

对于恒星形成过程的这种全局认识，同时也能较好地解释为何太阳系中的行星大体上可以被分为两种不同的类型。在离太阳相对较近的区域，太阳的热量会驱散易挥发的物质，只留下水星、金星、地球与火星这类大气层稀

① 根据国际天文学联合会（International Astronomical Union，IAU）于 2006 年正式定义的行星标准，冥王星被排除在行星的行列之外，被划分为矮行星。这很大程度上是因为人类发现在海王星轨道之外的柯伊伯带（Kuiper belt）内，还存在大量类似冥王星的冰质矮行星，其中阋神星（Eris）的质量甚至是冥王星质量的 1.27 倍。

第二步

在恒星诞生的同时，物质在其周围形成一个圆盘

第一步

坍缩中的气体尘埃云的内部变得炽热

第六步

引力使得较大的岩石块成为球体

第七步

岩石物质结合，从而形成地球等行星

第三步

圆盘中的物质开始聚集在一起

第四步

许多岩石块围绕恒星形成

第五步

随着岩石块愈来愈大，引力开始占据主导

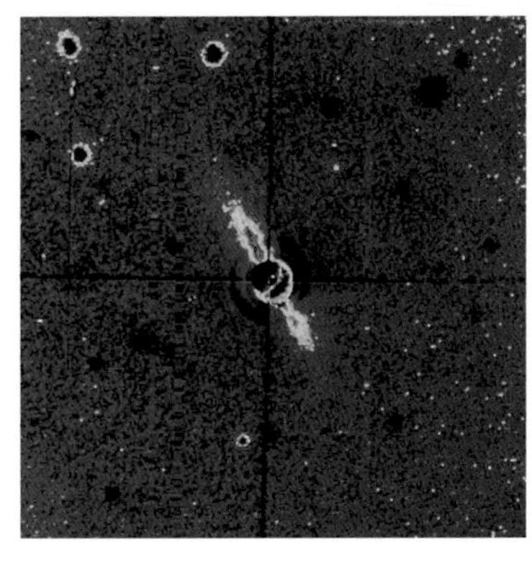

▷ 尘埃盘

对于行星系统形成过程的天文学阐释已不再是纯粹的推测，而是基于 20 世纪 90 年代进行的实际观测，其观测对象是多颗年轻恒星附近存在的尘埃盘。其中研究最详尽的一个尘埃盘围绕着一颗被称为绘架座 β 星（Beta Pictoris，又称老人增四，左图）的恒星，此尘埃盘的跨度至少达到 1 000 天文单位。这一直径与太阳系相比可谓十分巨大（太阳系最靠外的巨行星——海王星与太阳之间的距离仅有 30 天文单位），也说明这个尘埃盘尚处于稳定的早期阶段，其中的物质仍在被持续地驱散到太空之中。

一般认为，绘架座 β 星系统的年龄不到 2 000 万年，现在其尘埃盘中所有物质的总质量约为 1.5 倍太阳质量。在彻底稳定下来之后，绘架座 β 星系统会失去这些质量中的绝大部分。尘埃盘中心部分的大小与太阳系相当，它受到了扭曲变形，有可能是其中正在形成的行星的引力所致。

哈勃空间望远镜在年轻恒星的周围发现了数百个类似的尘埃盘。这项发现对于人类理解行星的形成过程有着至关重要的意义，况且，如此多年轻恒星有尘埃盘环绕这一事实本身，便暗示着行星的形成是宇宙中一种普遍的过程。对这些天体的进一步研究，能为我们揭示在诸行星形成之时太阳处于怎样的状态。

薄的固态岩质行星（类地行星）。而在离太阳相对较远的区域，由于温度足够低，行星的岩质内核可以吸附大量的气体。因此，木星、土星、天王星与海王星这类气态巨行星（类木行星）便得以形成。而在距离太阳更远的区域，环境条件甚至允许冻结的冰质天体停留在各自绕太阳公转的轨道中运行。在这片区域，有着我们熟悉的冰质矮行星冥王星，以及有时会从太阳系的外部边缘被拖曳进太阳系的彗星。

然而近些年这幅简单的全局图景遭到了质疑，因为人类在太阳系外发现了在与水星轨道相似的轨道中围绕母恒星运行的类木巨行星。天文学家暂时无法准确解释这样的系统是如何形成的，不过好的方面是，相关发现其实进一步证明了类似太阳系的系统在宇宙中的普遍性。

无论细节如何，重要的一点是，行星的形成是气体尘埃云坍缩并孕育出单颗恒星之后的自然结果。然而，这并不一定意味着所有恒星都有行星环绕。

多星系统不需要用形成行星的方式也能摆脱角动量，因为角动量存储在这些恒星环绕彼此运行的轨道运动之中。况且在这些更为复杂的系统中，不大可能存在稳定的行星轨道。在宇宙中，似乎超过半数的恒星都存在于至少有一颗伴星的系统中（部分恒星有两颗或三颗伴星）。然而，即便银盘中只有不足一半的恒星是像太阳这样的单星，这依然意味着，我们的星系中存在超过 1 000 亿个以上述方式形成的类似太阳系的系统。

左图 太阳系中也有许多体积较小的天体，譬如像彗星这样的“宇宙碎石”

宇宙大挤压

对于宇宙中的气体尘埃云开始坍缩之后恒星与行星如何形成这一问题，天文学家已有了较为详尽的了解。然而，是什么因素在一开始触发了气体尘埃云的坍缩呢？此时此刻在银河系（与其他盘星系）中，恒星仍在不断地诞生，这些恒星的诞生归因于星系盘中其他恒星的存在所引起的活动。

猎户星云其实是一个更为庞大的气体尘埃云的组成部分，而后者是一个“巨分子云”（giant molecular cloud），几乎覆盖了我们在地球夜空中所见的整个猎户座。这类巨分子云由引力结合在一起，可以被视为单一实体，它也是我们的星系中质量最大的单一实体，其质量最高可达 1 000 万倍太阳质量，直径为 46 ~ 77 秒差距。倘若在巨分子云的一侧有一颗恒星爆发并形成超新星，那么这次爆发会形成如同涟漪一般穿过分子云的激波（shock wave）。这些激波会清除前进道路上的物质（这与用扫帚将灰尘扫成一堆的方式极其

相似），而这一过程会压缩分子云中的部分气体。这种压缩足以使分子云开始坍缩，形成质量各异的新恒星。位于被压缩区域的一些最大的气体团会非常快速地坍缩，以形成大质量星（massive star）。这种恒星的质量通常是太阳质量的数十倍，而且它们会以极快的速度度过自己的生命周期（其寿命尚不足100 万年）。在自身生命周期的终点，这些大质量星也会如前一代恒星那般爆发，形成更多横穿分子云的涟漪。通过这种方式，恒星形成事件发出的激波能在 1 000 万～ 2 000 万年内穿越整个巨分子云。

星系如何孕育恒星

目前所述的依然不是全局，因为分子云本身又与银河系这类旋涡星系的旋臂有关。旋臂之所以能形成，是因为恒星之间的稀薄气体在围绕银盘旋转的漫漫旅程中也受到了压缩。尽管乍看之下，旋臂从盘星系的核心处向外盘旋所形成的图案与将奶油搅拌在咖啡中所形成的图案不无相似之处，然而二者有一个重要的区别：白色的奶油在黑色的咖啡里形成的旋涡图案，随着混合搅拌会迅速与其他部分融合成均匀的棕色；倘若这一模式同样适用于旋臂的话，那么随着每颗恒星在自身的轨道中以各自不同的速度围绕星系中心旋转，盘星系中旋臂构成的旋涡图案也应该逐渐变得均匀。这一过程本应在 10 亿年左右的时间里发生，对于星系的整个生命周期而言并不算长。然而，旋臂却没有因为旋转而消解，这是因为它们一直在持续地更新。

在旋涡星系的照片中显现得如此清晰的独特图案，是由存在于旋臂边缘的新近形成而十分炽热的恒星引起的。这些炽热的年轻恒星之所以在那里诞生，是因为不断有新的气体尘埃云在旋涡图案中移动，并受到那里的激波的挤压。激波的存在某种程度上才是恒定不变的特征，仿佛一场呈旋涡式环绕银河系

左图　太阳系的行星系统看起来是银河系这类旋涡星系的一个天然组成部分

的无休无止的声爆，而气体与尘埃只是过客而已。若想直观形象地理解这种情况，我们不妨想象在一条拥挤的高速公路上，一辆缓慢行驶的大型车辆导致了一种“会移动的”交通堵塞。许多车辆会在障碍物后面排成长队，缓慢地绕过障碍物，随后在另一端加速前进。这种交通堵塞沿着道路以稳定的速度“移动”，而堵塞中的具体车辆则在持续变化，因为新的车辆会不断从后方驶近，抑或是在前方摆脱堵塞。对于银河系的旋臂而言，激波本身在以 30 千米 / 秒左右的速度围绕银河系移动，而恒星与气体尘埃云会以 250 千米 / 秒左右的速度“超车”这一旋涡状激波，在穿过激波的同时自身也受到挤压。在这场“宇宙交通堵塞”中，气体尘埃云沿着旋臂内缘的曲线堆积起来，同时也在彼处受到挤压，从而触发一波又一波类似猎户分子云中所发生的那种恒星形成事件[1]。

恒星如何孕育恒星

这是一个能够自我维持的过程（self-sustaining process）。旋臂边缘发生的恒星爆发事件不断地发出激波，而激波对气体尘埃云的挤压又不断地引发恒星形成。尽管在这一过程中，巨分子云在不断地孕育恒星，但同时其他恒星的爆发也在持续将碎片送回星际空间，从而产生新的分子云，以使后世恒星的诞生成为可能。每年以这种方式在银河系中“循环利用”的物质的质量只有太阳质量的几倍，但在数十亿年的时间里，此类物质能“聚沙成塔”，形成大量新恒星。

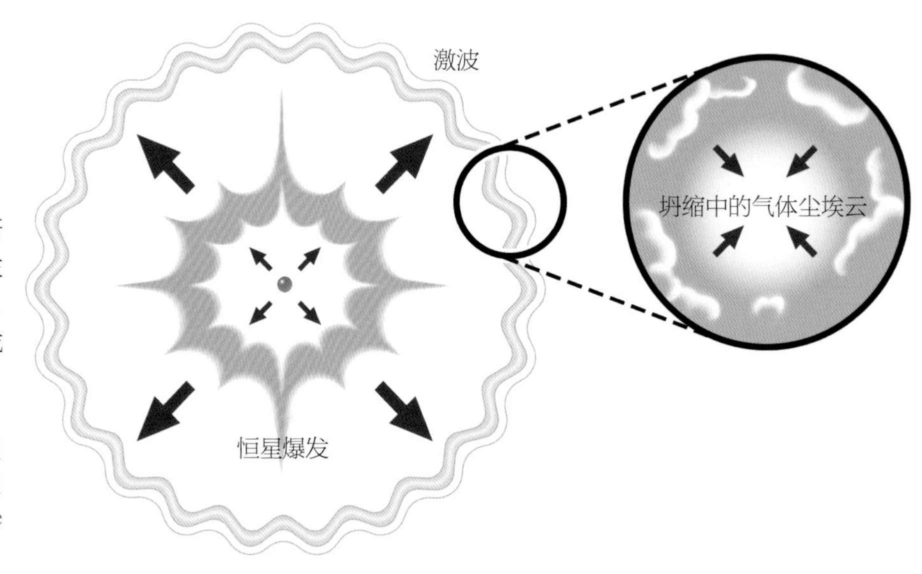

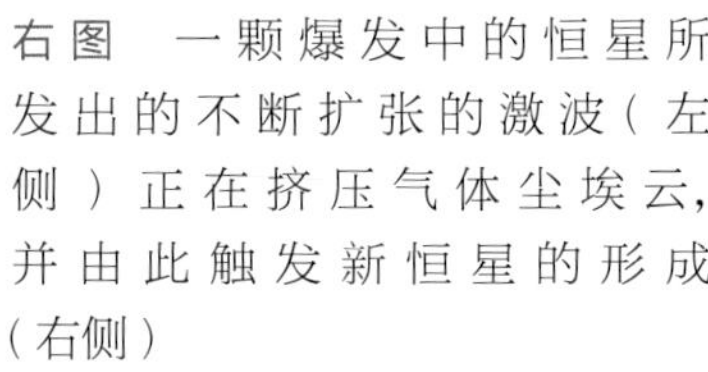
右图　一颗爆发中的恒星所发出的不断扩张的激波（左侧）正在挤压气体尘埃云，并由此触发新恒星的形成（右侧）

① 以上对于旋涡星系旋臂的正确理解基于天体物理学家林家翘与徐遐生提出的密度波理论（density-wave theory）。

上图 大麦哲伦云是银河系的近邻。它与地球之间的距离约为 16 万光年，其直径约为银河系的 1/20

在任何一个时刻，质量约为 30 亿倍太阳质量的物质都在以巨分子云的形式围绕银盘旋转，这些巨分子云的总质量大约是银盘本身所含全部恒星的总质量的 15%。惊人的是，只需极少几次大型恒星爆发事件，整个循环过程便能不断进行。在银河系中，每 100 年只会发生 2 ~ 3 次超新星爆发事件，而近 400 年来，银河系内没有一次超新星爆发近得足够让人类观测者展开研究。最近的一次超新星爆发是在 1987 年发生的，地点是与银河系相距不远的一个小型近邻星系——大麦哲伦云（Large Magellanic Cloud）。不过，我们必须在星系的整个生命周期的尺度上来思考这一问题。即便是以每 100 年只发生 2 次计算，超新星爆发事件在每 100 万年里发生的次数仍能达到 2 万次。因此，自从太阳在 46 亿年前诞生以来，超新星爆发事件已然发生了近亿次。

我们在宇宙中的“社区”

太阳与围绕其运行的行星家族位于银河系中一条小旋臂[①]的内部，在围绕银心旋转的无尽旅程中，它们事实上会不时地穿过这条旋臂。这条旋臂又被称为猎户臂，因一个独特的星座——猎户座得名。不过，同一条旋臂中还存在着构成人类划分的其他星座的明亮恒星，因此这一名称具有一定的误导性，许多天文学家更倾向于将银河系中我们所在的这一区域称为“近域旋臂”（Local arm）。

内部视角

基于人类身处近域旋臂之内的视角，天文学家可以在地球天空中两个相反的方向上看到恒星、星云与暗云的集合。从地球上来看，近域旋臂从天鹅座（Cygnus）的方向自银河系的内侧向外伸出，并从我们的身边经过，继续向着船帆座（Vela）的方向延伸。猎户星云和其正在孕育的恒星与近域旋臂的主弧线有轻微的偏移，其与地球之间的距离为 460 秒差距（1 500 光年）。地球夜空中最明亮的恒星——天狼星位于大犬座（Canis Major），它亦被称为大犬座 α 星，这一名称意味着它是该星座中最为明亮的一颗恒星。然而，天狼星的本征光度并不是很高，它看起来如此明亮乃是因为它离地球只有 2.64 秒差距的距离。天狼星是距离太阳第七近的恒星。

上图　大犬座。图中可见地球夜空中最为明亮的恒星——天狼星

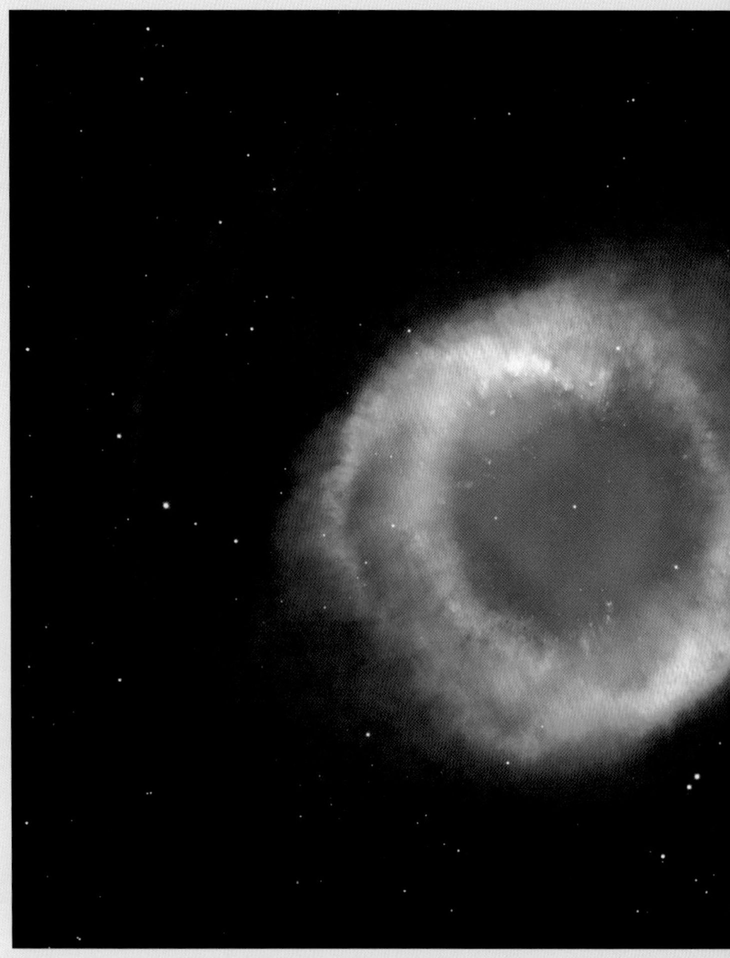

大犬座看起来似乎位于一个巨大而暗淡的星云之中，该星云被称为海鸥星云（Seagull Nebula），横跨 100 光年，因其在浪漫主义的想象中与翩跹的飞鸟形

① 银河系包含两条主要旋臂（英仙臂和盾牌－半人马臂）以及两条次要旋臂（矩尺臂和人马臂），我们所在的猎户臂位于英仙臂和人马臂之间。——编者注

上图　猎户座

左图　螺旋星云，也被称为 NGC 7293

似而得名。不过，我们看到的表象可能具有欺骗性，因为不同距离的天体可以叠加在地球的夜空中。事实上，海鸥星云的位置远在天狼星之外，其与地球之间的距离超过 1 000 秒差距。这一星云是大约 50 万年前发生的一次超新星爆发事件中产生的不断膨胀的物质壳，它与一群年龄约为 30 万年的年轻恒星相关，因为那些恒星的诞生正是由这颗超新星所发出的激波触发的。

近域恒星诞生区

在地球与海鸥星云之间，存在 3 个活跃的恒星诞生区，其中最近的一个便是猎户分子云。这 3 个区域看似由一条稀薄而细长的气体带连接，气体带的宽度只有 6 秒差距，但长度却超过了 300 秒差距。

除了恒星诞生区（以及恒星本身）之外，在我们的星际“社区”里还能看到恒星由生到死的故事中另一个关键的组成部分，那便是“行星状星云”（planetary nebula）。螺旋星云（Helix Nebula）位于宝瓶座（Aquarius）的方向上，它与地球之间的距离约为 700 光年，是距离地球最近的行星状星云。行星状星云之所以被这样命名，是因为通过小型望远镜观测时，它们在地球夜空中看起来呈圆盘状，正如行星一般。但事实上，它们是巨大的、不断膨胀的气体球，其中的气体是由恒星在自身生命周期晚期抛射出来的。螺旋星云非常庞大，即便远在 700 光年之外，它在地球夜空中的视直径仍能达到月球视直径的一半。它是一个发光的物质壳（直径接近 1 光年），由中心的恒星在大约 10 000 年前抛射出来的物质组成。

我们在附近的星际“社区”里，便能找到恒星诞生、存在与死亡这一生命周期中每个环节典型的代表。正是通过将这些碎片拼合在一起，天文学家才得以了解恒星一生的故事。倘若人类并不是诞生于一条旋臂之中，天文学家或许便无法理解恒星的整个生命周期。

平均来说，银河系的银盘中任何一个部分的气体每隔几百万年都至少有一次会暴露在超新星爆发的挤压效应之下，而作为对比，太阳绕银心公转一周便需要耗费超过 2 亿年的时间。不过我们有必要认识到，此处的平均数值具有一定的误导性，因为绝大部分的爆发事件与挤压现象都发生在旋臂附近，而一颗恒星在绕银心公转的漫漫旅程中则会经历较长的平静期。

自从太阳系形成以来，太阳大约完成了 20 次围绕银心的公转。

主题链接
第 24 页　宇宙中的“星岛”
第 35 页　猎户座恒星诞生区
第 58 页　恒星的寿命
第 64 页　红巨星与白矮星

人马座（Sagittarius）中的三叶星云（Trifid Nebula）。图中粉色部分是一团氢气云，蓝色部分所反射的是明亮恒星的光，暗色的尘埃带则遮挡住了恒星所发出的光

第3节

恒星的演化

天文学家使用“演化”（evolution）一词来描述一颗恒星的生命周期，以及一颗恒星在走过自身生命周期的过程中所经历的变化。这与生物学上的“进化”概念不同，进化指的是一个由不同个体组成的种群从一个世代到下一个世代的变化。

对于任何恒星而言，一旦核心处开始发生核燃烧，它便会稳定下来并以相对恒定的方式发光，直至其自身的核燃料耗尽为止。在生命周期中这一稳定的阶段里，恒星的直径通常为太阳直径的 0.1 ~ 10 倍。这样一颗“稳定星”的外观（亮度和颜色）与大小，以及它能以这种方式稳定地燃烧核燃料的时间，都只取决于一个物理量——质量。质量较大的恒星不得不较快地燃烧核燃料以维持自己的生命，而质量较小的恒星较慢地燃烧核燃料便足以维持生命。

主序

正是在将氢聚变成氦的过程中产生的热量，提供了支撑恒星抵抗向内引力的压力，使它能够避免在自身质量的影响下坍缩。这个过程包含一系列的步骤（事实上这是两个多步骤的过程，详见第 66 页）。在这一过程中，恒星原始质量的一小部分会被转化成能量。一颗恒星的质量愈大，它所需抵抗的引力也愈大。一颗质量较大的恒星唯一能抵抗自身引力的方法，便是更快速地燃烧自己的核燃料，在核心处产生更大的压力。这意味着，这样一颗恒星会更快地耗尽核燃料，而从其表面逃逸的热量也会更多。因此，一颗质量较大的恒星比质量较小的恒星寿命更短，但也比后者更为明亮。

如果两个物体大小相同而温度不同，那么二者会有不同的颜色，譬如：

下图　恒星的颜色取决于它们的温度与亮度，而天文学家可以据此算出它们与地球之间的距离

▷ 绝对温度

与其他领域的科学家一样，天文学家也倾向于使用绝对温标（开尔文温标）来测量温度。与日常生活中所用的温标（摄氏温标与华氏温标）不同，开尔文温标并不是基于任何随意选取的零度（譬如水的冰点），而是基于绝对零度（absolute zero），即宇宙中可能存在的最低温度。这一最低温度是由英国物理学家开尔文勋爵（Lord Kelvin，左图）在 19 世纪根据热力学原理计算出来的，在摄氏温标上对应的是 −273.15 摄氏度。开尔文温标上每一单位的大小，被设置得与摄氏温标上每一摄氏度的大小完全相同，因此水的冰点便是 273.15 开尔文（请注意开尔文温标不使用摄氏度符号）。天文学研究所涉及的温度通常很高，因此使用不同单位来表示并不会造成显著的差异。譬如，太阳的表面温度约为 5 800 开尔文，即约 5 527 摄氏度，这两个数值相差不到 5%。在描述太阳的核心温度时，选择不同单位所导致的差异更是微不足道——1 500 万摄氏度与 1 500 万开尔文大体上并没有什么区别。然而，倘若我们要描述宇宙中寒冷天体的温度，确定所使用的单位便极为关键，因为这种温度可能低至仅比绝对零度高几开尔文的程度。

红热的铁块比白热的铁块温度低。倘若所有恒星都有着相同的大小，那么同一条简洁的规律便可以适用于全部恒星，我们则只需知道一颗恒星的颜色，便能立即得出它的温度，并由此进一步推算出它的质量。然而，天文学家的研究工作并没有如此简单。

倘若一颗恒星比另一颗大，那么它能供热量逃逸的表面积便也更大。因此，即使较大恒星表面每平方米的温度都比较小恒星表面的温度低，但在每一秒，从前者整个表面逃逸出来的总热量仍有可能与后者相等，这是因为前者有更大的表面积可供热量逃逸。从原则上说，只要体积差距足够大，一颗红色恒星辐射的热量也能与白色恒星辐射的热量相等。此外，热量逃逸的总体速度还能告知我们恒星的核心正在产生多少热量，并由此揭示恒星的质量。

天体物理学的关键

20 世纪，当天文学家开始研究一颗恒星的颜色与其绝对光度（近距离观测下恒星具有的亮度，而非它呈现在地球夜空中的视亮度）之间的关系

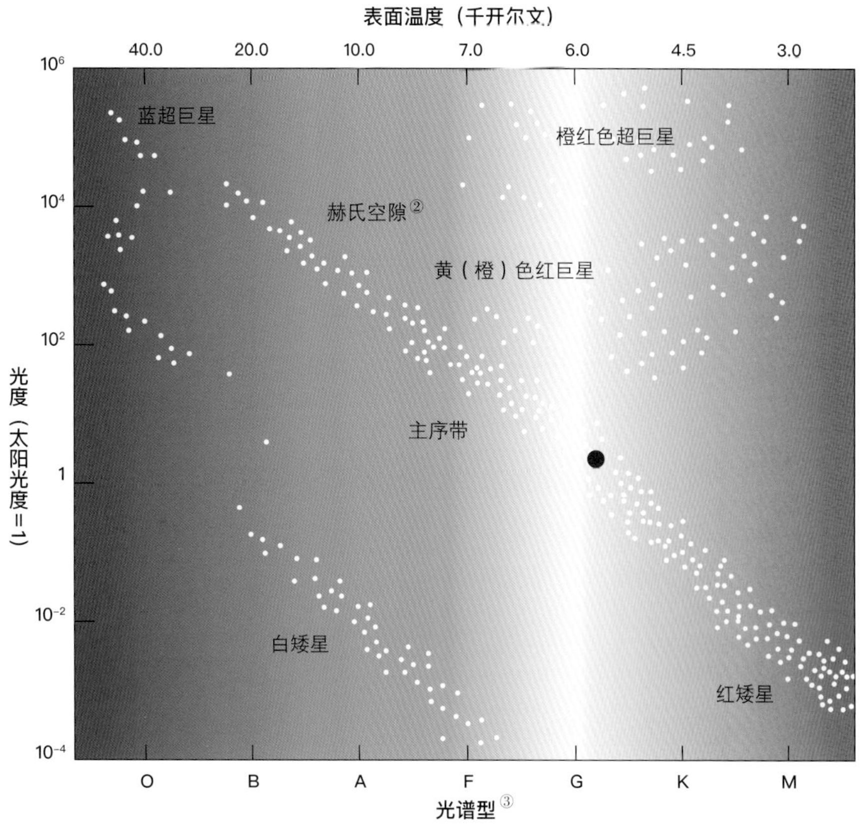

左图 赫罗图①。图中用红色圆点标记了太阳所对应的位置

时，他们发现诸多恒星都遵循一条简洁的规律。只要将恒星的颜色（温度）与绝对光度（天文学家所称的“绝对星等”）分别作为横轴、纵轴，绘制成一种被称为颜色－星等图的图表，这一规律便能清晰地显现出来。颜色－星等图又名赫茨普龙－罗素图（Hertzsprung–Russell diagram），简称赫罗图（HR diagram），赫罗图是以发现这种关系的丹麦天文学家埃纳尔·赫茨普龙（Ejnar Hertzsprung）与美国天文学家亨利·诺里斯·罗素（Henry Norris Russell）的名字命名的。

赫罗图是以如下这种方式绘制的：沿纵轴从下往上，恒星的光度（绝对星等）逐渐增加；沿横轴从左往右，恒星的温度逐渐降低。因此，位于赫罗图右下角的恒星暗淡、温度低（表面温度通常低于 3 500 开尔文）、呈红色，而左上角的恒星明亮、温度高（表面温度通常高于 25 000 开尔文）、呈蓝白色。大部分肉眼可见的恒星都位于赫罗图中一个从左上方延伸至右下方的带状区域，这一带状区域被称为主序带。所有像太阳这样通过将自身核心处的氢聚变成氦来获取能量的恒星皆位于主序带。

① 除图中所示外，赫罗图上的恒星类型还有亚矮星、亚巨星、亮巨星、特超巨星等。此外，赫罗图上还存在一条分布有大量脉动变星的“不稳定带”（instability strip）。

② 这一区域中鲜有恒星存在，故名空隙。

③ 如今最常用的恒星分类体系是摩根－基南系统（Morgan-Keenan system），简称 MK 系统。光谱型与恒星光球层的温度有关，主要分为 O、B、A、F、G、K、M 等 7 个类型（按温度由高至低排序），另有 D（白矮星）、S（碳星）与 C（碳星）等特殊类型。每个字母型又可细分为 0 ～ 9 的数字亚型，其中 0 最为炽热，9 最为寒冷。阿拉伯数字之后可再加罗马数字以表示恒星的光度级，其与恒星的演化阶段有关，其中罗马数字 V 表示主序星（矮星）。太阳是一颗 G2V 型恒星。

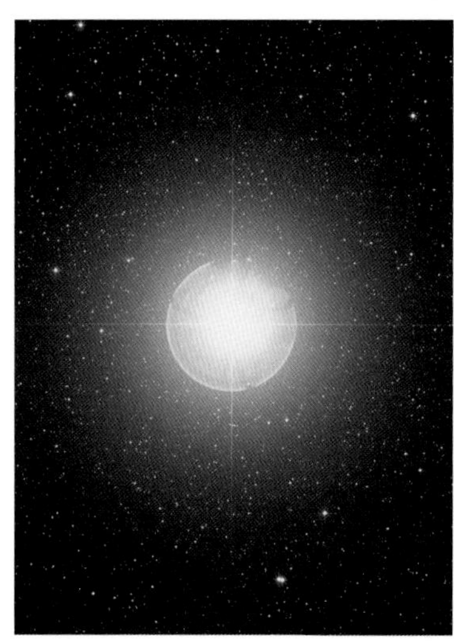

上图　参宿四（Betelgeuse，又称猎户座α星）是一颗大质量的红超巨星，比太阳亮 17 000 倍，直径比太阳直径大 300 倍

大型恒星相当炽热

以其他与恒星质量有关的信息（尤其是双星系统中恒星彼此环绕运行的方式）为基础，天文学家已能直接测量相当多恒星的质量，以了解主序带内部的具体细节。较小的、无须极快速燃烧核燃料便能支撑自身的恒星，位于主序带的底部；较大的、必须迅速燃烧核燃料以避免坍缩的恒星，则位于主序带的顶部。太阳是一颗中等大小的恒星，产生中等的热量，颜色为黄（橙）色，位于主序带的中部偏下处。

尽管大多数肉眼可见的恒星都位于赫罗图上的主序带中，但仍然存在一些例外，尤其是在赫罗图左半边的下端与右半边的上端分布着少数肉眼可见的恒星。位于左下角的恒星是暗淡但温度较高的小型恒星，而位于右上角的则是明亮但温度较低的大型恒星。这些恒星都处于自身演化的较晚阶段，已经离开了主序带。

恒星的寿命

一颗恒星停留在主序阶段的时间取决于它的质量，而质量也决定了它在主序带中的位置。因此，位于主序带顶部的明亮恒星与某些及时行乐、英年早逝的摇滚明星有着相似之处。我们的母恒星太阳有 100 亿年左右的时间可以作为一颗主序星在自身核心区域稳定地燃烧氢燃料，它很快便将走完自己主序阶段的半程。一颗质量约为 0.1 倍太阳质量的较冷恒星，可以在主序带的底部默默无闻地进行数千亿年的核燃烧。相比之下，一颗为 5 倍太阳质量的恒星，其主序阶段只有大约 7 000 万年，而一颗质量为 25 倍太阳质量的恒星，其主序阶段只有 300 万年。主序带上质量最大的恒星的质量可达太阳质量的 100 倍，对于任何质量比这一数值大得多的天体而言，如果它呈现出转化为恒星的趋势，那么在它坍缩的过程中，其核心将会产生极大的热量，进而引发一场剧烈的爆炸，使自身灰飞烟灭。

☆ 太阳核心的密度相当于铅的 12 倍，然而它的外层实在过于稀薄，因此太阳整体的平均密度仅为水的 1.4 倍。

由于质量较大的恒星寿命较短，如果我们把一组年龄相同但质量不同的恒星绘制在赫罗图上，主序部分会是不完整的。以球状星团中的恒星为例，球状星团由成千上万（有时多达数百万）颗恒星构成，其中的恒星在遥远的过去诞生于同一团物质云。对于这类星团而言，其中质量较大的恒星通常已经离开了主序带。因此，当我们在赫罗图上绘制球状星团中的恒星时，主序带的左上角看起来仿佛是被突兀地截断了。通过图中主序带被截断的确切位置，我们可以得知现在该星团中仍然位于主序带中的最年老恒星的质量。鉴

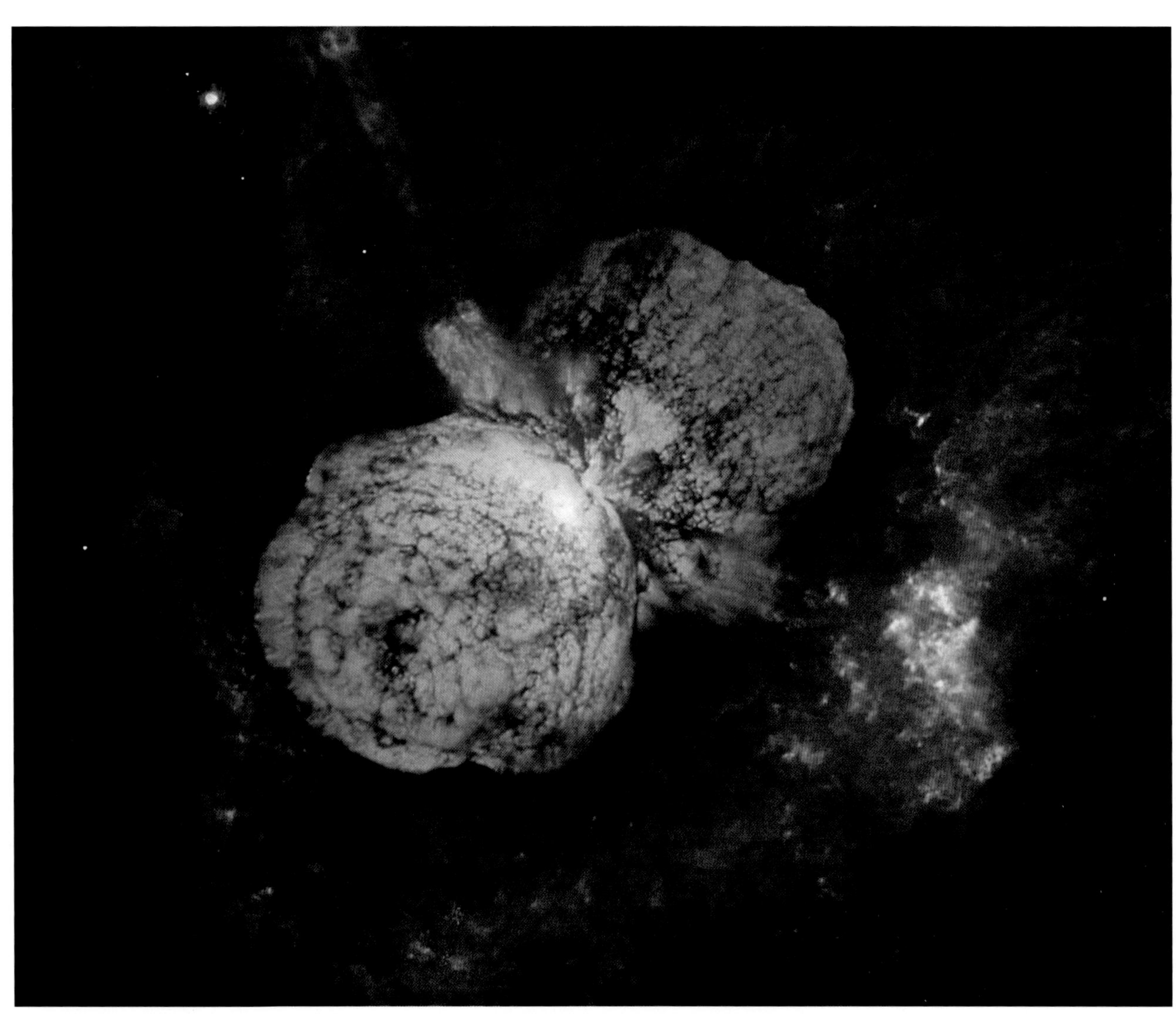

于这些年老恒星本身很快也将离开主序带，它们的质量可以进一步揭示出它们的年龄，从而帮助我们确定整个球状星团的年龄。

上图　海山二（Eta Carinae，又称船底座η星）可能是一个质量约为100倍太阳质量的双星系统，图中它正在将物质驱散至太空

亮度与距离

因为主序带在赫罗图上所处的位置与恒星的绝对光度有关[1]，所以赫罗图也能被用来测量星团与地球之间的距离。一个星团距离地球越遥远，此星团中的恒星便会显得越暗淡，因此主序带在赫罗图上的位置也便越靠近下方。通过计算这些恒星需达到怎样的亮度才能置身于标准的主序带，天文学家便可得出该星团与地球之间的距离。由于上述这些原因，赫罗图与主序带被视为我们了解恒星的至关重要的信息来源。

① 指为不同恒星绘制赫罗图时，主序带在图上所处的位置与所绘制恒星的绝对光度之间存在确定的关系。

“烹制”元素

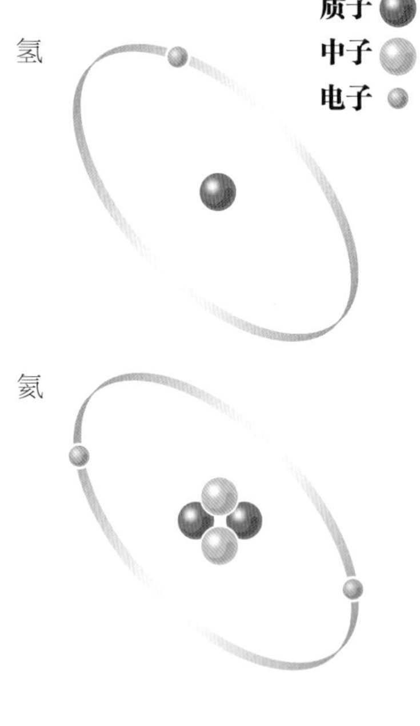

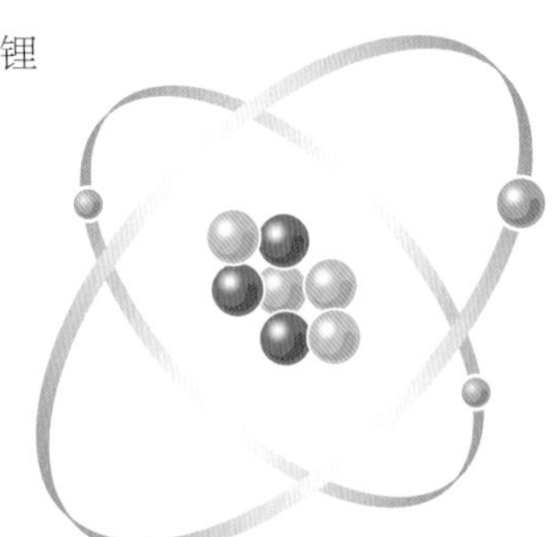

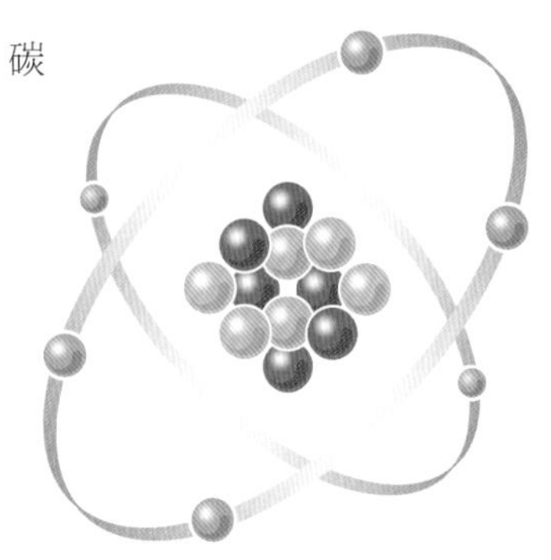

上图　一些简单元素的原子结构

如今宇宙中存在的所有元素，除了氢、氦以及非常少量的锂等原子序数极小的元素之外，都是在恒星内部形成的。通过自恒星表面温和地喷出气体云，或是通过大规模的恒星爆发，恒星在其生命晚期将那些原子序数相对较大的元素散布于太空。制造这些元素所用的原材料，是在宇宙诞生时那场大爆炸中产生的氢与氦。鸿蒙之初形成的氢原子核中，有一部分如今正在主序星的内部被转化成氦原子核，不过更大部分的氢已在过去完成了被转化为氦的过程。至于宇宙中存在的那略少于 25% 的氦，迄今为止绝大部分仍是大爆炸留下的原初物质。所有比氢、氦更重的元素，譬如氧、碳、氮、铁以及人体内的其他一切元素，都是以这种原初物质为原材料创造出来的星尘。

众所周知，原子是构成元素的基本单元，元素是具有相同质子数的同一类原子的总称。每个原子都有一个原子核，原子核包含被称为质子与中子的粒子，核外环绕着电子云（electron cloud），电子云中的电子与原子核中的质子数量相同。一个原子是何种元素的原子，譬如其是否为铅原子、硫原子

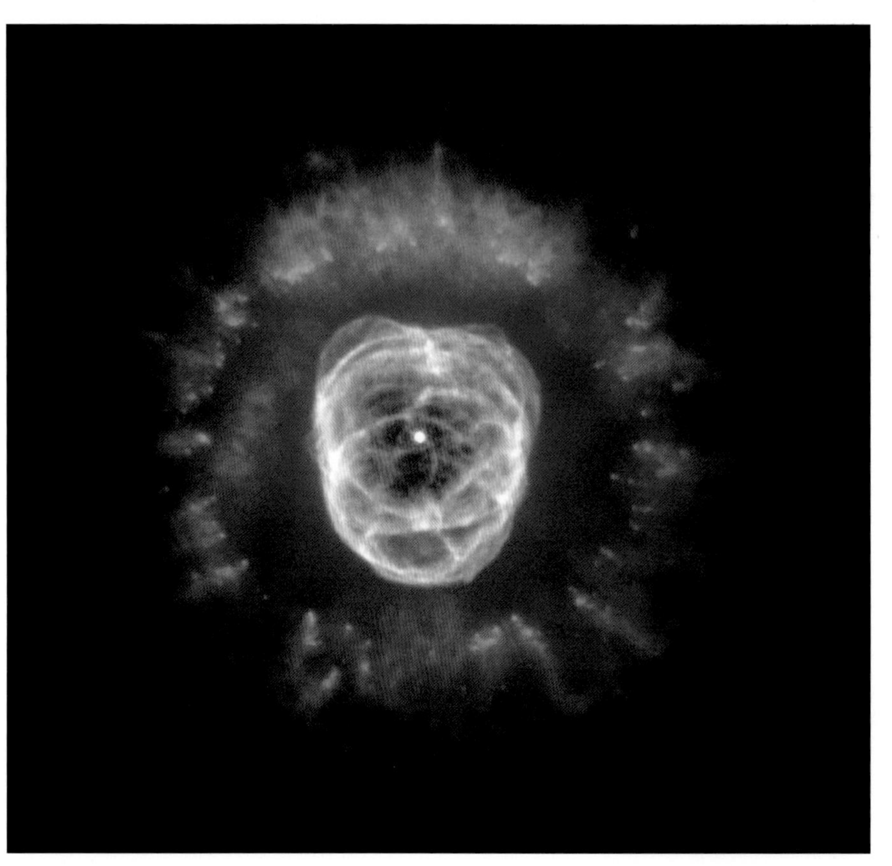

右图　爱斯基摩星云（Eskimo Nebula）是最美丽的行星状星云之一

等等，是由原子核内质子的数量决定的。氢原子是所有原子中最简单的一类，它的原子核只含有一个质子。

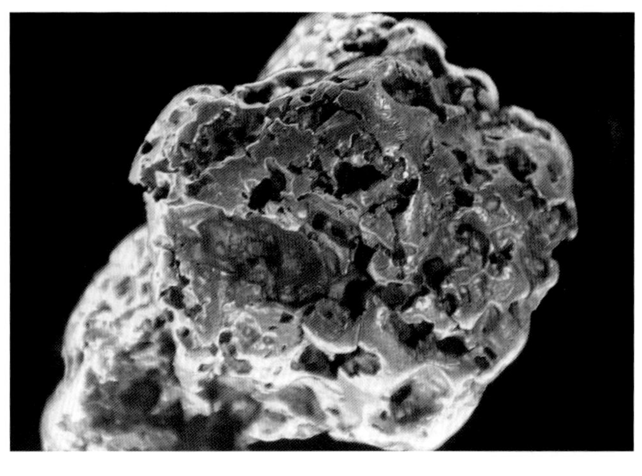

上图　像金这样的重元素只能在垂死的恒星中形成

恒星压力的“炊具”

在恒星核心处存在的极端条件（超过 1 500 万开尔文的温度与超过地球上铅密度 10 倍的密度）下，电子会从各自的原子中被剥离出来，因此原子核可以在自由电子的海洋中随意穿行、彼此碰撞。而在相当罕见的情况下，原子核会通过一种被称为核合成（nucleosynthesis）的过程相互作用以制造新的原子核、生成新的元素。

将氢原子核聚变成氦原子核是核合成的第一步。尽管这一过程主要发生在大爆炸中，但是就为主序星提供持续发光所需的能量来说，恒星内部所进行的这一过程仍然具有相当重要的意义。相对较重的元素在恒星内部被“烹制”出来的故事，直至恒星生命的较晚期才真正揭开序幕，彼时其内部的极端条件已足以使氦原子核彼此结合以生成碳原子核。

核合成过程的最大障碍在于，原子核很难被“粘”在一起。质子带正电荷而中子不带电，因此所有原子核都带正电荷。如果原子核能够靠得足够近（达到相互碰触的程度），它们便能相互作用并（有一定概率）彼此融合以形成新的原子核。原子核是被强相互作用力①结合在一起的，强相互作用力能够克服同种电荷间的斥力，不过作用距离非常短。运动速度慢的原子核会在电荷间斥力的作用下相互排斥、彼此远离，因此无法发生核合成所需的这种相互作用；只有运动速度快的原子核（较热的原子核）才能足够猛烈地撞击彼此，以克服电荷间的斥力。原子核中含有的质子愈多，此种斥力便愈强大，而使原子核发生相互作用所需达到的温度也便愈高。

尽管这看上去有些像是一个悖论，但事实上，只有在一颗主序星的核心已经耗尽所有的氢燃料之后，它才能提供触发进一步核合成所需的热量。因为彼时恒星的内核已无法再通过将氢聚变为氦来产生热量，所以彼处的温度与压力会降低，内核所受到的恒星自身质量导致的引力会使内核发生坍缩。然而，在内核开始坍缩时，引力能会被释放出来，使内核再次变热。内核的温度变得如此之高，氦原子核终于能达到足够快的移动速度以“粘”在一起了。这一过程释放能量（根据 $E=mc^2$），并使得坍缩暂停，直至氦燃料的供应也被耗尽为止。

---

① 4 种基本力之一，也称强核力、强力，可以在 1×10^{-15}~3×10^{-15} 米（较大尺度）的作用距离上，将核子（nucleon，即质子与中子）结合成原子核，或在小于 8×10^{-16} 米（较小尺度）的作用距离上，将夸克（quark）结合成强子（hadron，包括但不限于质子与中子）。此力是 4 种基本力中作用距离第二短但强度最大的。在 10^{-15} 米的距离下，强相互作用力的强度相当于电磁力的 137 倍、弱相互作用力（也称弱核力、弱力）的 100 万倍、引力的 10^{38} 倍。

根据爱因斯坦著名的质能方程 $E=mc^2$，太阳每秒会将大约 50 亿千克的物质转化为能量。

制造碳元素

参与这一过程的每个氦原子核都含有 2 个质子和 2 个中子，因此根据惯例被命名为氦 -4。另外还有一种主要的氦同位素——氦 -3，它的原子核含有 2 个质子和 1 个中子，但它在此处并不重要。我们可能会认为，2 个氦 -4 原子核相互作用的结果自然是产生 1 个含有 4 个质子和 4 个中子的原子核——铍 -8。然而，事实证明铍 -8 原子核极不稳定，在形成之后的 10^{-16} 秒内便会分裂开来。氦 -4 原子核结合起来形成新的稳定原子核的唯一方式，便是 3 个氦 -4 原子核在极短的时间内聚集在一起，形成 1 个碳 -12 原子核。碳 -12 原子核的能量恰好能使其保持稳定，这一点显著地减轻了这一步骤的难度。起初，3 个氦原子核会形成 1 个处于“激发态”的碳 -12 原子核，随后，后者会以辐射能量的方式将多余的能量释放出去，最终，1 个稳定的碳 -12 原子核便形成了。这一过程被称为“三 α 过程”（triple alpha process）。

正如 1 个氦 -4 原子核的质量略小于构成该原子核的 2 个质子与 2 个中子的总质量一样，1 个碳 -12 原子核的质量也略小于构成它的 3 个氦 -4 原子核的总质量。在恒星生命周期中的这个将氦“燃烧”成碳的阶段里，正是在形成碳原子核的聚变过程中所失去的质量，提供了使恒星得以继续运行的热量。

制造较重元素

一旦碳 -12 成功形成，制造其他元素便如顺水推舟一般。在恒星内核的氦燃料即将被耗尽时，正如氢燃料即将被耗尽时一样，内核会发生轻微的坍缩。此时，引力能会再次被释放出来，使得内核重新变热，由此引发新一轮的核聚变。这一次，α 粒子将与碳 -12 原子核相结合，形成氧 -16。对于一些质量大得足以在核心处产生所需温度的恒星而言，它们可以经历核合成过程中随后的步骤，生成氖 -20、镁 -24 与硅 -28。在这些现有元素的原子核参与相互作用（譬如吸收或发射质子，抑或是将中子与质子相互转化）时，其他元素也能被制造出来。

不过，当硅 -28 原子核对（pair of silicon-28 nuclei）相结合，形成铁 -56 以及与其相关的钴 -56、镍 -56 等元素时，这个故事便走向终章。在核合成进行至目前为止的每一个步骤中，将较轻元素原子核融合成较重元素原子核的过程都会释放出能量。然而，从铁系元素开始，需要吸收能量才能将原子核结合在一起以形成更重元素的原子核。因此，通过结合铁系元素的方式来释放能量是完全不可行的，而且，对于任何发展至这一步的恒星而言，其内部都已经不再有可供利用的核能量源。

毫无疑问，无论是在太空中还是在地球上，诸如金、铅与铀这样比铁重的元素都是存在的。它们自然不可能是凭空出现的，而这些元素起源的故事正是天文学中最为波澜壮阔的篇章之一。不过，就常见的核合成而言，铁系元素便标志着故事的终结。很多恒星（包括太阳）的质量尚不足以支撑核合成走到形成铁系元素这一步，它们无法制造出任何比碳更有趣的元素。事实上，一些最轻的恒星毕生只能实现将氢原子核融合成氦原子核的简单聚变。在恒星内核进行的所有这些活动，都会对恒星的外层产生重大的影响。即便是对于像太阳这样的恒星而言，在它的内核为适应核燃烧的不同阶段而变化时，它的外观也必然会随之发生剧烈的变化。

上图　亮度最大时的变星——蒭藁增二（Mira，又称鲸鱼座 o 星）

下图　奎宿九（Mirac，又称仙女座 β 星）是一颗红巨星

红巨星与白矮星

只要一颗恒星仍在其核心处将氢原子核聚变成氦原子核，它便会停留在赫罗图上的主序带中，外观上只会有些许改变。然而，氢燃烧一旦结束，恒星的外观便会发生剧烈的变化。

在生命周期中的这一节点，恒星的内核会开始坍缩并不断变热，直至氦燃烧被触发为止。恒星内核释放出的这种额外热量会使恒星的外层（大气层）膨胀。因此，尽管内核有所收缩，但恒星的体积整体上来说却会显著增大。由于恒星的体积增大，它的表面积也会相应地显著增大，允许更多来自内核的热量从彼处逃逸出去。这时虽然向外逃逸的总热量有所增加，但恒星表面单位面积上逃逸的热量却有所减少。因此，尽管恒星的内核变得更为炽热，恒星变得更为明亮，但它的表面却会变冷。对于像太阳这类在进入主序阶段时呈现为黄色或橙色的恒星而言，它在主序阶段晚期以上述方式膨胀的同时会逐渐冷却成深红色。此时，它会变成一颗红巨星，成为位于赫罗图右上角、主序带上方的那些明亮但较冷的恒星之一（详见第 57 页）。

漫游的恒星

倘若人类的寿命长得足以见证一颗恒星在逐渐老去的过程中发生的诸多变化，我们便能看到它在赫罗图中“漫游”。首先它会向上、向右移动，偏离主序带，之后随着其内核的条件发生变化，随着不同的核能来源逐次发挥作用，它会在图中的红巨星区域曲折移动。倘若恒星具有合适的质量，那么在其生命周期中红巨星阶段的一部分时间里，由于其大气层随内部发生的变化而膨胀与收缩，它可能会发生周期性的脉动。正是这类脉动使得部分红巨星表现为造父变星。

位于赫罗图中另一区域的红巨星进行着与造父变星类似而且几乎同样有价值的活动，这些红巨星被称为天琴 RR 型变星（RR Lyrae variable）。尽管比造父变星暗淡，但它们同样是很好的示距天体。

在一颗稳定红巨星的内核中，氦在通过三 α 过程燃烧成碳。这种恒星的内核被一层物质壳包围着，而物质壳中正在进行着与主序星内核中所发生的核聚变相同的将氢转化成氦的过程。这层物质壳本身则被一层主要由氢与氦构成的、极度膨胀的大气层包围着。红巨星的质量可达太阳质量的数十倍，其直径可超过太阳的 100 倍。由于红巨星如此庞大，所以物质在其表面只会

地球的命运

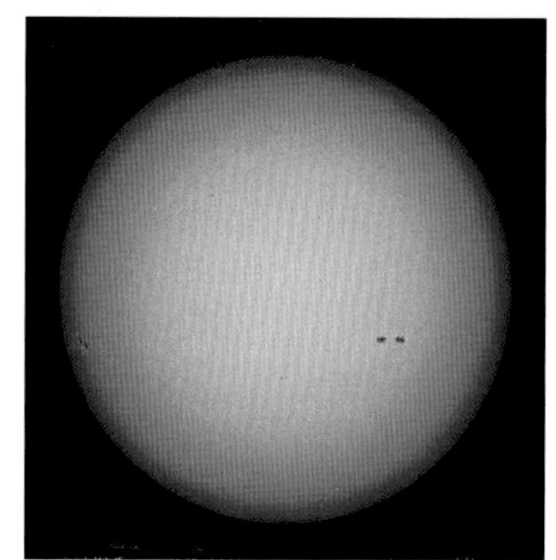

像太阳（右图）这样的主序星在自己生命周期中的这一阶段基本不会发生变化，然而，太阳的能量输出只要有微小的改变，便足以对地球造成巨大的影响。有关恒星运行的计算机模拟实验显示，自从大约46亿年前形成以来，太阳确实略微变热了一些。迄今为止，太阳温度略微上升对地球造成的影响已由地球大气层进行了抵消①，大气层降低了这种自然的"温室效应"的强度，削弱了它的影响。然而，倘若按照现在的方式下去，地球可能会在大约10亿年后变得无法居住。展望更遥远的未来，我们的母恒星太阳将在大约50亿年之后变成红巨星，其直径会增至现有直径的150 ~ 200倍，其亮度则将增至现有亮度的2 000倍。那时太阳已经失去了1/4左右的质量，因此它对诸行星的引力有所减弱，于是地球会飘移到一条直径更大、距离太阳更远的公转轨道中。然而，这条公转轨道仍然与太阳相距过近，因此太阳的热量足以使地球的表层熔化。在太阳的大气层被驱散至太空中形成行星状星云且太阳稳定下来成为一颗白矮星之时，整个地球余下的残骸便只是一块没有大气层的固态熔渣，它运行在一条与暗淡且垂死的太阳相距很远的轨道中。

受到非常微弱的引力作用。因此，物质可以轻易地从红巨星的表面逃逸到太空中。如果它的大气层因为我们在造父变星中所见的那种变化而反复膨胀、收缩，那么情况便更是如此②。

太阳的命运

我们的母恒星太阳将在大约50亿年之后变成一颗红巨星，而在休型膨胀至最大时，它将会吞噬水星并接近金星的轨道。读者或许曾听闻或读到太阳将会吞噬地球的说法，不过这一预测并不准确，因为它未能考虑到以下这一点：到了生命周期中的那一阶段，太阳必然已经通过向太空中抛射物质的方式失去了大约1/4的原始质量。

恒星处于红巨星阶段的时间，要远远短于它处于主序阶段的时间。前者通常只有后者的5% ~ 20%，具体数值取决于恒星的质量。太阳在红巨星阶段只会停留10亿年左右，并且在核燃烧方面永远无法走出燃烧氦的阶段。不过，质量更大的恒星则有可能经历更多的核燃烧阶段，最终形成如同洋葱

① 地球的大气层可以吸收、散射、反射太阳辐射，显著减少到达地面的辐射总量。

② 指对于那些大气层因周期性变化而不断膨胀与收缩的恒星（如造父变星）而言，物质更容易从其表面逃逸。

恒星为何发光?

对于太阳这类在赫罗图（详见第57页）上位于主序带的恒星而言，它们发光是因为它们的内核正在将氢转化成氦（尤其是氦-4），这种过程被称为核聚变。1个氢原子核只含有1个质子，而1个氦原子核含有2个质子与2个中子，这些粒子是被一种称为强相互作用力的短程相互作用力束缚在一起的。如果我们要将氢原子核转化为氦原子核，首先须有4个质子，其次须设法使其中的2个质子转化为中子，最后须将2个质子与2个中子束缚在一起。这一过程相当困难，不过自然界中存在两种完成这一过程的途径，而两者都是在恒星内部进行的。

链式反应

第一种途径被称为“质子－质子链”(proton-proton chain)，它是太阳以及其他在赫罗图上位于主序带下半部分的恒星的主要能量来源。当2个质子克服彼此之间的电荷斥力、靠近到能进行相互作用时，质子－质子链反应便开始了。在相互作用的过程中，其中1个质子会放出1个“正电子”(positron,电子的反粒子，带正电荷）与1个被称为“中微子”（neutrino）的极轻粒子，并由此转化为中子。

鉴于正电子带走了2个初始质子中其中1个质子的正电荷[①]，现在这两个粒子——中子与质子不再相互排斥，它们会形成1个被称为“氘核”（deuteron）的原子核。然后，第3个质子与氘核碰撞，可以形成1个氦-3原子核，它含有被强相互作用力束缚在一起的2个质子与1个中子。最终，2个氦-3原子核相互碰撞，便能形成1个氦-4原子核（α 粒子），并放出2个质子。

每当4个质子以这种方式（或以其他任何方式）结合在一起形成1个氦-4原子核时，0.7%的原始质量便会以能量的形式被释放出来。自从太阳诞生以来，这一过程已经消耗了它大约4%的原始氢“库存”。

碳循环

对于质量比太阳大的恒星而言，它们的核心也比太阳更热一些，并且会通过另一种被称为“碳循环”（carbon cycle）的途径来产生能量。事实上，太阳的能量中只有很小一部分是由碳循环产生的，绝大部分来自质子－质子链反应。

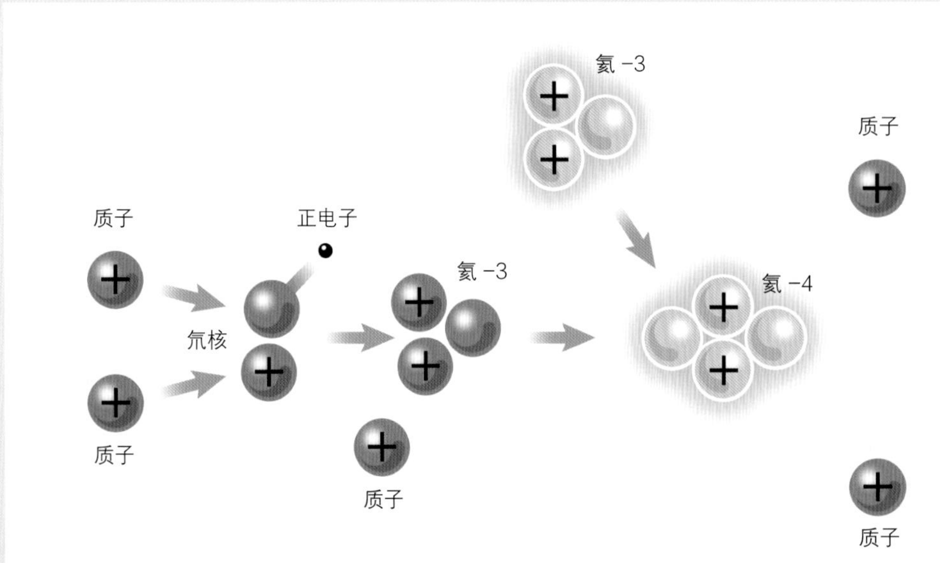

左图　质子－质子链的具体过程示意图（图中未标注极轻的中微子），它会在太阳内部释放热量

右页图　太阳大气中色球层的紫外图像，由太阳和日球层探测器拍摄。图片的右上角显示了太阳耀斑

① 中子与质子可理解为同一种粒子的两种不同电荷状态。质子可以通过“正β衰变”(释放出正电子与中微子）转化成呈电中性的中子。

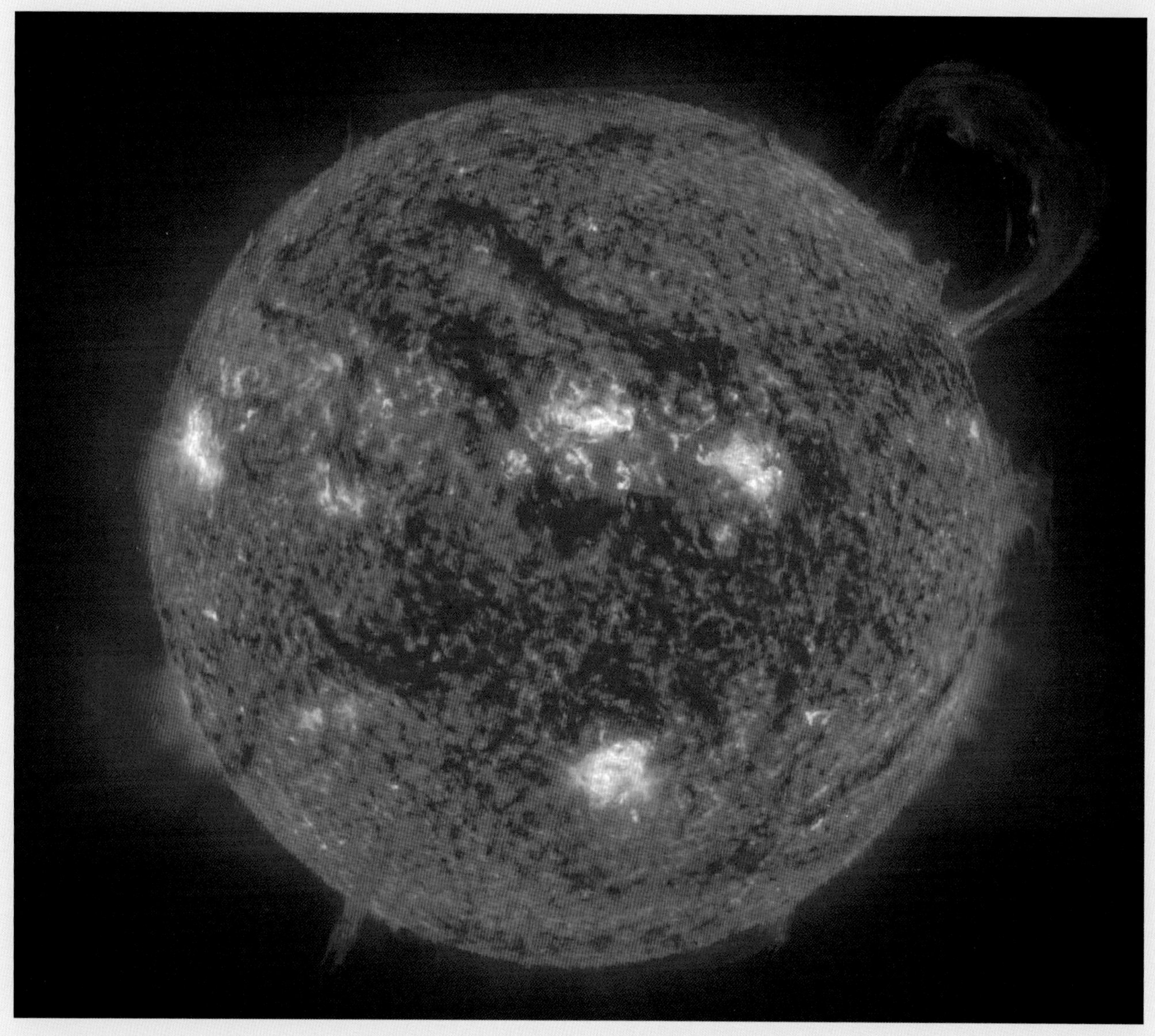

碳循环发生的前提是，今日的恒星是由前代恒星之残骸构成的，并且含有少量前代恒星在核合成过程中制造的重元素。碳循环开始时，1 个含有 6 个质子与 6 个中子的碳 -12 原子核会再得到 1 个质子。如此形成的氮 -13 原子核很不稳定，它会放出 1 个正电子与 1 个中微子，同时它所含的其中 1 个质子会转化成中子，原子核本身也会转化成碳 -13。如果这个碳 -13 原子核得到 1 个质子，它便会变成氮 -14 原子核。倘若再多得到 1 个质子，它则会转化成氧 -15 原子核。氧 -15 原子核很不稳定，它会放出 1 个正电子与 1 个中微子，并转化成氮 -15 原子核。

现在到了碳循环的关键时刻。如果氮 -15 原子核能再得到 1 个质子，它便会放出 1 个 α 粒子（氦 -4 原子核），留下 1 个与循环开始时完全相同的碳 -12 原子核。这一过程的净效应是 4 个质子被转化成了 1 个氦 -4 原子核，同时释放出了能量。正如质子 - 质子链一样，碳循环过程中每制造出 1 个 α 粒子，该组 4 个质子的质量便会有 0.7% 被转化为能量。

主题链接
第 45 页　宇宙大挤压
第 75 页　更大的爆发
第 80 页　黑洞与中子星

右页图　巨大而明亮的恒星——大犬座 EZ（EZ Canis Majoris）。它抛掉外层，释放出强烈的辐射，这些辐射猛烈冲击着周边物质

一般的结构，在每一层组成部分中分别进行不同类型的核燃烧。

逐渐熄灭的恒星

对于类似太阳的恒星以及质量略大于太阳质量的恒星而言，所有核燃烧的可能方式终有一日会被用尽。它们会驱散自己的外层，形成行星状星云，其内核则会坍缩，并在稳定下来之后形成一个固态物质块。由于恒星昔日辉煌所留下的残余热量以及其最后的坍缩所产生的新热量，这个致密的恒星物质核起初十分炽热，不过它的体积非常小，只与地球相当。它将成为一颗白矮星，即位于赫罗图左下角的那些炽热但暗淡的恒星之一。

一颗白矮星的质量通常为 0.5 ~ 1.4 倍太阳质量，而质量如此之大的物质全部被挤压进了一个地球大小的固态物质块。白矮星所含物质的密度约为 1 000 千克 / 厘米 ^{3}，相当于水密度的 100 万倍。

在诞生时质量大于 8 倍太阳质量的恒星，未来将会有一种完全不同的、更为壮丽的结局。它们注定会成为触发新一代恒星诞生的超新星，新的恒星因此能如凤凰涅槃一般从死去恒星的灰烬中崛起。

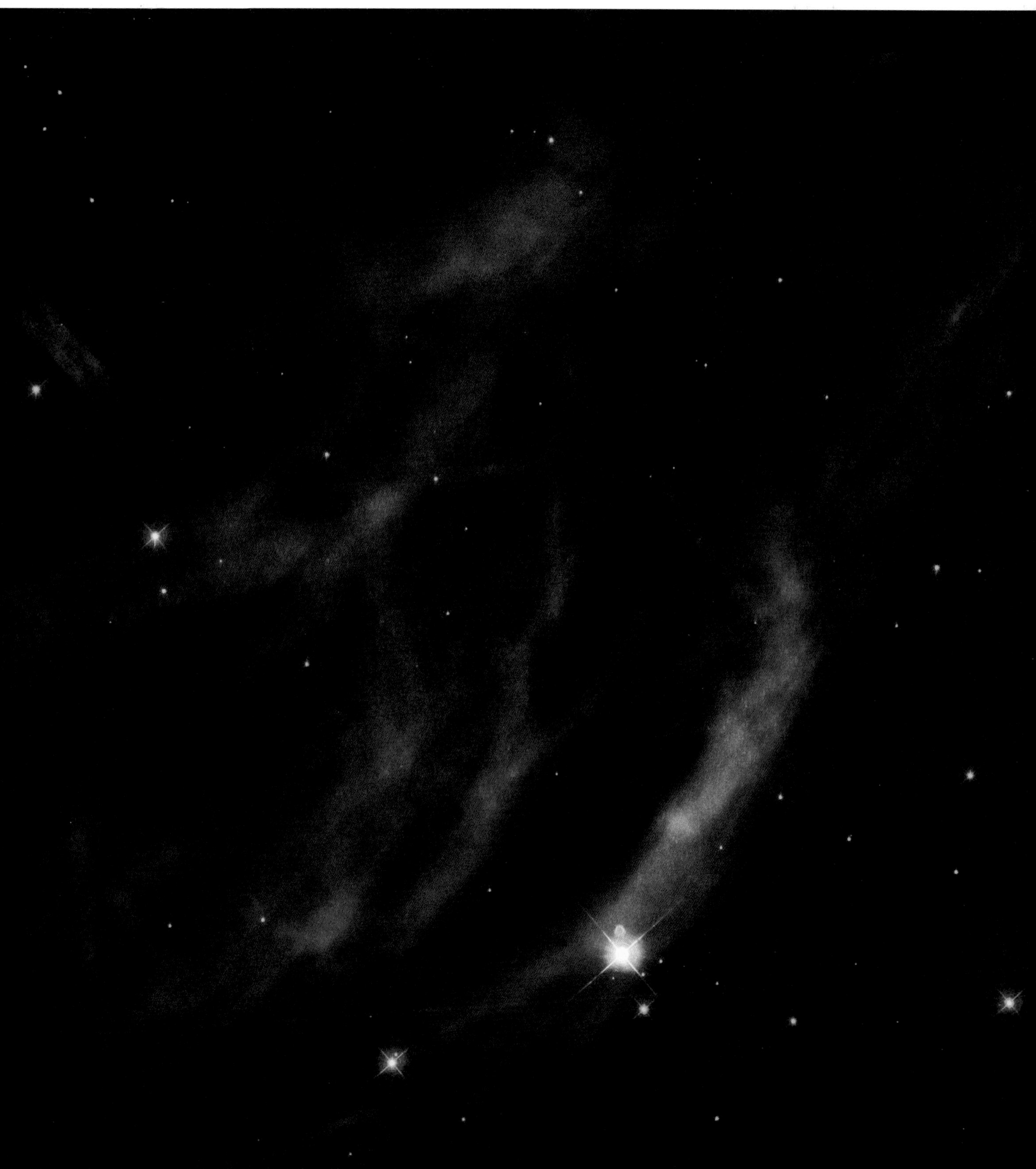

第4节

恒星在爆发中死亡

倘若所有恒星都如太阳所注定的那样以相对平静的方式消逝，那么整个宇宙中只会存在极少的重元素和少量行星（如果仍有行星的话），并且人类这样的生命体绝无可能诞生。然而，有些恒星却会通过爆发轰轰烈烈地死去，这种爆发事件在制造重元素以及将重元素散布至星际介质之中参与循环这两方面都发挥着关键作用。超新星这一名词在20世纪30年代初便开始使用，不过人类许久之后才认识到这类天体的重要性。

科学界在20世纪晚期最为重要的发现之一便是：世间万物皆为星尘。直至20世纪90年代，天文学家才详尽地了解到恒星在临终之际的超新星爆发事件中是如何制造出最重的一些元素并将其抛射至太空之中的。超新星爆发提供了形成新行星系统所需的原材料。

毕生彼此锁定的恒星

有两种不同类型的恒星爆发事件会参与元素在宇宙中循环的过程。其中较为常见的一种涉及宇宙中极普通的一类恒星，即那些构成双星系统的恒星。它们在系统中与自己的伴星沿轨道环绕彼此运行，其演化过程如下图所示。

对于一颗像太阳这样的恒星而言，一颗伴星的存在只会对它的早期演化造成微小的影响。它会以与单星类似的方式度过自己的主序阶段。然而，一旦两颗恒星中有一颗离开了主序带并开始转变为红巨星，情况便将变得更为复杂。首先离开主序带的会是两颗恒星中质量较大的一颗，因为一颗恒星的质量愈大，它便会愈快地耗尽燃料并离开主序带。

下图　双星系统的演化

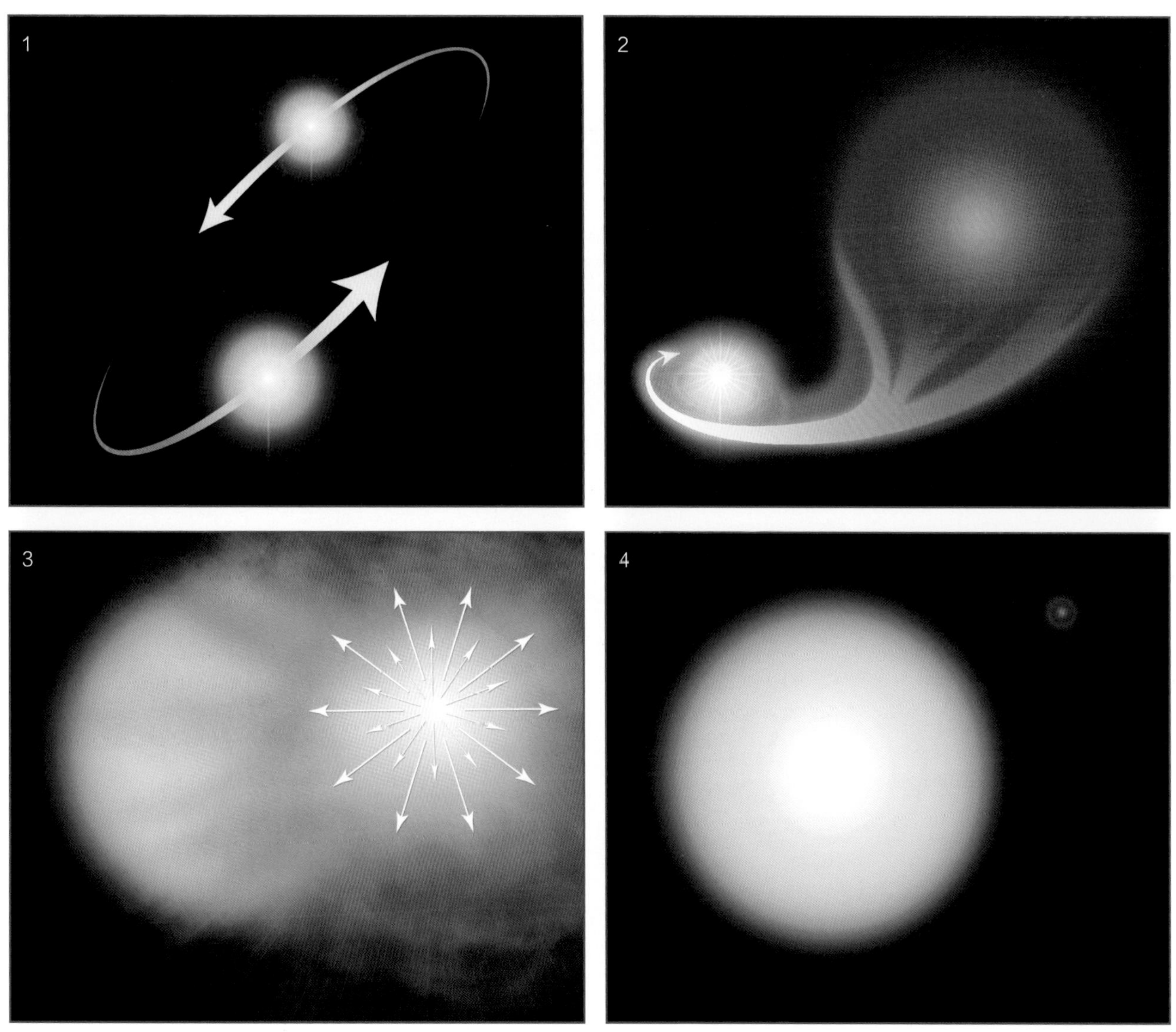

双星间的物质交换

倘若双星系统中的两颗恒星彼此之间的距离足够小（通常如此，但有例外），那么质量更大的一颗恒星在膨胀为红巨星的同时，会开始将自己膨胀的大气层中的物质倾倒至伴星的表面。伴星通过引力从红巨星上拖走一条物质流，而来自红巨星的物质会在这二者中质量较小的恒星上堆积起来，增大它的质量，加快它自身的演化。在那颗首先转变为红巨星的恒星演化成白矮星之后，它的质量可能会比它的伴星更小，而它的伴星在彼时质量已经增大，自身也演化成了一颗红巨星。于是，伴星会反过来将物质倾倒至白矮星的表面。

诸多有趣的现象就此产生，譬如，从红巨星而来的物质落在白矮星表面上会形成炽热斑点，那里会有 X 射线暴（X-ray burst，宇宙 X 射线流量在短时间内急剧变化的现象）发生。不过，这种双星间相互作用所导致的现象中最为重要的一种，是不断重复发生的可将物质迸射至太空之中的爆发事件。

这类爆发事件会发生于如下这种双星系统之中：两颗恒星的分离带来了一场相对稳定的、从红巨星流至白矮星表面的“气体雨”，而不是在白矮星表面形成一个炽热的斑点。这种物质流主要是来自红巨星大气层中的氢，每

下图　第一颗 X 射线天文卫星——乌呼鲁 X 射线卫星（Uhuru）发现了银河系中一些现在普遍被认为是黑洞的天体存在的证据

年它在白矮星表面积累的质量约为 10^{-9} 倍太阳质量。然而，物质在白矮星表面受到的引力非常大——可达在地球表面受到的引力的 30 万倍，即便是氢这样轻的元素也能在白矮星表面形成一个底部受到巨大压力的致密层。随着更多气体落至白矮星的表面，致密氢层底部所受到的压力会相应地不断增大。在氢层以这种方式堆积至足够的厚度之后，其底部的压力便将触发一阵聚变活动（类似一枚巨型氢弹的爆炸）。这种聚变活动将物质向外喷射至太空之中，并导致白矮星遽然闪耀起来。之后，随着来自红巨星的气体继续落向白矮星的表面，整个过程将会重演。

新出现的旧恒星

上述这种恒星突然变亮的事件便是“新星爆发”。我们之所以将其称为“新星”，是因为常态下的白矮星过于暗淡，无法用小型望远镜观测到。因此，人类在最初观测到爆发的新星时，一度以为它们是正在诞生的新恒星。在新星爆发事件发生时，一颗恒星的亮度可以在数日之内增加 10 万倍，不过在随后数月的时间里，它又会逐渐回归到原先的暗淡状态。恒星的表面温度在爆发期间可以达到 100 万开尔文，同时它会喷射出约为 10^{-4} 倍太阳质量的重元素，从而使星际介质变得更为丰富。

在一个像银河系这样的盘星系中，每年大约会发生 25 次新星爆发事件。我们通常认为，所有新星爆发事件都是由前文所述的双星系统的吸积过程引起的，也全部受这一类的反复爆发支配。有观测显示一些新星正是以这种方式得以重现，譬如北冕座 T 星（T Coronae Borealis）便曾在 1866 年与 1946 年两度出现。一般认为所有新星都遵循类似的模式，不过由于先后两次爆发事件的间隔过长，人类自从开始以现代天文学手段观测天空以来，还不曾观测到同一颗新星发生一次以上的爆发。

有些双星系统中的白矮星则会面临一种更为极端的命运。白矮星是由相互碰撞的原子核（被剥离电子后的原子）构成的，而这些原子核被电子的“汪洋大海”包围着，其中每个电子都对应原子核中的每个质子。这几乎已是物质存在的最致密的形式，然而量子物理学的定律说明，还有一种更为致密的物质存在形式。若要达到这种状态，每一个质子都需要吸收一个电子并转变为一个中子。在这种情况发生之后，所有物质都会收缩成一个中子球，仿佛一个巨大的原子核。

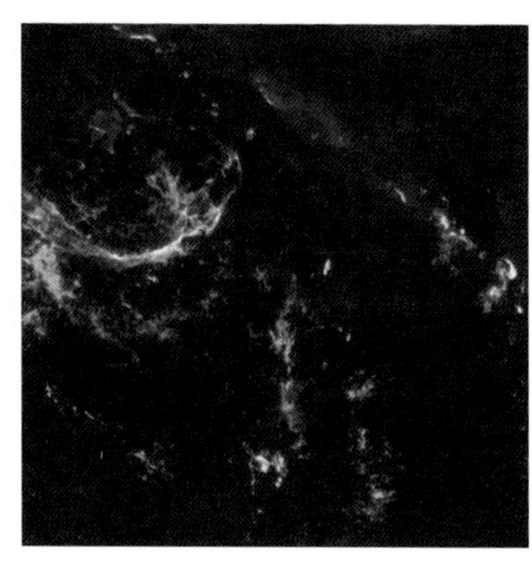

上图 大麦哲伦云中爆发于许久之前的超新星遗迹，遗迹中有大量的氧元素存在

最极端状态下的物质

达到上述这种极致密状态所需的压力是极其巨大的，不过白矮星的质量如果超过了 1.4 倍太阳质量，便能满足压力要求。因此，倘若有一颗质量略小于这一临界质量的白矮星在稳定地从伴星处吸积物质，当这颗白矮星的质量达到 1.4 倍太阳质量这一临界值时，它的内部便将发生坍缩，其核心处的物质会变成一个中子球。随着白矮星的坍缩，巨大的引力能会以热量的形式被释放出来，在构成它的物质中触发一阵核反应。于是，这颗白矮星含有的物质将被喷射至太空之中。鉴于此类事件的强度远远超过新星爆发，它们被称为“超新星爆发”。在超新星爆发事件中，单独一颗恒星的亮度能短暂地达到一整个含有数十亿颗普通恒星的星系的亮度。

这类由双星系统中一颗白矮星的扰动产生的超新星被称为“Ⅰ型超新星”（type Ⅰ supernova）。由于所有Ⅰ型超新星都是以相同的方式、由质量完全相同的白矮星形成的，所以它们全部具有相同的光度。因此，Ⅰ型超新星是相当好的“标准烛光”（standard candle），适合用于测量其他星系与地球之间的距离。Ⅰ型超新星还发挥着一种至关重要的作用，那便是它们会将大量的重元素散布至太空之中。一颗Ⅰ型超新星能向星际介质中抛入 0.5 ~ 1 倍太阳质量的铁、0.12 ~ 0.15 倍太阳质量的氧，以及相对较少的其他重元素。不过，即便这样的超新星爆发事件如此辉煌，这依然不是一颗恒星所能拥有的最为壮观的死亡方式。

更大的爆发

Ⅱ型超新星（type Ⅱ supernova）爆发事件所涉及的则一般是质量巨大且富含核合成所产生之重元素的年轻恒星。这类恒星爆发事件主要在旋星系的旋臂中发生，因为经历此类爆发的恒星质量过大，所以它们在爆发之前没有充足时间远离诞生地点[①]。Ⅱ型超新星爆发事件同样也有可能发生在其他已经触发恒星诞生过程的区域中，譬如以下这种情况：一个相对平静的星系中的气体尘埃云，在受到另一星系路过时所产生潮汐力（tidal force）的扰动之后，会发生坍缩以形成新的恒星。Ⅱ型超新星爆发时释放出的能量比Ⅰ型超新星更大，但通过普通望远镜观测时它们看起来却不及Ⅰ型超新星明

下图　银河系的一个不规则近邻星系——NGC 1313

① 大质量星的生命周期短，在从诞生直不通过超新星爆发事件死亡的时间里，它们一般无法运行较远的距离；而旋臂一般是活跃的恒星诞生区，因此Ⅱ型超新星爆发事件通常发生于旋臂之中。

亮，因为Ⅱ型超新星输出的能量绝大部分是以被称为中微子的不可见粒子的形式释放的。一颗Ⅱ型超新星在短短几分钟内释放出的能量，便相当于太阳在 100 亿年乃至更长的生命周期中所辐射的能量的 100 倍。

一颗恒星的质量愈大，它燃烧核燃料的速度便愈快，因此它的寿命也便愈加短暂。Ⅱ型超新星的前身星（progenitor）的质量可以达到太阳质量的数十倍，不过若要用实际例子来了解此类超新星是如何形成的，我们不妨参考一颗初始质量略少于 20 倍太阳质量的具体恒星——1987A 超新星（SN 1987A）的演化。1987 年，我们观测到这颗超新星在大麦哲伦云中爆发。

耗尽燃料

下图　1987A 超新星爆发时（左侧）与其爆发前状态（右侧）的对比

这样一颗Ⅱ型超新星的前身星为了维持自身生存，必须极其猛烈地燃烧核燃料，它比太阳明亮 40 000 倍，处在主序阶段的时间则只有 1 000 万

年。在成为红巨星后，氦的燃烧只能在随后 100 万年左右的时间里为此类恒星提供能量，之后它将以愈来愈快的速度经历其余可能的核聚变过程。将碳转化为氧、氖和镁的混合物的过程，可以再为其提供 12 000 年的能量；氖与氧的燃烧可以支撑其再度过 16 年；而将硅原子核聚变成铁系元素原子核的过程，只能再维持其运行一个星期左右。在其作为相对稳定的恒星而存在的这最后一个星期里，这颗巨型恒星的内核有如一组俄罗斯套娃，其中嵌套的每一层中分别发生着不同的核聚变过程。

在核心处的硅被转化成铁系元素之后，恒星便不再拥有任何能量源来提供能阻止其在自身引力作用下发生坍缩的压力。恒星忽然间失去了赖以支撑的能量源，便会在来自自身内核的巨大引力的作用下以壮观的方式发生坍缩，同时将引力能转化成热能，这种热能大到足以将重元素的原子核分裂开。由此产生的压力非常大，因此电子被迫与质子结合以形成中子。在仅仅数秒之内，恒星的内核便会从一个比太阳更大的物质球坍缩成一个直径约为 20 千米的中子球。于是，恒星重达 15 倍太阳质量的外层（恒星在红巨星阶段已失去了初始质量中的一部分）将以光速的 1/4 左右的速度猛然向内坍缩。之后，中子星（neutron star）的形成将会产生如同涟漪一般从恒星内核向外扩散的激波，就像是一阵反弹。紧随其后的则是一阵中微子爆炸，每一个在爆炸中被释放出来的中微子（速度接近光速），都对应着一个此前与电子结合而形成中子的质子。

下图　不同类型恒星大小的比较（仅为示意图，并非严格按比例绘制）。为了便于直观比较，我们可以将白矮星看作与地球大小相近的恒星

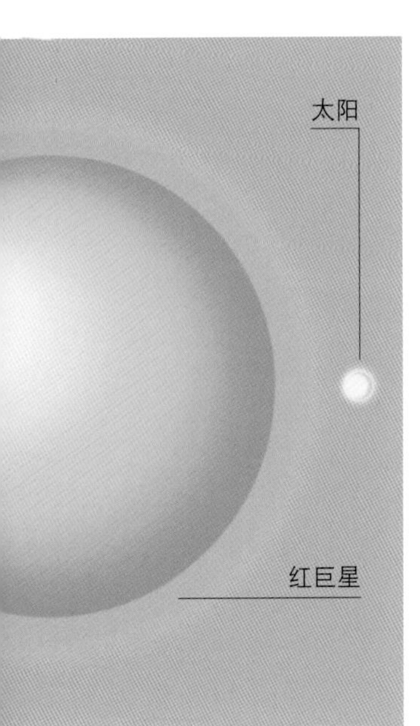

▷ 脉冲星

旋转的、拥有极强磁场的中子星会产生无线电波束，后者随着它的自转而向四处扩散。当这些无线电波束恰好掠过地球时，它们会在射电望远镜中生成有规律的、短促的噪声。这类天体被称为脉冲星①（pulsar）。脉冲星正如宇宙深处一座座明亮的灯塔，而无线电波束便是这些灯塔发出的有规律的光束。脉冲星最早是在 1967 年由剑桥大学的一支团队偶然发现的，该团队建造了一种新型射电望远镜，意图用它来观测类星体（quasar）发出的无线电波的闪变（flickering）。在理论工作者认识到脉冲星必定是旋转的中子星之后，这一发现为新一轮关于极致密天体（中子星与黑洞）的研究开辟了道路。观测启发理论研究，理论解读观测结果，这是人类探索宇宙的过程中理论与观测相辅相成的经典案例。

如今，人类已经发现了 1 000 多颗脉冲星，而且这一数字仍在增长。一颗脉冲星的磁场强度大约是地球磁场强度的 10 亿倍。大多数脉冲星大约每秒自转一周，转速最慢的脉冲星自转一次的周期为 4 秒左右，而目前所发现的转速最快的脉冲星每秒可以绕轴自转 700 余次。若想对脉冲星的自转有个直观的了解，我们不妨想象一个大小仅与珠穆朗玛峰相当但质量与太阳相当的物质球每 1.4 毫秒便绕轴自转一次。

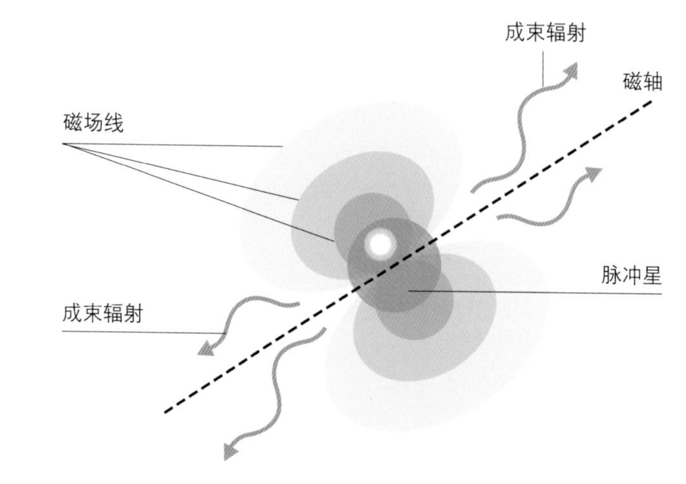

右图　旋转的中子星的磁场使得它以成束的形式将辐射释放出来，这些天体仿佛一座座灯塔。这种活跃的、不断旋转的中子星被称为脉冲星

① 一般根据电磁辐射能量来源的不同将脉冲星大体上分为三类：一类由恒星转动造成的动能损失提供能量，被称为转动驱动脉冲星（rotation-powered pulsar）；一类由所吸积物质的引力能提供能量，被称为吸积驱动脉冲星（accretion-powered pulsar），绝大多数 X 射线脉冲星属于此类；一类由极强磁场的衰变提供能量，被称为磁陀星（magnetar）。

激波与中微子爆炸的结合，使得恒星正在坍缩的外层被翻转过来，并被遽然抛向太空。随后它将形成一团急速膨胀的发光气体云，即超新星遗迹（supernova remnant）。

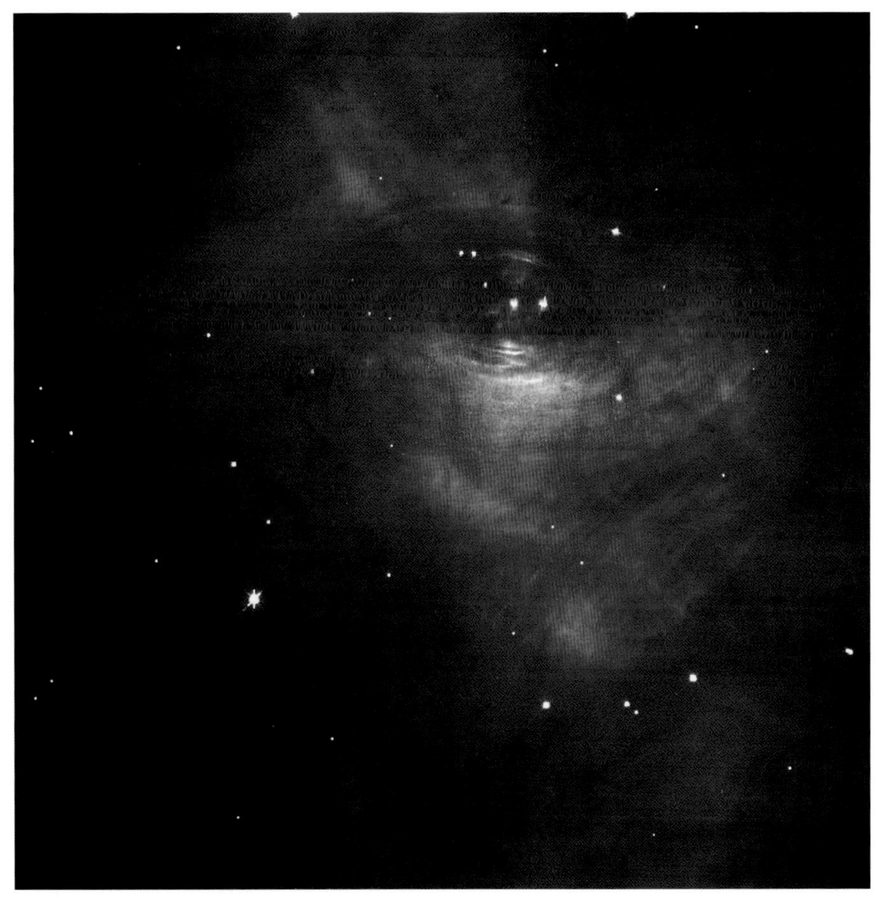

左图　这张蟹状星云（Crab Nebula）的放大图显示，这团星云仍在受到其中心的那颗中子星活动的影响

将氧散布至星际空间

Ⅰ型超新星会将大量的铁喷射到星际介质中，然而Ⅱ型超新星与此不同，后者原先所含的绝大部分铁原子已在其内核坍缩的过程中被转化成了中子。Ⅱ型超新星所散布的物质富含氧元素——对于一颗质量为 20 倍太阳质量的超新星而言，它喷射出的物质所含的氧可能多达 1.5 倍太阳质量。Ⅱ型超新星散布的物质包含所有通过核合成制造出来的重元素，包括在超新星本身的极端条件（尤其是激波）下生成的少量比铁更重的元素。金、锌、铀等比铁重的元素便是通过这种方式产生的。

然而，宇宙中形成的金、锌、铀等比铁重的元素的质量，与氢、氦的质量相比可谓是微不足道。正如前文所述，除了氢与氦之外的所有其他元素的质量，仅占宇宙中全部元素质量的不到 1%。在这所有其他元素中，比铁重的全部元素的原子核的总质量，尚不及锂（第三轻的元素）到铁系元素的原子核总质量的 1/1 000。倘若没有Ⅱ型超新星，宇宙中根本不会存在这类元素。生命或许仍能出现，但放射现象与依靠核裂变的原子弹却将不复存在。

极少量中子星物质的质量便能达到地球上所有人类躯体质量的总和。

黑洞与中子星

中子星这一超新星留下的残骸与超新星本身一样令人着迷。中子星几乎完全由中子构成，具有宇宙间可能存在的最致密的物质形式，即密度与原子核相同。对于一颗质量与太阳质量相当的中子星而言，它的直径只有10～20千米,即大小仅相当于地球上的一座山峰而已。即便是与白矮星相比，这一直径也极其之小——白矮星相当于将1倍太阳质量左右的物质压缩进一个大小近似地球的球体（而不是山峰）内。事实上，中子星内物质的密度是白矮星内物质密度的1亿倍左右。倘若人类能找到一种奇特的方法将中子星物质运抵地球，并使它保持原先的超密态，那么会发现每立方厘米的中子星物质便可重达约10^{11}千克。

在Ⅱ型超新星核心处的极端压力条件下，质量小至0.1倍太阳质量的中子星也能形成。不过，任何在此类超新星爆发中形成的、质量比这一数值更小的中子星，都会随着压力的释放而发生膨胀，并转变成一颗仅略有些不同寻常的小质量白矮星（其中一部分中子将会转化成质子）。

在推测领域

20世纪30年代，在中子被发现之后不久，一些天文学家便已对中子星的存在做出了预言。在1934年，德国天文学家沃尔特·巴德与瑞士天文学家弗里茨·兹维基（Fritz Zwicky）带领的研究团队甚至提出，唯一能够解释

下图　当来自巨星（giant star）的物质流到伴星黑洞上时，这些物质将会变热并发射X射线

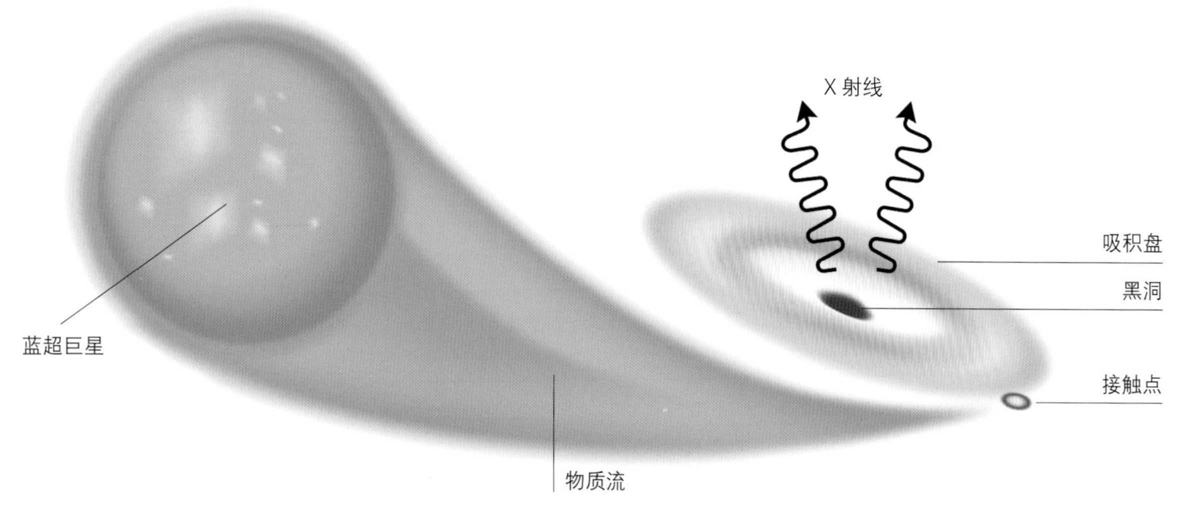

超新星巨大的能量输出的方法，便是假定普通恒星可以转变为中子星，并在这一过程中释放出极大的引力能。然而，尽管我们已在 1934 年发现了白矮星的存在，但那时还从未有人观测到任何中子星。因此，绝大多数天文学家难以接受通过物理方程得出的这一预言，无法相信此类超密天体是真实存在的。在此后 30 年左右的时间里，巴德与兹维基的绝大多数同行一直未曾认真看待他们的推测，直至人类偶然发现了脉冲星，并认识到脉冲星便是高速旋转的中子星时，这一推测才被部分天文学家所接受。

奇点

脉冲星的发现表明，原先预言中子星存在的方程必须得到重视。这同时意味着，这些方程的另一条更为奇特的预言也须得到认真看待。20 世纪 30 年代末，美国物理学家罗伯特·奥本海默（Robert Oppenheimer）与加拿大物理学家乔治·沃尔科夫（George Volkoff）证明，这些预言了中子星存在的方程同时也表明中子星的质量存在上限。这一上限的具体数值取决于方程中的微妙细节，相关领域学者至今仍在为此争论，不过它大致应为 3 倍太阳质量。对于一颗将要转变为中子星的恒星而言，倘若它的质量比这一数值更大，或者尽管起初质量较小，但由于从伴星处吸积物质而超越了这一临界质量，那么将有何种情况发生呢？方程表示它将无限地缩小，直至缩小成一个点——奇点。

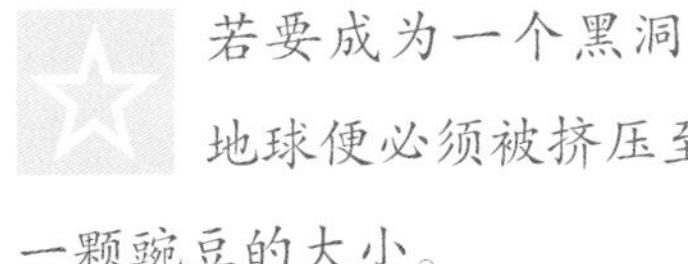
若要成为一个黑洞，地球便必须被挤压至一颗豌豆的大小。

不过，在收缩至奇点的过程中，这个正在坍缩的天体将会“消失不见”，完全无法被任何观测者看到，因为其表面的引力将会变大，没有什么能从那里逃逸，即便是光也不例外。由于第二次世界大战的影响，罗伯特·奥本海默与其同事未能在当时继续跟进这项工作。奥本海默本人去参与了曼哈顿计划（Manhattan Project）——制造了人类历史上第一颗核弹。

实际上，早在 20 世纪 20 年代，德国物理学家、天文学家卡尔·施瓦西（Karl Schwarzschild）便已运用爱因斯坦广义相对论的方程描述过这一类坍缩天体。从相对论的角度来解读，此类坍缩天体从我们的宇宙中被“挤压”了出去，因为空间（严格来说是时空）本身在黑洞周围便会被黑洞巨大的引力弯曲（或扭曲）。因此，时空中形成了一个洞。事实上，黑洞的内部是一个独立的、自成一体的宇宙。直至 1967 年，在脉冲星的发现使所有人开始认真看待与其相关的概念后不久，“黑洞”才得到了它现在为人熟知的这一名称。

寻找黑洞

即便在脉冲星的发现使天文学家开始考虑黑洞存在的可能性之后，人类在一段时间内仍未觅得黑洞存在的证据，直至20世纪70年代初，人类在寻找黑洞方面取得了一项突破性进展。彼时，乌呼鲁X射线卫星（详见第72页）对夜空中一颗被称为天鹅座X-1（Cygnus X-1）的X射线星进行了精准定位。这次定位足够精确，光学天文学家因此得以用望远镜找到这颗恒星。

一只垂死的天鹅

天文学家在研究来自天鹅座的X射线的源头时，发现这些X射线束来自一个靠近蓝巨星HDE 226868的点，而并非来自这颗恒星本身。这颗蓝巨星与X射线源每5.6天围绕彼此公转一周，它的公转轨道相当于绕一个质量为20倍太阳质量左右的天体的轨道。这意味着，此X射线源既不可能是一颗白矮星，也不可能是一颗中子星（白矮星与中子星的质量上限分别为大约1.4倍和2.16倍太阳质量）。而倘若它是一颗由核聚变驱动的巨大的普通恒星，那么它的亮度（几乎与其伴星——蓝巨星的亮度相当）应当足以使我们观测到它。通过将理论与观测相结合，我们得出以下结论：此X射线源只可能是一个黑洞，即已死亡的（或

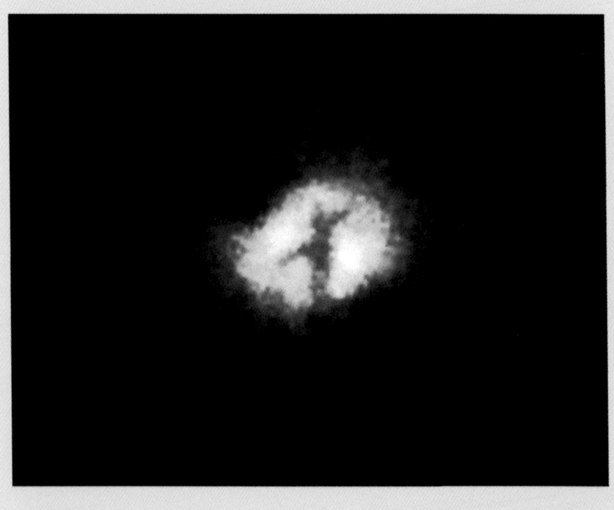

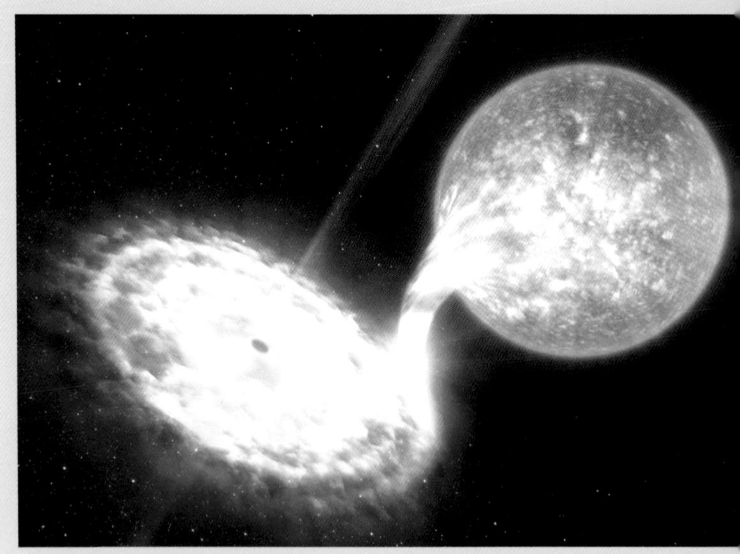

上图　一个恒星质量黑洞从自身的两极向外喷射物质的模拟图

下图　哈勃空间望远镜拍摄到的位于M51星系中心的黑洞

濒临死亡的）恒星。如今人类已经发现了多个与之类似的天体，鉴于它们的质量与恒星相近，我们便将其称为“恒星质量黑洞”（stellar-mass black hole）。

恒星质量黑洞很难被发现，因为只有当它沿轨道围绕一颗恒星运行，并以一种混乱的方式从那颗恒星处剥离并吞噬物质时，它的影响才会显现出来。而一个完全孤立、不绕恒星运行的黑洞则确实是“黑”的。不过，在美国加州理工学院进行研究的天体物理学家罗杰·布兰福德（Roger Blandford）根据对恒星演化的理解做出了估算，其结果显示银河系中或许散布着1亿个孤立的黑洞，其中最近的一个与地球之间的距离可能只有5秒差距。

更大的黑洞

自20世纪60年代末开始，天文学家推测类星体极有可能是一种“超大质量黑洞”（supermassive black hole, SMBH），其质量可达1亿倍太阳质量甚

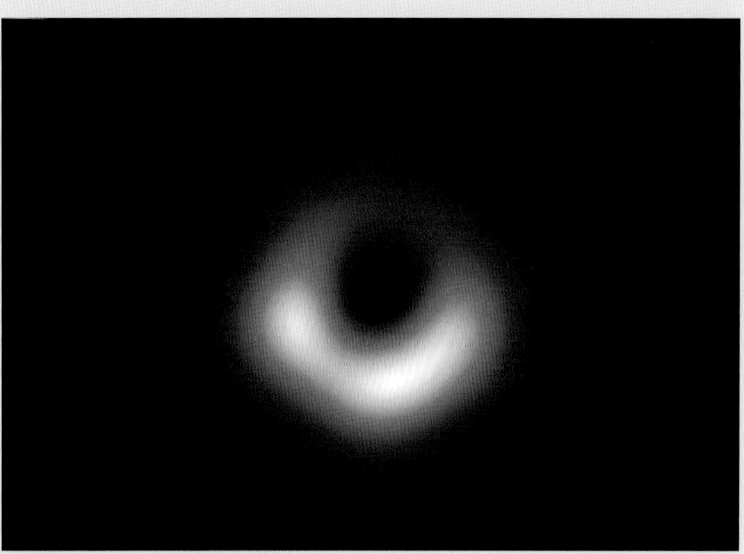

上图 · 左　模拟黑洞活动的近景图

上图 · 右　2019 年 4 月 10 日，全球多地同步公布了黑洞“真容”。该黑洞位于室女座一个巨椭圆星系 M87 的中心，距离地球 5 500 万光年，质量约为太阳的 65 亿倍

至更大。唯一能够解释类星体如此惊人的能量输出的可能性便是：类星体是在不断吞噬其所在星系的物质的大型黑洞，并由此释放出极其巨大的能量①。这种推测在 20 世纪 90 年代终于获得了证实。彼时，哈勃空间望远镜拍摄的图像显示，有一些物质盘呈旋涡状环绕着部分黑洞旋转。这些物质盘的大小与运动速度（可由多普勒效应揭示）可以告诉我们这些星系中心所存在的黑洞的大小。

一个典型的例子是，在 NGC 7052 星系中，一个直径为 1 100 秒差距的物质盘正环绕一个质量高达 3 亿倍太阳质量的黑洞旋转。这一物质盘含有 300 万倍太阳质量的物质，足以使它所环绕的类星体继续闪烁 300 万年，这是因为类星体每年只吞噬 1 倍太阳质量的物质。

弯曲的空间

广义相对论将引力解释为因物质存在而导致的空间弯曲（严格来说是时空弯曲）。若用最简洁的方式来表达，那便是物理学家所说的“物质决定空间如何弯曲，空间决定物质如何运动”。事实上，物体在引力的作用下在弯曲空间（严格来说是弯曲时空）之中运动，便仿佛是在丘陵地貌沿着山谷一路滚动。根据这种模型，没有任何物质存在的平直时空正如一个向四周伸展的橡胶垫（或蹦床）。如果我们将一个质量大的物体放在橡胶垫上，它将产生凹痕，而任何在橡胶垫上滚动的物体皆会沿着凹痕周围的弯曲路径运动。倘若物体的质量达到一定大小，它将在垂直方向上极大地拉伸橡胶垫，直至形成一个任何物体掉入后皆无法逃脱的深坑——黑洞。

① 类星体因视形态类似恒星得名，事实上它是一类活动星系核，天文学家认为其中心存在着超大质量黑洞。单个类星体所辐射出的能量，可达一个含有数千亿颗恒星的星系（如银河系）辐射出的总能量的数千乃至数万倍。

主题链接

第 80 页　黑洞与中子星
第 84 页　黑洞存在的证据
第 98 页　在奇点中开始
第 237 页　越过黑洞

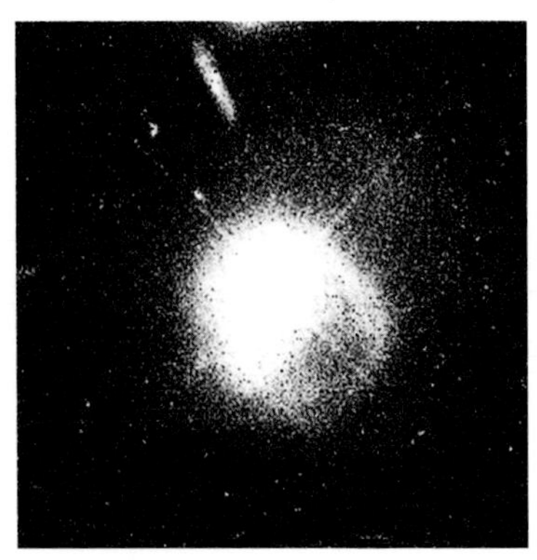

上图　哈勃空间望远镜拍摄到的类星体 PKS 2349

了解黑洞

任何物体只要被压缩至足够小的体积，就会形成黑洞。对于某个特定的质量而言，形成黑洞的临界半径被称为施瓦西半径（Schwarzschild radius），这实际上便将成为黑洞的半径[①]。一旦物体被挤压进其自身的施瓦西半径之内，它便会坍缩至一个奇点，在我们的宇宙中留下具有此临界半径的黑洞作为印记，这种印记正如《爱丽丝梦游仙境》中的柴郡猫消失时仍留在空中的笑容一般。对于太阳而言，施瓦西半径仅为 2.9 千米，这显示了（半径约为 10 千米的）中子星有多么接近形成黑洞。地球的施瓦西半径只有 0.88 厘米。不过，黑洞与极高密度之间不一定存在必然的联系。对于一个与太阳（或水）密度[②]相同的物体而言，倘若它的直径与太阳系直径一样大，它依然会成为一个黑洞。

如今，人类已经发现了能证明黑洞存在的直接证据。尽管没有什么能从黑洞中逃逸出来（黑洞因此无法被直接观测到），然而就在施瓦西半径（又被称为“事件视界[③]”）之外的不远处，或许便在进行诸多可以被观测到的活动。倘若一个半径为数千米的黑洞在沿轨道围绕一颗恒星运行，正在从该恒星处剥离物质并将其吞噬，那么会有一个呈圆盘状的物质旋涡[④]围绕这一黑洞剧烈旋转，并持续被这一黑洞吸入。物质落入黑洞时释放出的引力能，会将这一圆盘加热至能向外辐射 X 射线的程度。天文学家曾探测到此类 X 射线星在围绕普通恒星运行，并且通过对其轨道的研究计算出了它们的质量，其质量有时可以超过 10 倍太阳质量。毫无疑问，这些 X 射线星之中有一部分便是黑洞。

此外，天文学家认为，在星系的中心处存在着一些质量大得多的黑洞。这些黑洞所含物质的质量可达 1 亿倍太阳质量甚至更大，而其直径仅相当于太阳系直径。其中一些黑洞在星系中心吞噬物质时所释放出的能量使它们周围的气体明亮得惊人，其光度比星系中其他所有天体光度的总和还要更高，天文学家将此类天体称为类星体。类星体每年只需吞噬约等于 1 倍太阳质量的物质，便足以维持其不可思议的能量输出，了解这一点有助于我们认识到在物质落入黑洞时会有多么巨大的能量被释放出来。

黑洞存在的证据

最能有力证明黑洞存在的证据出现于 20 世纪 90 年代，那时天文学家确定了环绕地球的人造卫星上搭载的仪器探测到的 γ 射线暴（γ-ray

---

① 准确来说施瓦西半径等于黑洞事件视界的半径，即黑洞的引力半径。

② 太阳的平均密度约为 1.4 克 / 厘米 ^{3}，4 摄氏度时水的密度约为 1 克 / 厘米 ^{3}。

③ 在事件视界之外的观测者不会受到视界内所发生事件的任何影响。我们作为外部观测者永远无法直接看到任何物体越过黑洞的事件视界，因为在视界之内连光也无法逃脱。我们只会看到该物体在接近事件视界的过程中不断减速，来自它的光不断发生红移。此外，我们的宇宙中还存在另一种事件视界，即由于时空本身膨胀的速度达到甚至超过光速而形成的一个边界，来自边界之外的信号永远无法到达边界之内的观测者，即来自宇宙中某些区域的光永远无法到达地球。

④ 即吸积盘（accretion disk）。

左图　来自宇宙中已有黑洞形成的区域的辐射，正如《爱丽丝梦游仙境》中的柴郡猫消失后仍留在空中的笑容一般

burst，宇宙 γ 射线流量在短时间内急剧变化的现象）的源头。这种 γ 射线暴早已为人类所知，但直至 1997 年底，天文学家才首次使用普通望远镜确定了一次 γ 射线暴的源头。那次 γ 射线暴来自一个距离地球超过 30 亿秒差距的星系。要产生一场在如此遥远的距离外仍能为我们的探测器所探测到的 γ 射线暴，这一天体在数秒之内辐射出的能量便相当于可观测宇宙中所有星系里的所有恒星辐射能量的总和。在一个直径约为 150 千米的区域内，γ 射线暴短暂地重现了类似宇宙大爆炸事件本身的环境。要在如此短的时间内产生如此巨大的能量爆发，唯一的途径是通过特超新星（hypernova，也称极超新星、骇新星）爆发事件。对于特超新星爆发事件而言，恒星的内核并没有在中子星阶段停止坍缩，而是将一直坍缩到形成黑洞为止。一个类星体的光度相当于数千亿颗太阳，它的能量源于每年吞噬约 1 倍太阳质量的物质，而 γ 射线暴源的能量则源于在几秒之内吞噬数倍太阳质量的物质。我们可以说，γ 射线暴便是恒星死亡的终极形式。

来自太空的 γ 射线暴最早是在 20 世纪 60 年代末由美国卫星发现的，这些卫星在最初被设计时，是为了探测苏联秘密进行的核弹试验所产生的 γ 射线。

第二章

宇宙的命运

第 1 节

宇宙大爆炸

人类智慧的最高成就之一，便是我们于 20 世纪做出的这项发现：我们所知的宇宙开始于一个具体的时刻（可以说成是宇宙有一个开端），起源于一种高温、超密的状态。自那时开始直至今日，宇宙一直在膨胀，而时间本身则诞生于大约 140 亿年前[①]。通过宇宙学研究得出的宇宙年龄，与通过天体物理学研究得出的最古老恒星的年龄相吻合，这一点也令人满意。

宇宙大爆炸这一概念本身以及大爆炸发生的时间，都已有压倒性的证据支撑。在 21 世纪的今天，并不满足于既有成就的宇宙学家们正在努力解答其他关于宇宙的重大问题：宇宙将走向何方？宇宙将如何终结？在 20 世纪末出现的一些激动人心的突破，使我们相信科学家们或许很快便能找到此类终极问题的明确答案。

第 86 页图　哈勃深场（Hubble Deep Field，HDF）。我们在观测这些星系时，所看到的事实上是它们在 100 多亿年之前发出的光

① 现在我们一般认为宇宙的年龄为 137 亿～138 亿年。

哈勃定律

关于宇宙，人类所知最为重要的一点便是它在膨胀，因此星系（更准确地说，是由多个星系组成的星系团）在随着时间的推移而不断地互相远离。由于这里所涉及的距离尺度与时间尺度都是如此之大，所以人类并不能直接观测到星系之间距离的增加。事实上，即便持续观测 100 万年，人类也基本无法直接观测到宇宙的膨胀。我们之所以对于宇宙正在膨胀这一点确定无疑，是因为我们既能测量大量星系与地球之间的距离，也能测量这些星系远离地球的速度。

天文学家做出了一项关键性的发现，即上述这两个物理量之间存在一种相当简单的关系：一个星系的视向退行速度和它与地球之间的距离[①]成正比。这便是著名的哈勃定律（Hubble's Law），而哈勃定律中的比例常数则被称为哈勃常数，以字母 H_0 表示。然而，哈勃定律并不意味着地球位于宇宙的中心。事实上，在所有描述速度与距离关系的定律之中，哈勃定律是唯一一条无论身处宇宙中的哪个位置都有效的定律（仅在没有任何物体运动的情况下例外）。

下图　仙女星系，也被称为 M31 星系，是距离银河系最近的大型旋涡星系

① 事实上指与任何观测者之间的距离，因为哈勃定律在整个宇宙中是普适的。譬如，假设另一个星系中存在一名观测者 A，他所观测到的银河系的视向退行速度也会和银河系与他之间的距离成正比。

宇宙中最古老的恒星

在20世纪90年代中期之前，天文学家不得不有些窘迫地承认，对于宇宙年龄的最准确估值，竟然略小于对于宇宙中最古老恒星年龄的最准确估值。显然，宇宙本身必然比其所包含的恒星更为古老。彼时出现这一问题的原因在于，使用地基望远镜测量哈勃常数只能得到粗略的估值。此类测量结果显示宇宙的年龄为100亿~120亿年，而当时对宇宙中最古老恒星年龄的估值则是140亿~150亿年。天文学家并未因此过度不安，因为这两方面的测量过程都是困难重重、充满不确定性的，他们预测，一旦望远镜可以摆脱地球大气层的遮蔽与干扰，在地球之上运行并进行观测，这两个测量值便至少有一个需要调整。

事实上，两个数值都需要进行调整，而且要以“正确的”方式调整。1995—2000年，哈勃空间望远镜（左图）获得的数据显示，哈勃常数应比原先估算的略小一些。这意味着对宇宙年龄的估值需要改为140亿年。几乎在同时，依巴谷天文卫星获得的数据显示，有一部分用来校准恒星年龄的恒星与地球之间的距离，事实上比原先估算的更远一些，因此它们自然也比之前预想的更明亮一些，这样方可呈现出我们在地球上看到的现有视亮度。这就是说，它们燃烧自己核燃料的速度必然要比此前估算的更快，因此它们演变至目前的阶段所耗费的时间并没有我们先前计算的那样长。最终，对于宇宙中最古老恒星年龄的估值被确定为130多亿年。

对于一名宇宙学家而言，一个像银河系这样包含数千亿颗恒星的星系，是宇宙中值得纳入考量的最小单元[①]。

一切物体都在彼此远离，正如将发酵的面团烤成葡萄干面包时，面包上的葡萄干彼此远离一般。无论我们在哪个星系，其他所有星系看起来都在快速地远离我们，远离的速度和星系与我们之间的距离成正比。

在本星系群之外

20世纪20年代末，借助造父距离尺标（详见第32—33页），人类第一次测量了河外星系与地球之间的距离。然而，在20世纪90年代之前，即便是在最先进的望远镜的帮助下，人类仍然无法探测到在少数最邻近的河外星系以外的造父变星。不过，彼时探测到的造父变星已能充分显示，银河系与仙女星系是一个小型星系群中最大的两个成员星系。该星系群被称为本星系

① 指宇宙学通常在整个宇宙以及其中的大尺度结构的层面上研究问题。

群（Local Group），大麦哲伦云和小麦哲伦云亦是其中的成员星系。本星系群实际上是一个非常小的星系团，而其他星系团通常是由数百乃至数千个独立星系构成的。在星系团中，不同的独立星系在引力的作用下聚集在一起。成员星系在星系团内部运动的方式可以类比蜜蜂个体在蜂群内部移动的方式。此外，星系团本身也会作为一个整体参与宇宙的膨胀，正如蜂群作为一个整体移动一般。

直至 20 世纪 90 年代，测量本星系群之外的星系与地球之间的距离，始终依赖在本星系群内部得到校准的“次要指标”（secondary indicator）。由于我们已经通过造父变星测距法成功测得我们与本星系群内诸星系的距离（尤其是与仙女星系的距离），因此天文学家可以通过研究这些近邻星系中明亮天体的视亮度，并运用已知距离来得出这些天体的本征光度。如此我们便能校准球状星团、超新星以及被称为“电离氢区”的孕育恒星的巨型气体云等天体的亮度。之后，通过在本星系群之外的星系中识别相同类型的天体，测量它们的亮度（暗淡程度），再与仙女星系中的相应天体相比较，我们便能估算出这些更为遥远的星系与地球之间的距离。

这一测距过程中最关键的一个步骤是计算出室女星系团与地球之间的距

上图　星系团在宇宙中的运动正如蜂群在空中的运动一般

左图　全天第二亮的球状星团——杜鹃座 47（47 Tucanae）

右图　这张室女星系团局部的假彩色图像分别用红色与蓝色标示了诸星系的核心与外部区域

下图　美国加利福尼亚州帕洛玛山天文台最大的望远镜——5 米口径的海尔望远镜（Hale Telescope）

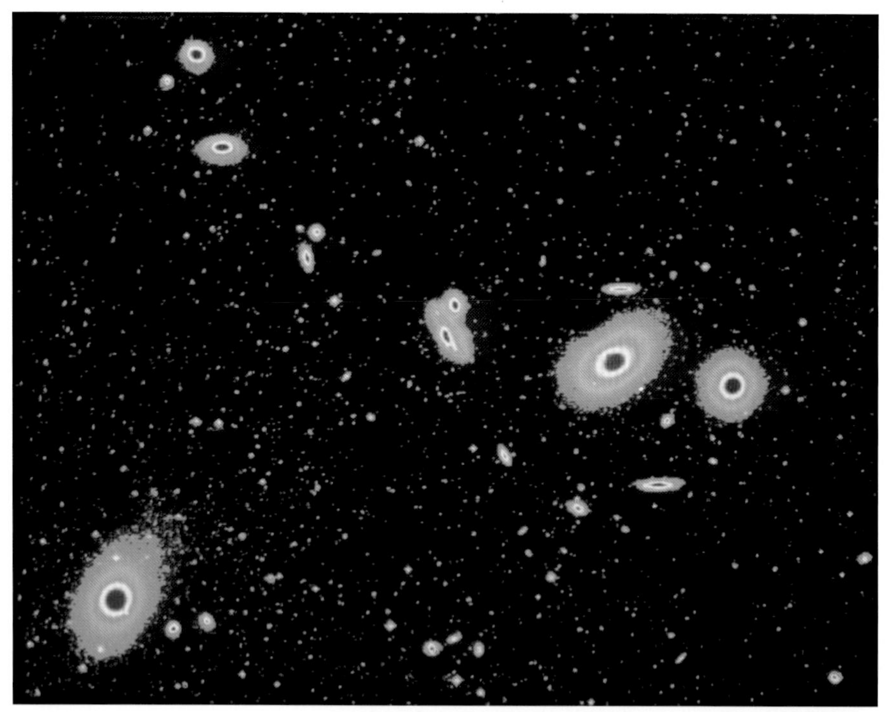

离。室女星系团含有大约 2 500 个星系，这些星系散布在一个球形空间之中，其中心距离地球大约有 1 700 万秒差距。室女星系团所包含的星系种类繁多，因此能提供大量的次要指标，（在根据测量得出的该星系团的距离对相关指标进行校准之后）这些指标可以被用来计算一些更为遥远的星系与地球之间的距离。

不过，直至 20 世纪 90 年代，天文学家才对室女星系团的距离做出了真正精确的测量。彼时，哈勃空间望远镜第一次成功识别出了室女星系团中部分星系里的造父变星。这便是为什么直至 20 世纪 90 年代，人类才最终确定了本星系群以外的星系与地球之间的距离。时至今日，天文学家已能将这些距离作为可靠的基准与测得的速度相比较，从而计算出哈勃常数，并且进一步根据哈勃常数推算出宇宙年龄。

移动的星系

星系随着宇宙的膨胀而彼此远离的“移动速度”是以红移来测量的，这在某种程度上类似于多普勒频移。然而这里的红移并不是真正的多普勒频移，星系的这种移动速度也并非真正的速度。这一点一度引起广泛的困惑，但由于宇宙学家对于宇宙膨胀的整个过程已经取得清晰的认识，如今我们已能相当容易地理解这一概念。

来自少数其他星系（彼时被误称为“星云”）的光的红移，最早是在 20

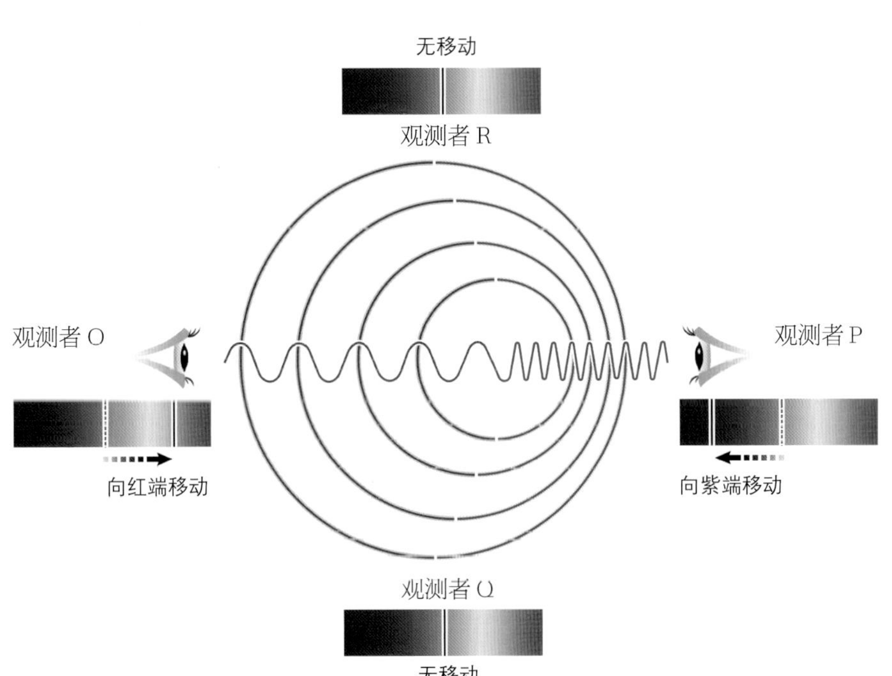

左图　由于多普勒效应的存在，来自正在靠近观测者的物体的光波长会变短，来自正在远离观测者的物体的光波长会变长。不过，当我们从侧面观测物体时，多普勒效应不会发挥作用

现在被称为弗雷德爵士的英国宇宙学家弗雷德·霍伊尔（Fred Hoyle）在20世纪40年代参加BBC（英国广播公司）的广播节目时创造了“大爆炸”一词，用它来描述宇宙的诞生。

世纪20年代发现的。20世纪二三十年代，在美国加利福尼亚州的威尔逊山天文台进行研究的埃德温·哈勃与米尔顿·赫马森（Milton Humason）率先对红移进行了系统性研究，并且将红移置于现代宇宙学的框架中看待。他们得到的证据表明，一个星系的红移量（前提是该星系处于本星系群外）与该星系和地球之间的距离成正比。

因为一个天体发生多普勒红移意味着该天体在宇宙中向着远离地球的方向移动，所以起初天文学家以为这种“宇宙学红移”（cosmological redshift）之所以会发生是因为星系在太空中猛烈地彼此碰撞、四散开来，正如一枚巨型炸弹在爆炸时弹片四溅一样。然而，运用爱因斯坦提出的描述时空在物质影响下的行为的广义相对论，我们很快便对星系之间的相互远离做出了正确的解释。广义相对论显示空间（严格来说是时空）本身便是可塑的，可以被拉伸与收缩。

当广义相对论中的方程被用来提供一种对整个宇宙的描述（宇宙学家与数学家所称的“宇宙模型[①]”）时，这些方程显示宇宙的膨胀或坍缩皆有可能自然发生，但宇宙保持静止是唯一不可能的情况。鉴于我们已经通过实际观测得知其他星系正在远离地球，我们知道正在发生的是时空的拉伸。各个星系之间（严格来说，是各个星系团之间）的空间正在膨胀，星系也被携带着远离彼此。星系本身并没有在宇宙中向着远离彼此的方向移动，因此红移并不是速度。不过，因为来自遥远星系的光在宇宙中传播的同时宇宙正在不断膨胀，所以这种光也会被拉伸至更长的波长，即向电磁波谱的红端移动。这种红移与多普勒效应类似。

如今，诸星系团之间的距离正在以一种我们能够测量的速度不断增大。这意味着，星系团过去曾经靠得更近。倘若我们可以将宇宙的膨胀“倒带”，回溯至足够久远的过去，那么所有星系都会接触到彼此。而如果我们再往回追溯，那么所有星系便会被挤压成一块炽热的物质。宇宙在某个具体的时刻诞生于一次炽热的大爆炸这一想法，便起源于此。根据哈勃定律，我们可以计算出大爆炸发生的时间，即大约140亿年前。不过，除了这种论证之外，是否还有其他表明大爆炸确实发生过的证据呢?

来自时间诞生时的微波

使许多人最终确信大爆炸真实发生过的证据出现于1965年。那时，两位在美国贝尔实验室（Bell laboratory）工作的天文学家——阿尔诺·彭齐亚

① 宇宙学常用的一种研究方法是以不同的理论或参数为基础创造各异的宇宙模型，有时可以通过计算机模拟来观察一个宇宙模型诞生、演化、终结的全过程。

斯（Arno Penzias）与罗伯特·威尔逊（Robert Wilson），发现了从宇宙中各个方向传来的微弱的无线电噪声。它与我们在收音机信号不好时所听到的“嗞嗞”的静电噪声属于完全相同的类型。事实上，收音机静电噪声的一部分便是来自宇宙深处的无线电噪声[①]。

在无法准确调频时，电视屏幕上会出现跳跃的白色噪点，其中大约1%的噪点是由宇宙微波背景辐射引起的。

早在20世纪40年代末，物理学家乔治·伽莫夫（George Gamow）与其同事便曾根据大爆炸理论对这种“宇宙微波背景辐射”（cosmic microwave background radiation，CMBR）的存在做出过预言。不过，当彭齐亚斯与威尔逊在测试一台新射电望远镜的过程中偶然做出他们的发现时，他们并不知晓伽莫夫等人的这条预言。

大爆炸理论表明，我们通过任何一种形式的电磁辐射所能“看到”的最早的时刻，便是整个宇宙与今日的太阳表面同等炽热的时刻。而在那一时刻之前，由于温度实在太高，电子会从各自的原子中被剥离出来，只留下一团带负电的电子与带正电的原子核的混合物，即等离子体（plasma）。由于电磁辐射会与带电粒子相互作用，电磁波在这样的条件下会猛烈地来回反弹，并彻底地混合在一起。这也是我们无法观测到太阳内部的原因。同理，当我们试图对宇宙大爆炸进行回溯时，我们最远只能看到整个宇宙的温度与现在的太阳表面相当的时候。

最早的光

一旦整个宇宙冷却到了今日太阳表面的温度，电子与原子核便可以相

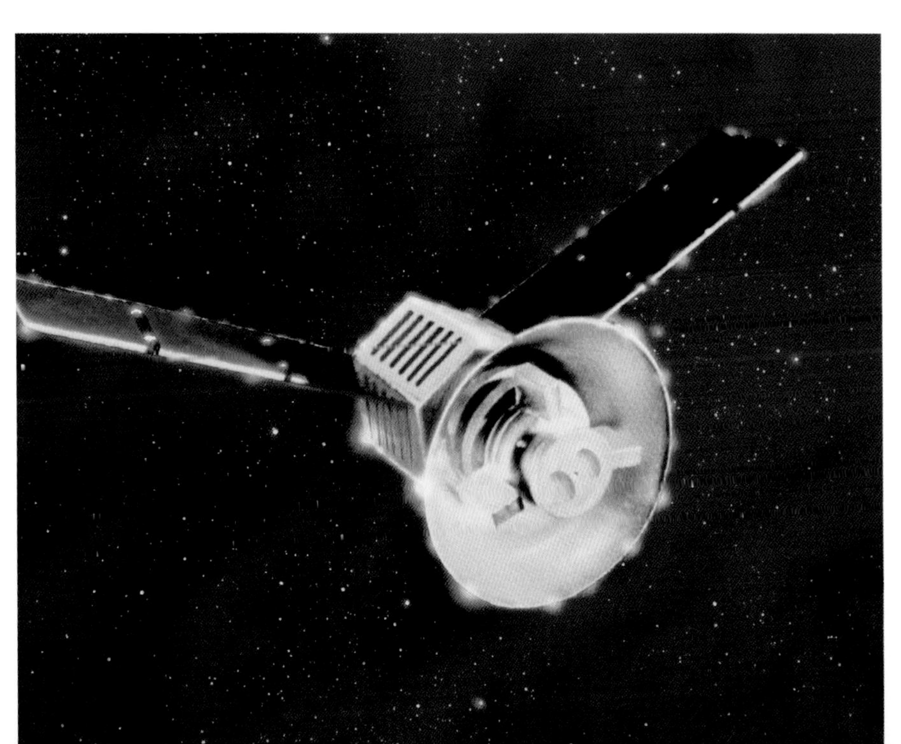

左图 宇宙背景探测器（Cosmic Background Explorer，COBE）在轨道中运行的示意图

① 宇宙微波背景辐射起初极其炽热、频率极高，但在冷却了100多亿年后，其今日的频率已降到了160.2千兆赫兹左右，因此属于微波。收音机的静电噪声与老式电视的噪点中皆有极小一部分来自宇宙微波背景辐射。

上图 大爆炸理论的奠基人之一乔治·伽莫夫

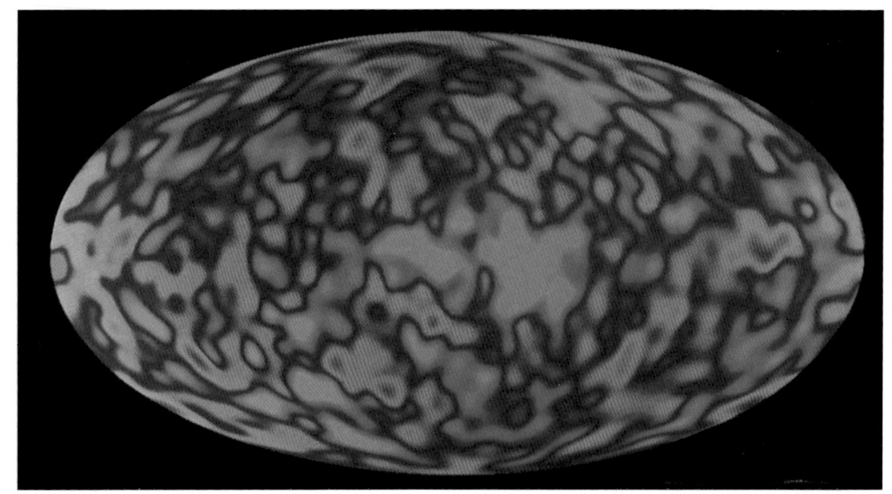

右图 这张微波波段上的全天假彩色图像基于宇宙背景探测器所获得的数据。图中的粉色代表较热区域，蓝色则代表较冷区域

互结合以形成电中性的原子。通常来说这些原子不与光相互作用，唯有在光的波长恰好与原子的光谱能级（详见第22—23页）相对应时，原子才会与其相互作用。这意味着来自宇宙大爆炸事件本身的光终于可以穿过原子间的空隙一路传播，充满整个宇宙。倘若我们将今日整个可观测宇宙中的一切物质都聚集在一处的时刻设为“时间零点”（time zero），那么前文所述的这一临界温度（约为6 000开尔文①）是在时间零点之后的30万～50万年内达到的②。这便是第一道光出现的时候，彼时物质与辐射完成了“解耦”（decoupling）。

自那时以来，宇宙大幅膨胀，因此充满整个宇宙的电磁辐射也被相应地拉伸，发生了红移。我们可以直接计算出宇宙的膨胀对背景辐射造成的这种影响。物质与辐射解耦时的电磁辐射本应与太阳等恒星发出的光相似，即温度应为6 000开尔文左右，但时至今日，这种电磁辐射已经因为宇宙的膨胀而被拉伸为波长长得多、温度仅有几开尔文的无线电波。这些辐射与微波炉中的辐射属于完全相同的类型，不过其温度却只有大约 −270 摄氏度。

这正是由彭齐亚斯与威尔逊发现、其他射电天文学家也很快加以证实的来自宇宙中各个方向（各星系之间空隙）的低温微波辐射。大概自时间零点之后的第50万年开始，直至被射电望远镜探测到为止，此种辐射未曾进行任何类型的相互作用。

在之后的20年里，多架在不同波段上工作的、各种类型的射电望远镜相继探测到了宇宙微波背景辐射，并证实这种辐射恰好具有诞生于大爆炸事件本身的最早的光经过大幅红移后应有的性质。此外，这种观测也非常精确地测量了宇宙微波背景辐射的温度（2.735开尔文）。1978年，证明这种辐

---

① 不同资料对该温度的确切值的描述差异较大，但通常介于3 000开尔文和5 000开尔文之间。——编者注

②根据现有研究，宇宙自诞生以来先后经历了以下阶段：普朗克时期（时间零点后第10^{-43}秒内），大统一时期（第10^{-43}～10^{-36}秒），弱电时期（第10^{-36}～10^{-32}秒），以上3个时期仅存在于不包括暴胀的传统宇宙学年表中；暴胀时期（具体时间并无定论，一般认为在第10^{-32}秒前），电弱对称性破缺（第10^{-12}秒），超对称破缺（尚为假说），夸克时期（第10^{-12}～10^{-6}秒），重子产生（第10^{-11}秒左右，重子的概念详见第133页脚注），强子时期（第10^{-6}～1秒），中微子退耦（第1秒左右），原生黑洞形成（尚为假说），轻子时期（第1～10秒），光子时期（第10秒～3.7万年），核合成（第2～20分钟），物质主导期（第4.7万～98亿年，之前宇宙处于辐射主导期，由光子与中微子主导），分子形成（第10万年），复合时期与光子退耦（第37万年），黑暗时期（第3.7万年～10亿年），恒星（星族Ⅲ恒星）、星系（矮星系）与类星体形成（第1.5亿～10亿年），再电离时期（第1.5亿～10亿年），暗能量主导期（第98亿年开始至今）。不过，这类宇宙年表也有其他多种版本。

射确为“大爆炸之回响”的证据已经相当充分，彭齐亚斯与威尔逊遂因这一发现而获得诺贝尔物理学奖。

> 发现了宇宙微波背景辐射的射电望远镜最初被设计用来进行通过卫星将电视信号发送到大西洋对岸的早期实验。

一个物质均匀分布的开端

除了宇宙微波背景辐射存在这一事实本身的重大意义之外，这种辐射最重要的特性在于它十分均匀，鲜有起伏，即便精确到 0.01%，天空中各个方向所接收到的宇宙微波背景辐射的温度仍然完全相同。在第一道光出现之前，物质与辐射是不可分离地混合在一起的。这意味着，在物质与辐射完成解耦之时，那些将要形成恒星与星系的炽热气体也是非常均匀地分布于宇宙之中的，精度至少达到 0.01%。

这一点向我们揭示，大爆炸事件本身便非常均匀。于是，天文学家面临一个有待解答的难题：既然在宇宙的开端物质分布如此均匀，那么物质究竟是如何聚集在一起形成恒星与星系等天体的?

宇宙的诞生

在爱因斯坦于 1915 年提出广义相对论之后的 10 年里，数学家反复思考这些方程的含义，探索物理定律所允许的可能性，因为这正是数学家的爱好——与方程嬉戏。不过，直到哈勃与赫马森发现哈勃定律（即红移与距离成正比）之后，人类才意识到这些方程也许真的能够描述我们所在的这个膨胀的宇宙。最早尝试运用广义相对论方程来探究宇宙如何诞生的人是比利时天文学家乔治·勒梅特（Georges Lemaître）。大爆炸宇宙论由此揭开了序幕。

“宇宙蛋”

勒梅特在 20 世纪三四十年代发展了一些关于宇宙大爆炸的观点，不过那时大爆炸这一名称还未出现。他意识到因为宇宙正在不断膨胀，星系正在持续远离彼此，所以宇宙在许久以前必然处于超密态。在过去的某一时刻，今日可观测宇宙中的所有物质必然都聚集在同一个物质块中，其密度可能相当于原子核（或中子星，详见第 80 页）。勒梅特有时将这种物质块称为“原初原子”（Primal Atom），有时也称其为“宇宙蛋”（Cosmic Egg）。勒梅特计算结果的惊人之处在于，“宇宙蛋”的直径仅为太阳直径的 30 倍左右，也就是说，这个含有今日可观测宇宙中所有物质的团块，竟然比太阳系小得多。通过这一结论，我们或许可以更直观地感受到恒星及星系之间究竟存在着多

上图　比利时的乔治・勒梅特既是一名天文学家，也是一名天主教会牧师

么大的空隙，以及原子核与原子相比小到了何种程度。同时这也说明了为什么“原初原子”一名选得并不合适，更为恰当的名称应是“原初原子核”。

勒梅特并未尝试解释宇宙蛋来自何处。他的观点是，宇宙蛋像是一个不稳定的巨大原子核，而它曾在过去发生“分裂”或“衰变”。他认为宇宙蛋“衰变”的方式与铀 -235 这类不稳定的原子核衰变为较轻元素的方式类似。大概就在勒梅特提出这些观点的同时，物理学家正开始研究铀 -235 等元素的自然衰变，并研发出了最早的原子弹，这一点并不是巧合。放射性元素的衰变与原子弹的爆炸皆是基于核裂变这一过程，而“核裂变”这种称谓是恰当的，不过大众却往往认为这是个分裂“原子”的过程。所谓的“原子弹”事实上应被称为“核弹”。正是为了便于大众理解，勒梅特这位伟大的科普工作者才选择了使用“原初原子”这一称谓。

从某种意义上来说，宇宙蛋是一个不恰当的比喻。这是因为它容易给人一种错误的印象，即宇宙蛋曾在“虚无空间”中的某处无限期地等待，然后在某一时刻向外爆炸，进入了空间。而爱因斯坦的广义相对论方程告诉我们，根本不存在宇宙蛋爆炸后可能进入的空间，宇宙蛋本身便包括了宇宙中所有的物质以及一切“虚无空间”。宇宙最初始的物质（无论其为何种物质）之所以向外膨胀，是因为空间本身膨胀了。

在奇点中开始

爱因斯坦的广义相对论方程还能向我们揭示勒梅特的宇宙蛋来自何处。尽管原子核或中子星的密度已是物质通常所能具有的最大密度，但倘若物质再受到进一步的压缩，它将会收缩成一个点，并在此过程中变成一个黑洞。1965 年，英国数学家、物理学家罗杰・彭罗斯（Roger Penrose）运用爱因斯坦的方程证明，在黑洞形成后，黑洞中的所有物质都必然会落向黑洞内部的一个点，这个点密度无限大而体积为 0。由于显而易见的原因，这个点被命名为奇点。

要避免这种情况发生，只有一种可能性，那便是当物质落向奇点时，条件变得过于极端，广义相对论已不足以描述所发生的情况。我们几乎可以肯定，这种过于极端的情况必须在密度达到无限大之前出现。然而，已有诸多测试表明，在黑洞内的所有物质都被压缩进一个比亚原子粒子（譬如质子或中子）更小的体积内之前，广义相对论始终能较好地描述所发生的一切情况。这足以带我们越过宇宙蛋，回溯到时间诞生的那一刻。

重点在于，倘若将时间倒转，那么物质在黑洞内部向着奇点的坍缩看起来便很像是物质从奇点开始向外的膨胀。因此，很多人倾向于猜测宇宙蛋或许正是从一个奇点开始向外膨胀而来，这一膨胀过程仿佛是物质在黑洞内部的坍缩过程的镜像。然而，证明宇宙确实以这种方式运行要比单纯提出猜测困难得多。不过，1970 年，彭罗斯与英国物理学家斯蒂芬·霍金（Stephen Hawking）共同修正了自己早期的计算，证明事实的确如此。宇宙当前膨胀

下图 时空中的奇点的示意图。它既能描述坍缩中的黑洞，也能描述膨胀中的宇宙

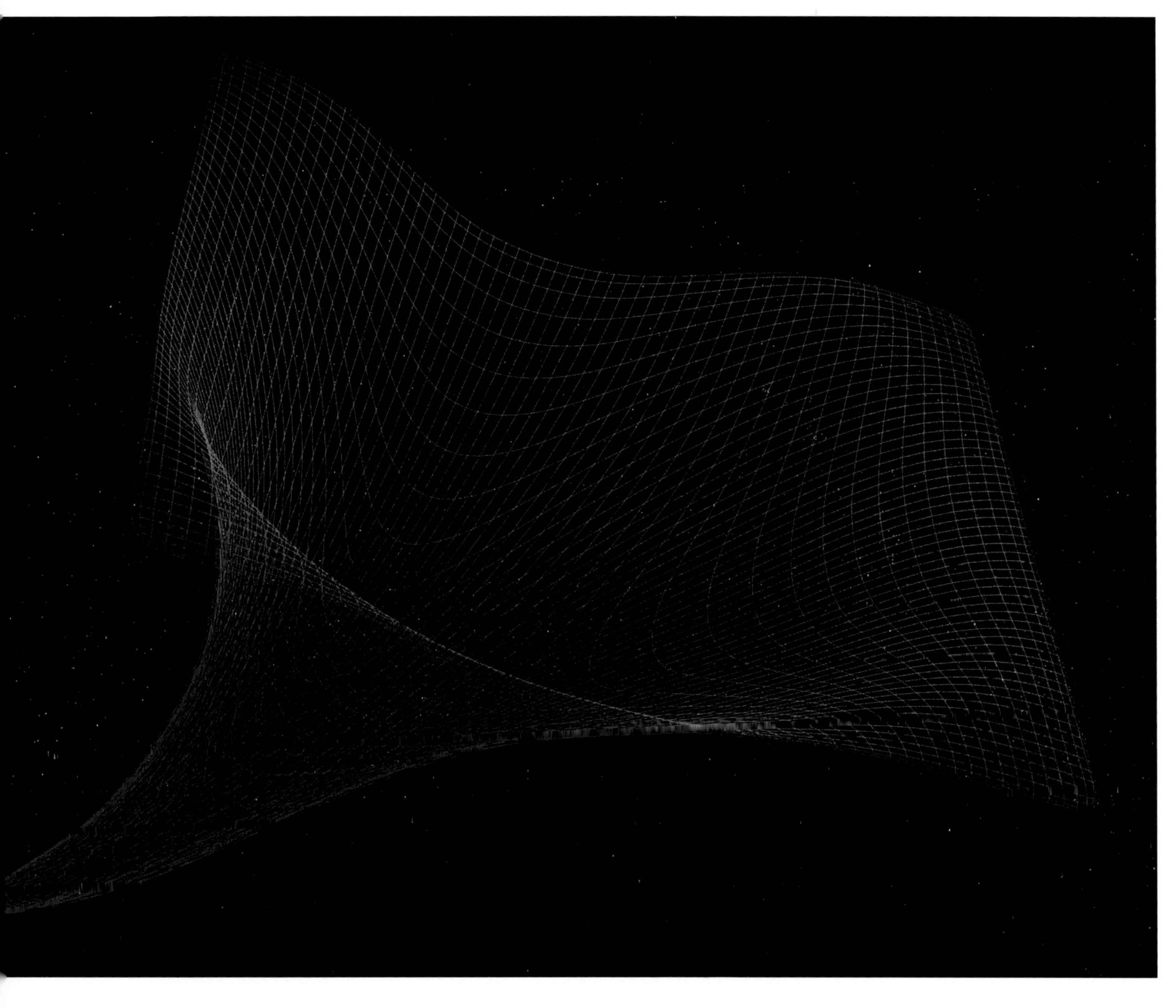

▷ 黑体辐射

由于红热物体的温度低于橙色物体，而橙色物体的温度又低于蓝白物体，所以天文学家通过观测恒星的颜色便可得知哪些恒星更为炽热。在这方面，天文学家所能做到的还不止于此。他们发现了一个数学公式，它可以非常精确地描述一个物体以不同波长辐射出的能量的谱图如何随着该物体的温度变化而变化，这便是所谓的“黑体曲线”（black body curve）。将发光物体描述为“黑体”看似有些奇怪，但这其实是因为公式主要描述的是一个“绝对黑体”如何吸收辐射。因此，“黑体辐射”（black body radiation）一词也可用来指代来自相当炽热、明亮的物体的辐射。

根据这一定义，来自太阳表面的电磁辐射对应一个温度为 5 800 开尔文的黑体的辐射。我们通过使用与太阳光谱相符的黑体曲线得出了这一温度。同理，倘若天文学家需要测量一颗数千光年之外的恒星的温度，只需将这颗恒星的光谱与其对应的黑体曲线相比较即可。

不过，黑体并不一定是炽热的。譬如，天空中各个方向收到的微波辐射（宇宙微波背景辐射）的曲线，几乎完美对应一个温度为 2.735 开尔文的黑体所发出的辐射的曲线。这便是来自宇宙大爆炸事件的、经过冷却的残余辐射[由贝尔实验室的喇叭天线（左图）探测]。

右页图　宇宙诞生于一次巨大的爆炸。爆炸后，旷日持久的膨胀就开始了

的方式可以证明宇宙开始于一个奇点，或者至少是一个小（比质子或中子更小）且致密的程度足以使广义相对论失效的点。当宇宙达到与勒梅特所提出之“原初原子”相当的大小时，它事实上已经在随着空间的拉伸而进行快速膨胀。而我们对宇宙所能做出的最简单的描述便是，宇宙相当于一个正在快速膨胀的黑洞的内部。

自然，宇宙学研究远不限于这一简单的描述。1990—2010 年成果最为丰硕的科研领域之一便是对于以下这一问题的研究：宇宙膨胀的极早期阶段如何在宇宙中“镌刻”下了我们今日所见的结构。如今我们知道，星系团的存在与天文学家所建立的极早期宇宙模型的预言正好相符①。

① 指宇宙学家以现实中极早期宇宙的条件为基础建立了虚拟的计算机模型，然后观察这些宇宙模型会如何随着时间演化，而模型演化出的各种结果即“预言”。宇宙模型在演化过程中出现了星系团，意味着“预言”与我们对宇宙的实际观测结果相符。

最初 4 分钟

核合成这一机制可以解释宇宙中除了原初的氢与氦之外的元素是如何在恒星内部通过氢与氦“烹制”出来的（详见第 62 页）。这方面的理解在 20 世纪 50 年代末已基本得到完善。然而，那时还有一个重大的问题尚未得到解答：在一切的起点，原初的氢与氦又是如何形成的呢？宇宙学研究在 20 世纪 60 年代取得的最大成就正在于此，它解释了在大爆炸事件中发生的活动如何在略短于 4 分钟的时间内产生了原初的元素，而氢与氦在诞生时的比例与我们如今在最古老的恒星中实际测得的比例完全相同。

上图　弗雷德·霍伊尔的见解对于我们理解元素如何形成做出了贡献

下图　宇宙早期温度极高，以奇点为中心不断膨胀。随着膨胀的进行，宇宙逐渐冷却，产生质子、中子等粒子，进而形成氘和氦等原子核

物质与辐射分离

大爆炸核合成的故事在时间诞生之后便立即开始了。在时间零点，宇宙中任一处的温度都高达 1 000 亿开尔文，宇宙中绝大部分的能量以电磁辐射的形式存在。那时，电磁辐射不断地产生并摧毁质子与中子，这些符合爱因斯坦的质能方程。

当温度降到 300 亿开尔文时，即时间零点之后的第 0.1 秒，物质开始从辐射中分离。那时，宇宙的整体密度是水密度的 3 000 万倍，但大部分能量依然以辐射的形式存在。然而，辐射已不像之前那样可以轻易地产生并摧毁粒子。尽管宇宙中存在的能量（E）更少了，但产生每个像质子这样的粒子所需的质量与光速的平方的乘积（mc^2）却仍保持不变。最初，辐射产生了相同数量的质子与中子（以及大量电子），然而，中子只要没有被束缚在原子核内，便很容易发生衰变。中子会在衰变过程中放出 1 个电子，自身转变为 1 个质子，因此质子的占比逐渐上升。

上图　威尔金森微波各向异性探测器（Wilkinson Microwave Anisotropy Probe，WMAP）公布的宇宙微波背景全天图，数据源自 2003—2006 年。图中的红色部分是银河系，其余部分为随膨胀而冷却的宇宙微波背景

冻结于 30 亿开尔文

当温度下降至 30 亿开尔文时，即时间零点之后的第 13.8 秒，氘原子核（含有 1 个质子与 1 个中子）便有可能短暂地形成。不过，在与其他粒子的碰撞中，氘原子核很快便分裂开来。彼时宇宙中的条件终于与今日恒星内部的条件有些相似了。在时间零点之后的第 0 分 2 秒，温度下降到了 10 亿开尔文，只是今日太阳核心的温度的 80 多倍，同时中子与质子之比也低至 14%。所幸，中子并未遭受彻底湮灭的命运，因为宇宙的温度终于降到了足够低的程度，使氘以及其他轻元素的原子核得以永久地稳定存在。

拯救中子

通过接下来数秒内的一阵核反应，宇宙中几乎所有剩余的中子都在氦 -4 原子核中与质子束缚在了一起，最终形成了由略少于 25% 的氦、大约 75% 的氢以及微量氘、锂等极轻元素组成的混合物。大爆炸核合成这一过程结束于时间零点之后的第 3 分 46 秒左右，将其四舍五入，我们可以说原初的元素形成于宇宙诞生后的最初 4 分钟。

标准大爆炸理论对这些极轻元素的比例做出的预言，正好完全符合我们在最古老的恒星中实际测得的比例。

主题链接
第 60 页　“烹制”元素
第 106 页　稳恒态模型
第 149 页　量子涨落
第 152—153 页　气球与宇宙微波背景辐射

第 2 节

宇宙学入门

宇宙学起初只是数学家的一场“游戏”，参与者们乐于对广义相对论中的方程稍作修改以探索不同的可能性，这些方程描述了空间、时间与物质的行为。毕竟，宇宙便是他们所能想到的空间、时间与物质的最大集合。在爱因斯坦于 1915 年提出广义相对论之后不久，这场“游戏”揭开了序幕。在此之前，人类有关宇宙的起源与其最终命运的观点几乎都基于哲学与宗教，少有科学基础。

在爱因斯坦提出广义相对论之后，大量以其方程为基础的有关宇宙演化的观点涌现了出来。不过在那个时代，人类尚无法判断哪种理论体系与真实的宇宙相符。直至 20 世纪末，宇宙学家才能通过精确测量真实宇宙的运行方式来检验理论研究的运算结果。

种类繁多的宇宙

运用广义相对论的方程，数学家可以对空间与时间在物质的影响下相互作用的各种可能方式，即宇宙（universe）随着时间的推移而发生变化的各种可能方式做出数学描述。注意此处“宇宙”的首字母是小写的。宇宙学家用首字母大写的“宇宙”（Universe）来指代我们所处的这个真实的时空，用首字母小写的“宇宙”或“模型”（model）来指代研究工作中假设的数学版本的时空。运用爱因斯坦广义相对论的方程，我们可以描述数不胜数的（也许是无限多个）宇宙模型，而难点在于，如何找到一个与我们所在的宇宙正好相符的模型。

幸运的是，事实证明我们的宇宙是这同一主题的无数变奏中格外简单的一个，可以用爱因斯坦的方程中相当简单的版本来描述。爱因斯坦本人亦曾为之赞叹，他说：“宇宙的最不可理解之处便在于它是可以理解的。”

不过，我们的宇宙究竟有多么简单呢?

时空的简单模型

我们可以根据宇宙的膨胀来对宇宙学研究中不同类型的宇宙模型进行最基本的分类。如今我们身处的宇宙正在不断膨胀，但宇宙中所有物质也在通过引力互相吸引，试图使这种膨胀放缓。

为了直观形象地理解两种主要类型的宇宙模型之间的区别，我们不妨想象一颗被击出的棒球与一枚正在发射的火箭。即便是世界上力量最大的棒球运动员，其击球力量也不可能大得足以使球逃脱地球的引力。无论球能飞到多高，它终将落回地面。然而，一枚动力充足的火箭却能达到足够的发射速度以摆脱地球引力强加的束缚，彻底离开地球的周围而永远不再

本页图　棒球运动员的击球力量远不足以使球永远不落回地球，拥有巨大动力的火箭才能摆脱地球引力的束缚

稳恒态模型

20 世纪 40 年代，弗雷德·霍伊尔、托马斯·戈尔德（Thomas Gold）与赫尔曼·邦迪（Herman Bondi，左图）这三位天文学家提出了一种观点，试图在不诉诸大爆炸的前提下解释宇宙的膨胀。他们指出，即便在膨胀的时空中，新氢原子产生的速度仅为每年每 100 亿立方米的空间中产生 1 个新原子，也能产生足够多的原子以形成新的星系，填满旧星系彼此远离所留下的空隙。在任何一个时刻（宇宙的任何一个阶段），宇宙的全貌皆与今日之宇宙相差无几。这便是所谓的稳恒态模型（steady-state model）。

这个典型的例子反映了天文学家如何通过想象来探索宇宙，如何构想出一些或许与真实宇宙相符的模型。当其他学者表示，“物质被持续地不断创造出来”这种假说未免过于夸张时，稳恒态模型的支持者反驳称，这并不比所有物质在一场大爆炸中被同时创造出来的假说更为夸张。

大爆炸模型与稳恒态模型势如水火的竞争促使天文学家使用射电望远镜与光学望远镜来实际探索宇宙，从而验证哪一种模型才是正确的。最终，实验探索提供了明确的证据，证明宇宙随着时间的推移发生了变化，即宇宙并不是处于稳恒态中。而且，通过对宇宙微波背景辐射的发现与研究，大爆炸模型又进一步得到了证实。因此，如今人类将大爆炸称为“理论”（已经过检验），而稳恒态依然只是个“模型”。

返回。这意味着，如果技术足够成熟，它将有可能达到地球的所谓“逃逸速度”（escape velocity），而这一速度只取决于地球本身的质量。

我们希望探索一些最关键的问题，譬如，宇宙膨胀的速度是否大得足以使其摆脱自身的引力？宇宙是会永远膨胀下去，抑或是有朝一日会停止膨胀并再次坍缩？测量宇宙膨胀的速度相对容易，但测量宇宙中的物质总量则要困难得多，因此人类耗时许久才得到答案。

两个复杂因素

这种乍看起来简单的模型其实并没有那么简单。

第一个复杂因素是，爱因斯坦的广义相对论方程允许宇宙学常数（cosmological constant）的存在，而宇宙学常数可以影响宇宙膨胀的速度。

在广义相对论方程中，宇宙学常数以希腊字母兰布达（Λ）表示，但是方程全然不曾显示 Λ 的具体数值。Λ 的大小决定了它对宇宙的作用，它既可能作为一种“反引力”（antigravity）促使宇宙以更快的速度膨胀，也可能作为一种额外的引力减缓宇宙膨胀的速度。这对数学家而言可谓是莫大的乐趣，因为他们因此有了更多模型可以考虑。不过，对于真实宇宙膨胀的研究显示，即便 Λ 确实存在，它的数值也必定是相当之小的。直至 20 世纪 90 年代，天文学家为了便于研究，通常都将宇宙学常数设为 0。

另一个复杂因素本质上其实是一种罕见的特殊情况。倘若我们能恰好以地球的逃逸速度向上抛出一个球，且没有任何物体阻挡它的线路，那么它将会永远保持运动，但也将不断地减速。在相当长一段时间之后，球看起来会是在高出地球很远的地方（严格来说，是无穷远处）盘旋，永远不会落回地球。这一类奇特情况之所以引人关注，是因为我们的宇宙本身似乎便相当接近于这种极其特殊的状态。我们也可使用几何学的方式来描述上述情况。

爱因斯坦的几何

广义相对论以弯曲的时空来描述引力。在黑洞周围，黑洞内部物质的引力会极大地弯曲时空，进而导致任何物质皆无法逃脱。黑洞附近的空间仿佛一个球体的表面（譬如地球的表面），是所谓“闭合”的。倘若在地球上不断朝着同一个方向前行，我们将会环绕这整个行星并回到起点。同理，倘若在闭合的空间中不断沿着一条直线前行，我们将会环绕整个宇宙并回到起点。一个黑洞的内部便如同一个闭合的宇宙，没有任何物质能从中逃脱。

而另一个极端是，引力也能以完全相反的方式弯曲时空。这种情况比较难以直观想象，不过我们或许可以将其类比为马鞍或是山口，它们的表面向着各个方向弯曲。这类表面便是“开放”的。一个无法逃脱自身引力作用的宇宙是闭宇宙（closed universe），一个膨胀速度大于其本身逃逸速度的宇宙是开宇宙（open universe）。

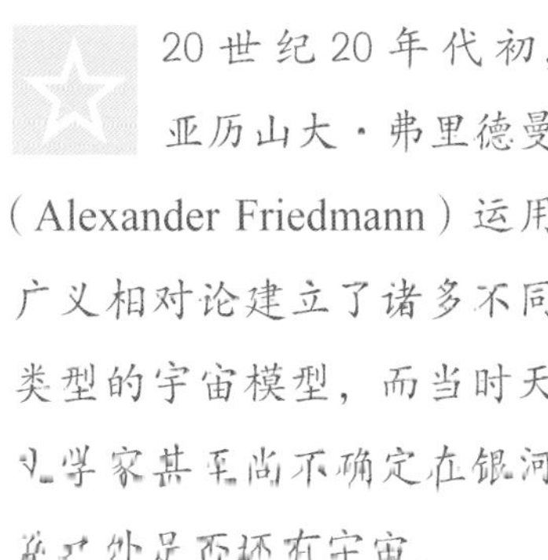

20 世纪 20 年代初，亚历山大·弗里德曼（Alexander Friedmann）运用广义相对论建立了诸多不同类型的宇宙模型，而当时天文学家甚至尚不确定在银河系之外是否还有宇宙。

然而，除此之外还有一种特殊情况，即时空是平直的，如同光滑的桌面一般。在爱因斯坦的几何中，这种特殊情况对应于前文所述的球恰好以逃逸速度自地球表面向上运动的特例。这是广义相对论所允许的唯一一种特殊几何类型——尽管有许多种开宇宙，也有许多种闭宇宙，但只有一种平直宇宙（flat universe，也称平坦宇宙）。而关键在于，真实宇宙的几何特性与这一极其特殊的情况几乎看不出任何区别。

在开宇宙中，三角形的内角和小于 180 度

在平直宇宙中，三角形的内角和正好等于 180 度

在闭宇宙中，三角形的内角和大于 180 度

接近临界密度

鉴于平直宇宙模型是独一无二的，宇宙学家将其用作一个基准来测量其他的宇宙模型。平直宇宙的密度恰好等于“临界密度”（critical density），这意味着此类宇宙的密度正好能使时空保持平直。宇宙学家用一个被称为欧米伽（Ω）的参数来衡量宇宙（或者宇宙模型）的密度，它也被称为平直度参数（flatness parameter）。平直宇宙的 Ω 等于 1，开宇宙的 Ω 小于 1，闭宇宙的 Ω 大于 1。

我们身处的这个宇宙正在膨胀，这意味着它的密度正在随着时间的推移而降低。这会影响 Ω 在宇宙时（cosmic time）中的任一时刻（宇宙的任何阶段）的值，但并不足以使 Ω 跨越“临界密度”这一分界线。让我们暂不考虑宇宙学常数的存在可能导致的一些更为奇特的复杂情况，那么结论是：倘若宇宙从大爆炸中诞生时密度大得足以使其成为闭宇宙，宇宙的密度便永远会大得足以使其保持闭合；而倘若宇宙诞生时是开宇宙，其也会永远保持开放。

走向两个极端

无论我们的宇宙诞生时是开放的还是闭合的，它的密度都会随着时间的推移而不断地偏离临界密度。倘若宇宙诞生时的 Ω 略小于 1，那么随着宇宙持续膨胀、密度持续降低，Ω 的值会随时间变得愈来愈小；倘若宇宙诞生时的 Ω 略大于 1，那么宇宙最终会走向收缩，Ω 的值会变得愈来愈大。如今已是大爆炸后的第 140 亿年左右，有充分的时间可供这种效应发挥作用。

整个宇宙的密度很难测量。首先，天文学家计算某个选定的空间范围内所有明亮星系的数量，并估算这些星系中所有明亮恒星的总质量。然后，通过星系在引力作用下聚集成星系团运动的方式，天文学家可以估算出对于每

右页图　距离地球约为 7 000 万光年的天炉星系团（Fornax Cluster）中心区域的真彩色图像

个星系而言,有多少“不可见物质”或“暗物质”在对可见物质施加引力影响。综合如上计算结果，天文学家发现，我们宇宙中的物质密度至少达到了临界密度的 10%，甚至可能大于 30%。因此，基于星系动力学研究，我们得出的结论是今日宇宙的 Ω 一定不小于 0.1，甚至有可能大于 0.3。然而我们知道，在过去 140 亿年左右的时间里，Ω 始终在不断地远离 1。时至今日，Ω 竟然仍可以达到 0.1，这意味着在宇宙大爆炸的第 1 秒内，Ω 与 1 的相差必定不超过 10^{-60}。这就是说，我们的宇宙在诞生时是平直的，精度达到 10^{-60}。宇宙在大爆炸中的平直度参数是人类整个科学领域确定得最为精确的参数。

事情并没那么简单

许多宇宙学家相信，这必然意味着在大爆炸中平直度参数 Ω 的值正好是 1。因为临界密度是宇宙学中唯一存在的特殊密度，所以我们很难想象宇宙诞生时能够如此接近临界密度却又不真正达到临界密度。这些宇宙学家表示，由于人类还远远未能对整个宇宙进行全面的观测，所以我们如今能确定的宇宙中的物质总量仅对应于 0.1 ~ 0.3 的 Ω 值这一点并不是问题。我们远未发现宇宙中的所有物质，因此，宇宙中必然还存在着更多不可见的物质来使 Ω 的值增加，无论这些物质是以何种形式存在的。

右图　暗物质存在的证据之一。在这张合成图中，一团只有在 X 射线波段才能探测到的气体云（此处以品红色显示）填充了星系团 NGC 2300 中多个星系间的空隙

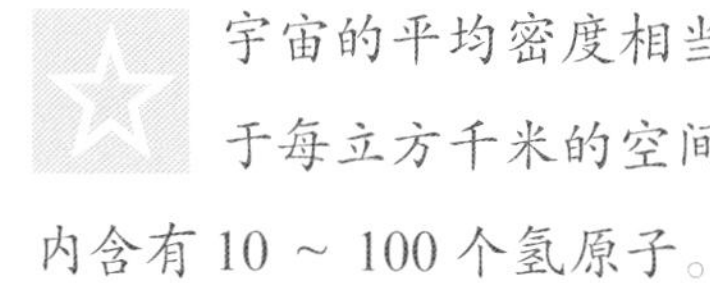

宇宙的平均密度相当于每立方千米的空间内含有 10 ~ 100 个氢原子。

重点在于，只有将 Ω 的值取为 1，Ω 才不会随着宇宙的膨胀而改变。倘若在宇宙诞生时 Ω 的值是 1，那么 Ω 永远都会是 1。随着宇宙的膨胀与减速，它的密度会以恰好合适的速率下降，在宇宙演化的任何一个阶段，宇宙膨胀的速度都仍然恰好等于其自身的逃逸速度。然而，还有一些宇宙学家希望宇宙中的物质总量比这一数值更大。

有如凤凰涅槃的宇宙

宇宙大爆炸究竟是如何起源的？在 20 世纪结束之前，宇宙学家提出了这样一个引人注日的概念，即存在一种在诞生、死亡、重生的过程中无限循环的宇宙模型。正如神话中的凤凰会在烈火中涅槃重生、再次崛起一样，此类宇宙会在类似宇宙大爆炸的火球中不断重新创造自身。这一模型所用的数学证明依然是成立的——根据已知的物理定律，一个（或者多个）这样的宇宙可以存在。不过,这一模型是否可能正好描绘我们所在的这个真实宇宙呢?该模型要求宇宙的密度大于（最好是远远大于）使宇宙保持平直所需的临界密度。

上图　也许正如神话中的凤凰一样，宇宙不仅诞生于火中，还在之前经历过数次生与死的循环

倘若 Ω 大于 1，那么有朝一日宇宙的膨胀必将停止并且发生坍缩，宇宙中的所有物质最终皆会聚集在一处，陷入猛烈的“大挤压”（Big Crunch），最终聚集为一个点，这个点被称为“欧米伽点”（Omega Point）。在坍缩的早期阶段，生命能以与现在大致相同的方式继续存在，只不过我们看到的来自遥远星系的光将会发生蓝移而非红移，因为空间已经开始收缩而不再继续膨胀。随着时间的推移，背景辐射会变得愈来愈热，但直至很长一段时间之后，这一点才会开始导致一些问题的产生。

挤压与爆炸

当我们的宇宙收缩到现有大小的 1% 左右且星系开始彼此融合时，坍缩中的宇宙的整体外观才会出现第一个真正的变化。直至那时，背景辐射的温度仍只会有大约 100 开尔文，生命完全有可能在此种条件下继续存在。

当我们的宇宙收缩到现有大小的 0.1% 左右时，背景辐射的蓝移会使全天变得与现在的太阳表面同等明亮。背景辐射的温度将会达到数千开尔文，而我们所知的生命形式将不再有任何存在的可能。之后不久，在离发生大挤压尚有一年左右时，背景辐射将会变得比恒星的内核更为炽热，一切生命都将绝迹。背景辐射也会使恒星本身解体，将它们撕裂成粒子。根据那时时空

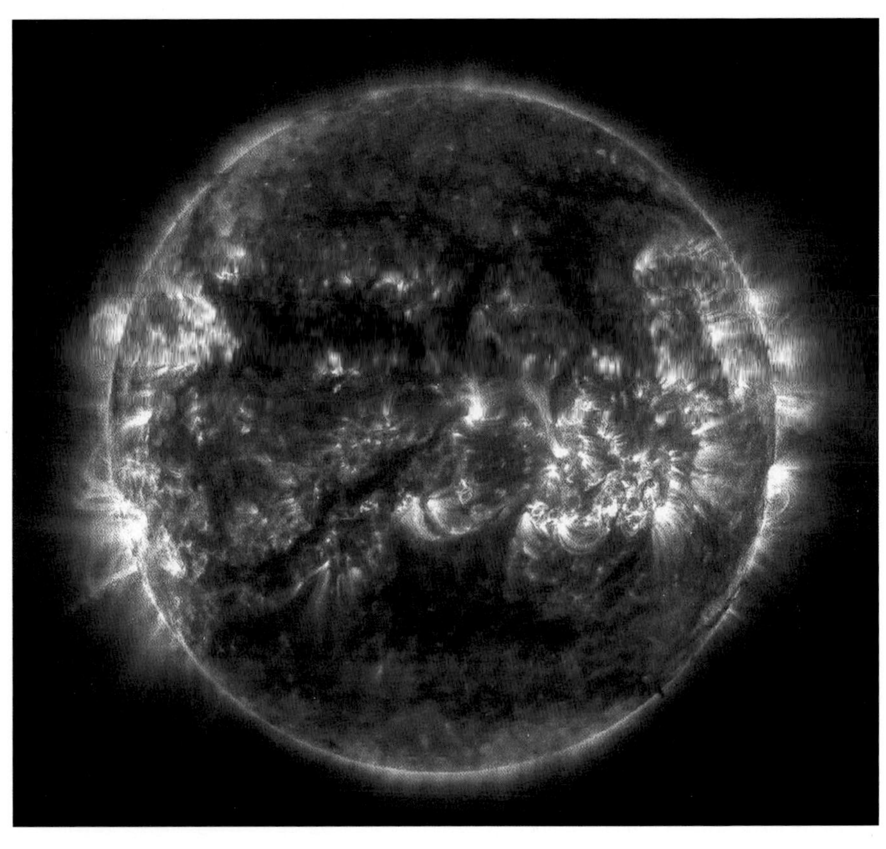

左图　在宇宙坍缩的晚期，来自全天的发生了蓝移的光会像现在的太阳那般炽热

左页图　大挤压的艺术渲染图

收缩的速度，在大挤压发生的 1 小时前，诸星系中心存在的巨型黑洞会开始彼此融合。然而，黑洞融合事件只有全部发生或全部不发生两种情况。因此，坍缩不会再耗时一个小时，黑洞的融合会在一瞬间发生。随着黑洞内部的奇点全部聚集在一处，大挤压本身便会被触发。

我们在很大程度上只能对此后会发生的情况进行猜测。最主要的一种猜测认为，这一壮丽的奇点融合事件将会触发一次“反弹”，正好将坍缩过程翻转过来，使宇宙在一场新的大爆炸中不断膨胀。根据这一模型，我们宇宙的大爆炸可能正是源自前一个膨胀与坍缩周期中的大挤压，而宇宙处在一种无始无终、永远重复的循环之中。

逆转时间

在探索这些可能性的数学家当中，至少有一部分人认为，正在坍缩的宇宙具有一种极为离奇的特征。20 世纪 60 年代，宇宙学家托马斯・戈尔德（稳恒态模型的创立者之一）提出，在宇宙的坍缩阶段，时间可能会倒流。

戈尔德最初的推测并不是建立在具体的数学推算之上，但仍然十分令人

时间量子

宇宙学家知道，黑洞内部不可能实际存在真正的奇点（前文详细阐述过的密度无限大、体积为 0 的点），而我们所知的宇宙也不可能诞生于一个字面意义上的奇点,这是因为时间与空间本身皆是“量子化”（quantization）的。这便是说，存在一个最小的可能长度与最短的可能时间，二者皆由量子物理学的定律所决定。最小的可能长度为 10^{-35} 米，相当于一个质子直径的 $1/10^{20}$，被称为“普朗克长度”（Planck length），以量子力学的奠基人——德国物理学家马克斯・普朗克（Max Planck，左图）命名。最短的可能时间便是光穿过这一距离所需的时间，即 10^{-43} 秒，被称为“普朗克时间”（Planck time）。

这些量小到难以想象，然而它们却不是零。这一点至关重要，物理学家因此便不必在方程中把零作为分母，也不会得出无穷大的计算结果（譬如在计算宇宙诞生时的密度时）。这意味着，无论孕育了我们这个宇宙的是何种事件，我们的宇宙皆是在第 10^{-43} 秒时“诞生”的，且其诞生时的密度是一个有限的值，第 10^{-43} 秒便是时间本身开始的瞬间。同理，在一个走向大挤压的正在坍缩的宇宙中，能将整个宇宙翻转过来的“反弹”也不会在奇点处发生，而将在坍缩到达奇点之前的 10^{-43} 秒发生。

着迷。物理定律并没有内嵌的“时间箭头”，因此，倘若我们将方程里时间的方向逆转，物理定律依然是有效的。戈尔德表示，根据这些定律，在一个正在坍缩的宇宙之中，恒星自身不会发光，而会吸收来自太空的辐射。恒星从太空中获得的这种能量，会驱动恒星的内核进行将氦转化为氢的核反应。在一颗像地球这样的行星上，生命体会逐渐从年老变得年轻。

我们或许认为，这样一种时间倒流的宇宙看上去相当令人惊异。然而，戈尔德的假说中最出人意料的关键点是，此类宇宙中的居民可能永远不会感到有任何异常。倘若时间倒流，那么智慧生物的思考过程也将倒着进行。对于任何活在宇宙坍缩阶段的智慧生物而言，他们思考的“方向”都会与我们截然相反，不过他们仍将“看到”热量从温度高的物体传向温度低的物体。而戈尔德的假说中最画龙点睛的一笔是，我们可能正处在一个坍缩的宇宙之中，但却对此浑然不觉！

这一令人着迷同时也有些令人愤怒的可能性激起了数位宇宙学家的兴

趣，其中包括保罗·戴维斯（Paul Davies）与斯蒂芬·霍金。他们试图在数学上描述这样一种宇宙中所发生的情况，并且证明时间是否确实能够倒流。对于时间是否会在宇宙坍缩时倒流这一问题，他们尚未成功觅得明确的答案。霍金对于这一难题的答案至少曾经两次改变主张，这一点或许有助于我们直观认识到此问题的难度之巨。可能也是为了使宇宙学家不至于精神错乱，目前看来这一问题仍然只是假设性的。或许我们所处的宇宙中确实存在恰好足以使它保持平直的物质，不过如今已经有一些令人信服的证据，证明宇宙中的总质能（mass- energy）不会大于这个值，而宇宙将会永远膨胀下去。当前，宇宙学领域的最大难题之一便是找到可使我们这个宇宙保持平直的足够多的物质①。

上图　一些理论工作者认为，在一个正在坍缩的宇宙之中，时间会倒流，因此水滴将从池塘里的涟漪处“向上飞起”

① 指通过理论计算或实验观测在宇宙中寻找以各种形式（包括暗物质、暗能量）存在的物质，以符合宇宙近似于平直这一观测结果。

时间箭头

科学界最令人费解的问题之一便是“时间箭头”从何而来。我们都知道过去与未来之间存在区别，但这种区别来自何处？物理定律并未体现出时间的方向。关于这点有一个经典的例子：想象两个台球彼此发生了一次碰撞，之后相互远离，倘若我们将时间逆转过来，物理定律仍然完全适用于描述这同一次碰撞。不过，时间箭头似乎与数量庞大的物体相互作用的方式有关。以斯诺克的一杆球为例，我们可以很清晰地看出时间在朝哪个方向流逝。

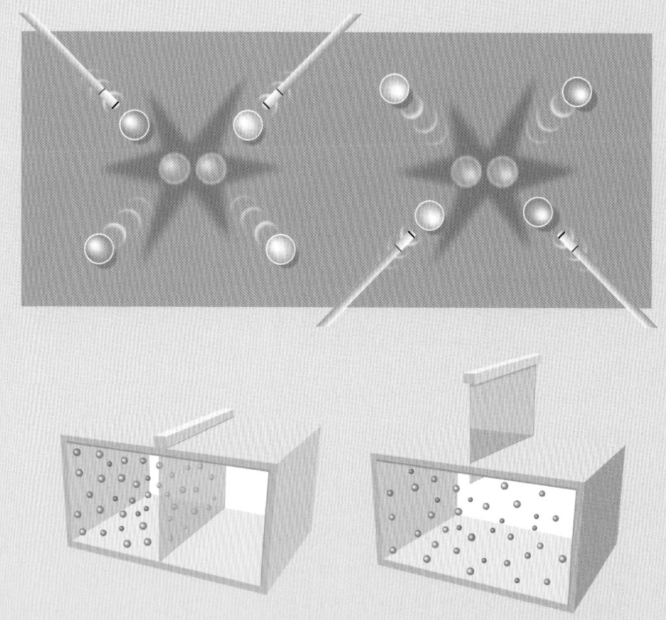

上图　尽管物体间、原子间以及分子间的单次碰撞看起来是可逆的，但气体中大量分子的行为可以揭示出时间的方向

盒中的时间

我们不妨想象一个简单的盒子，它被一个可滑动的隔板分为两个部分，其中一部分有烟气，另一部分则是真空。若我们将隔板抽出来，烟气便会扩散开来，填满整个盒子。然而，无论等待多长时间，我们都不会看到所有烟气自发地移动回盒子的半边。即便我们将隔板放回盒子之中，也无法再次将烟气“困”在盒子的半边。若有两张盒子的照片，其中一张照片中只有盒子的半边有烟气，另一张照片中烟气充满整个盒子，我们可以根据常识判断出来哪张照片是先拍的。

从数学上来说，这两种情况的差异在于要描述充满烟气的盒子所需的信息更少。当烟气分布均匀、填满整个盒子时，有一种在半空（半满）的盒子中存在的模式（秩序）丢失了。信息或秩序是由一种被称为熵（entropy）的物理量按照如下这种方式来衡量的：信息的减少（无序度的增加）对应着熵的增加。总的来说，在整个宇宙的尺度上，熵永远随时间增加。

局部秩序

在没有外力干预的情况下，物体总会耗损。汽车会生锈，玻璃会破碎，房屋会倒塌……无序度始终会增加。我们只能运用能量来建立局部秩序（譬如制造汽车、修建房屋等）。在地球上，几乎所有能量的终极来源都是太阳光，而太阳内部释放能量的核反应过程所造成的熵增，比起地球上生命体的活动所造成的熵减而言要大得多。因此，在整个宇宙的层面上熵总是增加的，即便它在像地球这样的行星上有可能暂时减少。时间本身便指向熵增的方向。

时间与宇宙

我们的宇宙是在低熵状态中诞生的。在太阳等诸多恒星内部进行的核反应过程，通过将能量倾注到冷寂的太空而增加了宇宙的熵。

除了熵与无序度之外，还有另一点可以指示时间的方向，那便是在自然界中热量总是从高温物体向低温物体传递。因此，我们可以用另一种方式来定义时间箭头，即时间从炽热的大爆炸一直指向宇宙寒冷的未来。在所有的恒星都熄火之后，宇宙中一切物质的温度都会是完全相同的。宇宙将会处于完全均匀的状态，不再存在模式或秩序，也不再有任何方式可以分辨宇宙中不同的区域。时间将走向终结。这便是宇宙的“热寂”（heat death）。倘若我们身处的这个宇宙会永远膨胀下去，那么热寂将会是它不可避免的结局。目前最有力的证据表明，热寂很有可能便是我们宇宙未来的命运。

左页下图与本页图　生锈的汽车与燃烧的火焰都显示出现实世界中的时间箭头

主题链接
第 98 页　在奇点中开始
第 113 页　逆转时间
第 145 页　宇宙的最终命运
第 227 页　霍金的宇宙

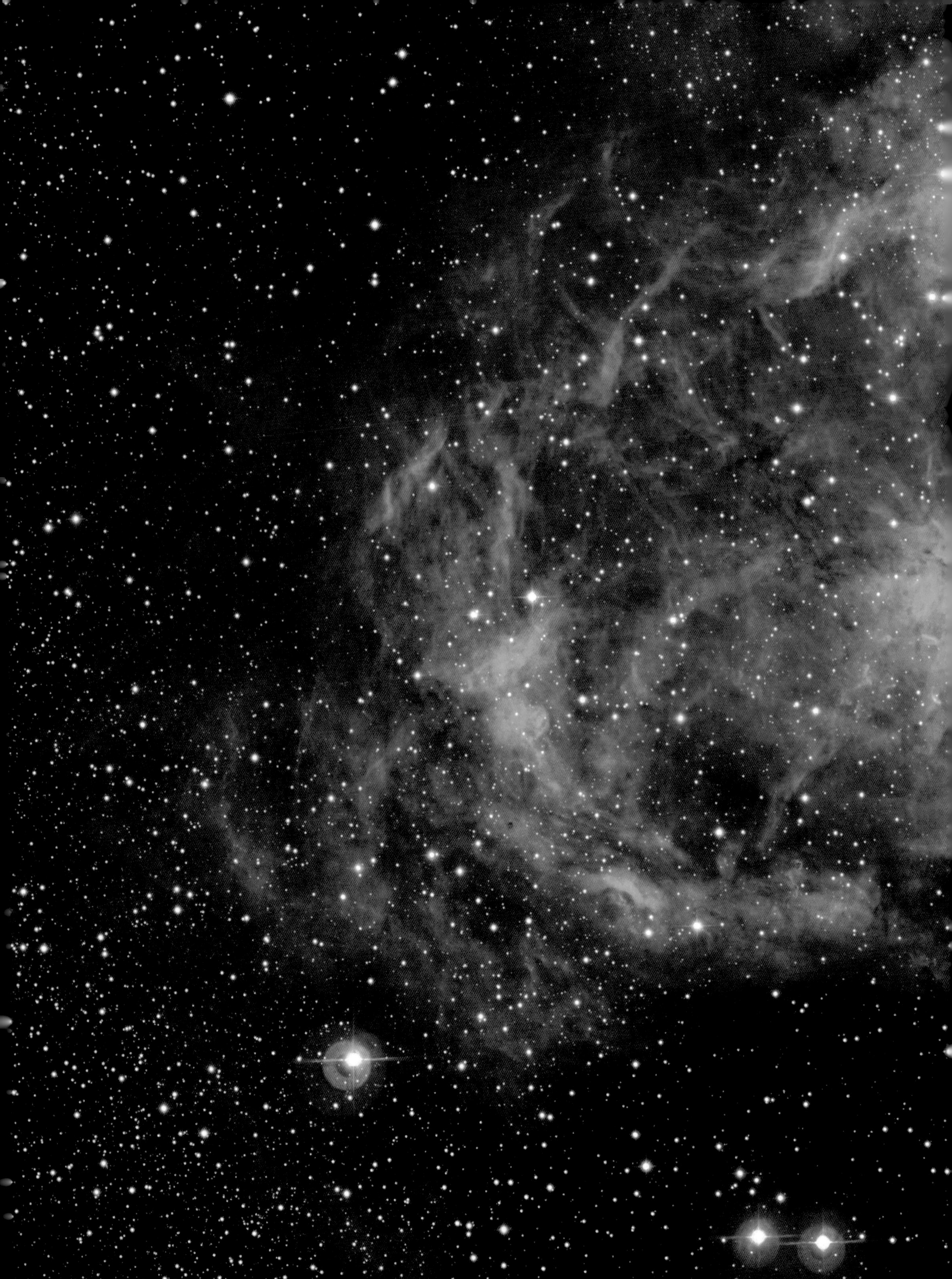

第 3 节

缺失的质量与时间的诞生

在 20 世纪 60 年代以后，宇宙学家开始接受这样一个事实：大爆炸的概念不仅是个模型，它还提供了对于真实宇宙的较好描述。然而在那时，这一理论还远远未能提供一种对于宇宙的精确描述。大爆炸这一概念本身看似合理，但在试图将大爆炸物理学与我们所在的真实宇宙的具体现象联系起来时，学者们遇到了难题。这些难题出现的根本原因是，观测证据显示我们所处的宇宙虽然在整体上是均匀的，但却仍然存在不规则分布。

当粒子物理学家开始将其想法应用于大爆炸物理学时，突破出现了。这些想法基于在极高能量下对粒子行为的研究。若要解答上述难题，学者必须运用描述宇宙形成之初所发生事件的新的假说，同时也须结合为检验这些假说所进行的新的观测。在此类研究的驱动下，宇宙学迎来了繁荣的黄金时代，并且这种繁荣一直持续到了今日。

第 118—119 页图　位于人马座的距离地球约 6 000 光年的天鹅星云（Swan Nebula，又称 ω 星云）的光学图像

大爆炸的问题

在 20 世纪 60 年代前，宇宙学只不过是一场数学游戏，其中少数学者（在整个地球上或许不超过 20 位）探索了广义相对论方程所允许的各种可能的宇宙模型。20 世纪 60 年代，他们欣喜而又十分惊讶地发现这些模型的其中之一——大爆炸模型，似乎真正为我们所处的这个宇宙提供了一种相当准确的描述。人类发现了宇宙微波背景辐射，清楚阐明了第一代恒星内部原初的氢、氦是如何在大爆炸的最初 4 分钟内产生的，随后学者们开始认真看待大爆炸模型。然而，到了 20 世纪 70 年代，宇宙学家（那时人数已达数百）开始意识到，大爆炸理论存在一个他们从未预想过的问题：在某种意义上，这一理论过于完美，有些令人难以置信。

当如今的整个可观测宇宙起初比一个原子更小时，它只用了 10^{-12} 秒的时间便膨胀到了如今太阳系的大小。

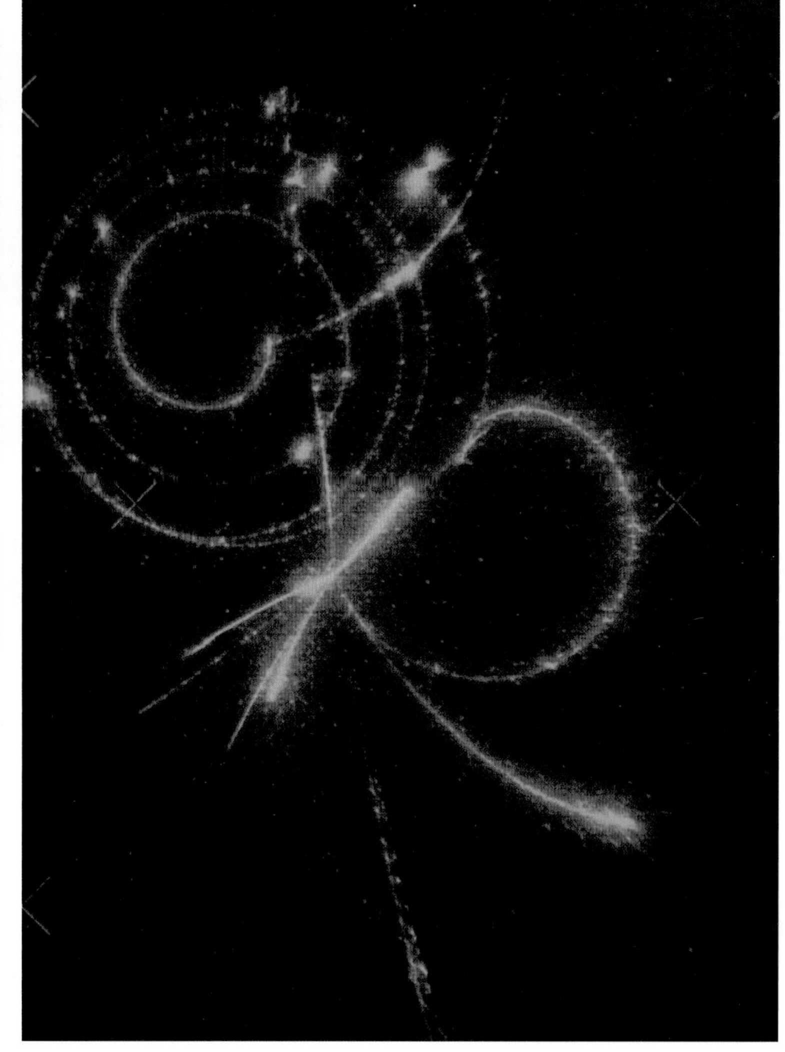

本页图　这两张照片显示了在瑞士日内瓦欧洲核子研究中心（European Centre for Nuclear Research，CERN）的高能加速器内部进行的实验中亚原子粒子间的相互作用

右图　在恒星与星系的尺度上，宇宙看起来并不是均匀的。如图所示，恒星组成了南十字座（Crux）这样的图案

平直性问题

事实上，在 20 世纪 70 年代，有数个“过于完美而令人难以置信”的问题令宇宙学家困惑。第一个问题是，为何宇宙如此接近（或许甚至可以说是完全）平直。正如前文已经谈过的，无论宇宙在大爆炸中诞生时处于临界密度的哪一侧，它都应该随着时间的推移而愈来愈远离“Ω = 1”的情况。宇宙在将近 140 亿年之后仍保持如此近乎平直的状态，这种概率类似于小心翼翼地将一支铅笔用尖端立在桌面上，然后离开 140 亿年，回来后发现铅笔依然保持原状。似乎只有一种解释，那便是应该存在某种自然定律迫使宇宙保持完全平直。不过在 20 世纪 70 年代，尚无人能想象那会是什么样的定律。

均匀性问题

关于我们宇宙的另一大令人费解的难题是，宇宙为何如此惊人地均匀。看着地球夜空中由群星构成的繁复图案，或是在黑暗无垠的太空里由星系聚集而成的星系团，我们或许不会认为宇宙是均匀的。然而，这事实上只是一种小尺度效应[1]。真正重要的是那“黑暗的太空”本身的均匀性，或者以爱因斯坦的用语来说，是时空的均匀性。远远看去，地球表面也是平滑的，而且倘若与其自身的直径相比，地球表面确实是平滑的。倘若地球上存在一座海拔 12 700 米的山峰，尽管它在人类眼中会是一座擎天巨峰，但对于地球这颗行星而言，它也只是一个相当于地球直径 1/1 000 的小突起。同理，整个宇宙的均匀性必须在我们可能触及的最大尺度上测量。这便意味着我们需要运用宇宙微波背景辐射——大爆炸的回响。来自天空中任何区域的宇宙微波背景辐射都有着相同的温度，即它是各向同性的。这说明宇宙在大爆炸的“火球”中诞生时，便处于一种非常均匀的状态。人类必须习惯的一种观念是，即便星系团也只不过是均匀宇宙中的微小突起而已。

我们也可以换一个角度来看待这个问题。宇宙不只在每个方向上都是相

尽管没有任何物体能以比光速更快的速度在空间中运动，然而空间本身却能以比光速更快的速度膨胀。

左图 “平直性”或许与看问题的视角有关。我们脚下所踏的土地看起来是平直的，然而地球是个球体

① 对于测量整个宇宙的均匀性而言，星系、星系群、星系团、超星系团乃至星系长城的尺度皆不够大，唯有在整个宇宙的尺度上才能得到相对精确的测量结果。

同的，倘若考虑到膨胀的影响，宇宙（就平均而言）在任何地方都是相同的。一些微小突起随机地分布在宇宙的“表面”。此处涉及的是“均匀性”这一关键概念。若想直观地了解宇宙的均匀性，我们只需比较此处由哈勃空间望远镜拍摄的两张令人震撼的照片，它们分别被称为北深空区（Deep Field North）与南深空区（Deep Field South）。这两张照片所显示的是在地球天空的两个截然相反的方向上观测到的极遥远星系。然而，除了表面上的差异

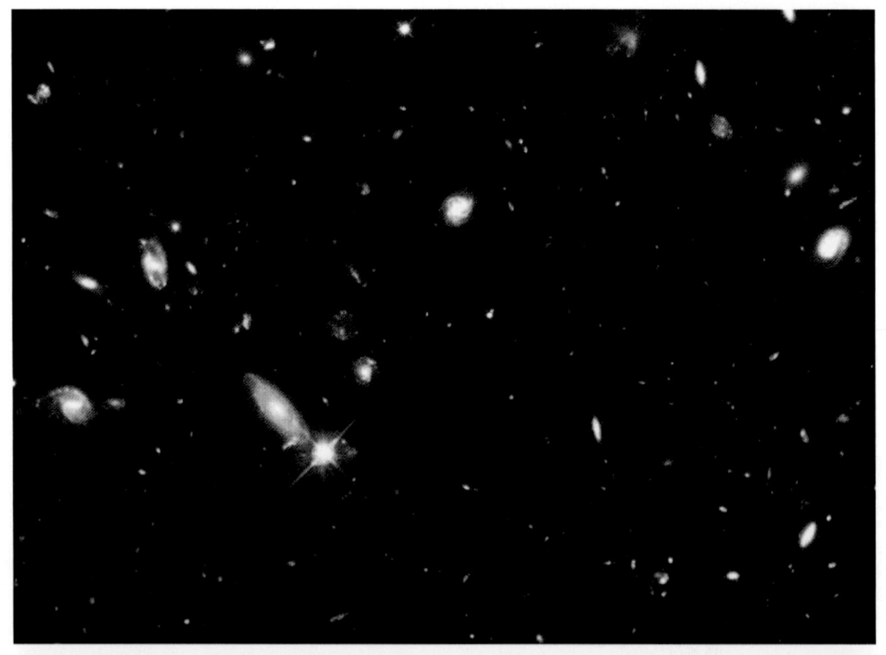

本页图　宇宙在各个方向上看起来都是相同的。本页上图是哈勃空间望远镜望向天空中的北方时拍摄而成的照片，而本页下图则是它望向天空中的南方时摄得的类似照片

之外，两张照片本质上是相同的，其中星系的类型以及它们聚集在一起的方式皆别无二致。尽管两张照片中的星系在宇宙中各自占据的区域彼此相隔数十亿光年，但图中并无任何信息可供我们分辨这些星系位于宇宙中的哪个区域，正如痤疮的放大照片中并无信息可供我们分辨它位于患者的哪一侧脸颊。除了星系与星系团本身之外，宇宙中便再没有其他“团块”了。宇宙是各向同性的，或者更准确地说，宇宙近似于各向同性，毕竟仍有星系存在。而在20世纪70年代，星系构成了另一个令学者困惑的问题。

下图　星系在地球天空中的分布并不是完全随机的，而是形成了团块与条带

星系的问题

随着人类观测宇宙微波背景辐射的技术逐渐改善，测量背景辐射均匀性时所能达到的精度也越来越高，星系本身如何能够形成也成了一个令人费解的难题。追根溯源，星系的诞生开始于巨型气体云在自身引力的作用下发生的坍缩。然而，唯有在宇宙中的某些区域较其他区域密度更大的前提下，这

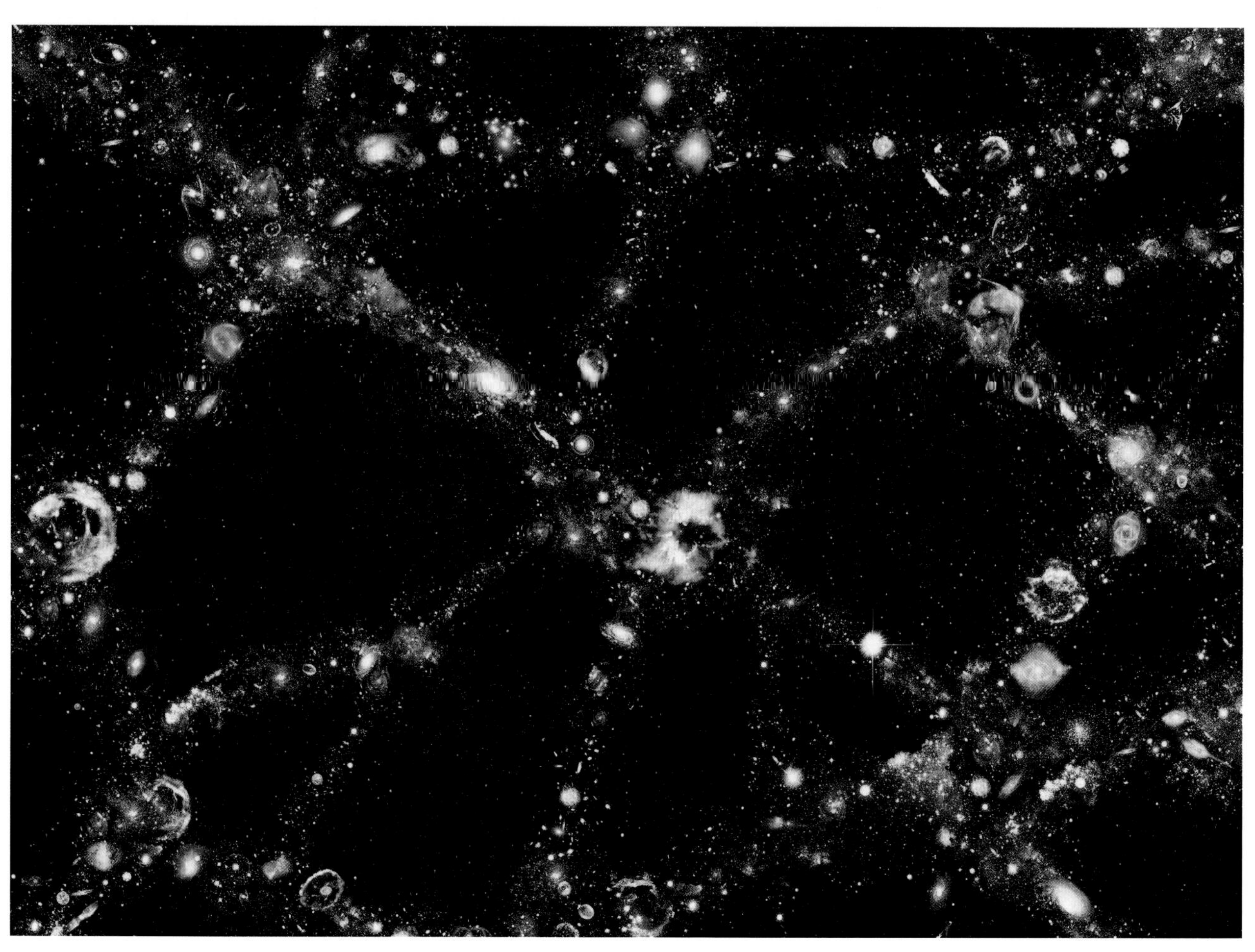

右图 · 左　用来绘制全宇宙地图的微波与用于通信的微波是类似的

右图 · 右　美国理论物理学家、宇宙学家，暴胀理论的先驱之一——艾伦 · 古思（Alan Guth）

右页图　显示物质如何在膨胀的宇宙中聚集的计算机模拟图

种坍缩才有可能发生。倘若所有物质都是完全均匀分布的，那么引力便会在所有方向上均匀地发挥作用，一切物质都会被宇宙的膨胀携带着移动。正如需要向云中播撒物质才能制造人工降雨一样，宇宙必须有一些起初的“团块”（不均匀分布），方可提供星系赖以形成的“种子”。这些“种子”在大爆炸的“火球”阶段末期（时间本身开始后的 30 万 ~ 50 万年），即后来成为微波背景的辐射最后一次与物质相互作用的时候，便必然已经存在。

既然如此，那么那一时期宇宙中使后来星系的诞生成为可能的不均匀性，应该会在宇宙微波背景辐射中留下自己的印记。为何我们不曾观测到此种印记呢?

答案是这种不均匀的程度实在太小了。宇宙学家在完成计算后发现，星系与星系团赖以形成的“种子”应该确实在宇宙微波背景辐射中留下了印记，但这种印记到了今日，只相当于来自天空不同区域的背景辐射之间三千万分之一摄氏度的温度差异。再也没有什么比这一事实更能清楚地显示出星系（更不必说恒星、行星与人类）对于整个宇宙而言有多么微不足道了。彼时，宇宙学家们在地面上对背景辐射进行观测，他们完全不具备探测到背景辐射中如此微小涟漪的能力。不过在 20 世纪 70 年代中期，一组天文学家决心面对这一挑战，开始设计并制造一颗能在宇宙微波背景辐射中寻找被预见到的扰动的卫星。他们的成果——宇宙背景探测器直至 20 世纪 80 年代末才被发射

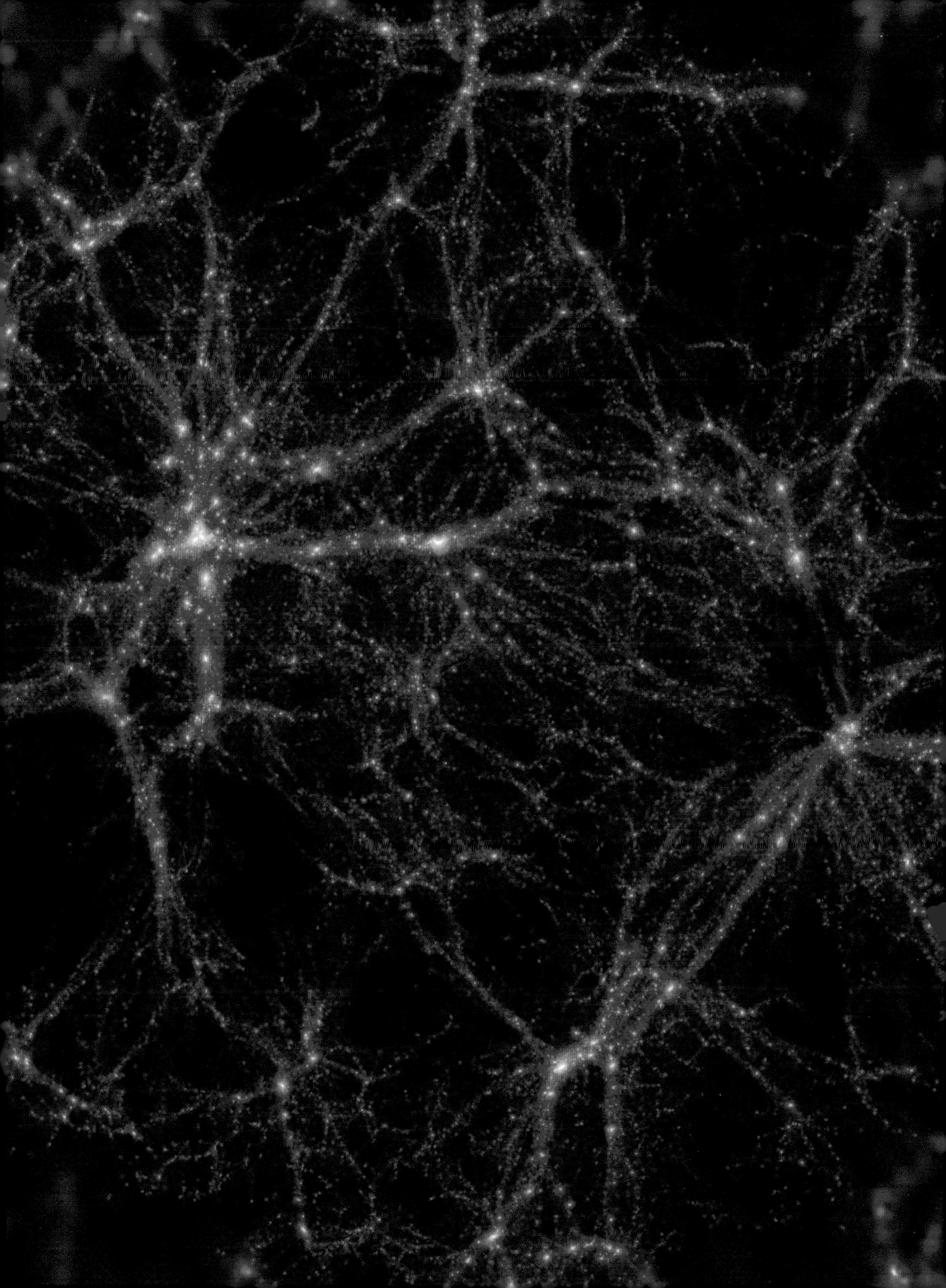

升空，它大获成功，证实了理论工作者的预言。不过到了那时，关于宇宙的理论本身便已经历过一场彻底的反思，使有关大爆炸理论的问题得到了解决。

使宇宙变得平直

大爆炸的标准模型能描述从“时间零点”开始后大约 0.000 1 秒（整个宇宙的温度皆为 10^{12} 开尔文时）直至大约 50 万年（物质与辐射在大约 6 000 开尔文的温度下解耦时）的时间里宇宙中所发生的一切。此模型的提出者从未宣称它能解释在这一时间段之前发生的事件，即在宇宙的温度比 10^{12} 开尔文更高时曾发生过什么。以 20 世纪 60 年代物理学的发展水平，人类尚无法描述如此靠近奇点时发生的情况。然而，后来物理学家开始在粒子加速器[①]（particle accelerator）以及新的数学模型与理论的帮助下，在地球上探索这些极端的情况，他们的新发现提供了一种方法来解释宇宙是如何变得如此平直与均匀的。

新开始

科学发展的历史已一再证明，未解之谜的突破往往是由于时机已走向成熟，与种种谜题有关的新技术以及新的思考方式已被孕育出来。在科学史上，由某个伟大天才的洞察力所带来的进步是相当罕见的。

20 世纪 70 年代末，来自粒子物理学的理念大量涌入并彻底改变了宇宙学，粒子物理学家们惯于思考在高于 10^{12} 开尔文的温度所对应的极高能量下会发生什么。位于世界两端的两位研究人员分别发现了能解答大爆炸相关难题的同一个答案。这并非某种惊世巧合，而是因为答案正嵌在 20 世纪 70 年代发现的粒子物理学定律中，也是因为此二人在粒子物理学领域所受到的训练正好为他们提供了解答这些难题所需的基础。

取得这一突破的两位年轻研究人员分别是彼时在莫斯科进行研究、之后去了美国的物理学家安德烈・林德（Andrei Linde），以及彼时在美国加利福尼亚州的斯坦福直线加速器中心（Stanford Linear Accelerator Center）进行研究的美国物理学家艾伦・古思。他们的理论涉及相当深奥的物理学运算，不过我们即便不去考虑具体的技术细节，也能以较直接的方式了解他们如何解答有关大爆炸的难题。

① 粒子加速器使用电磁场使带电粒子达到极大的速度与极高的能量，这有助于人类探索微观层面上宇宙最深层的运行规律。这也是为何粒子物理学又被称为高能物理学。目前世界上最大的粒子加速器是欧洲核子研究中心的周长 27 千米的大型强子对撞机（Large Hadron Collider，LHC）。

弯曲的光

在 1919 年的日全食期间进行的一场实验是最早检验广义相对论的实验之一，它测量了来自遥远恒星的光在接近太阳时受到的弯曲[①]。在大约 100 年后的今天，天文学家已能研究来自宇宙深处遥远天体的光是如何被位于光源与地球之间的整个星系（甚至整个星系团）所弯曲的（右图）。

20 世纪 80 年代中期，天文学家发现了天空中两条巨大的发光弧（它们实为庞然大物，但因距离遥远而看似渺小）。每条弧的长度都有 90 000 秒差距左右，宽度约为 9 000 秒差距。此后，天文学家陆续发现了更多与此类似的发光弧。此处我们不妨举一个典型例子，来自某条发光弧[②]的光具有相同的光谱，红移量为 0.724，但从我们的位置看来，这条发光弧与一个红移量为 0.374 的星系团处于同一视线方向。这意味着，发光弧中的光来自一个与地球之间的距离约为星系团与地球之间距离 2 倍的天体（几乎可以确定是一个星系）。光源星系发出的光在到达地球之前，在星系团的引力作用下发生了弯曲，形成了该星系的一个放大、变形的图像。

我们运用爱因斯坦的广义相对论得出的计算结果显示，对于目前已研究过的所有发光弧而言，参与这种透镜过程的星系团若要产生如此壮观的放大效果，它们的实际质量都必须是我们所能直接“看到”的质量（组成此星系团的诸星系中以明亮恒星形式存在的质量）的数倍。这是一项强有力的独立证据，有助于证明宇宙中大部分物质是不可见的。

宇宙暴胀

倘若在时间零点之后的第一个瞬间内，远在标准大爆炸模型的开端之前，宇宙便已经历了极其剧烈的膨胀，那么关于大爆炸的所有问题都能得到解决。根据这种设想，在那第一个瞬间里，当宇宙还只是一粒比原子小得多的、含有将形成今日整个可观测宇宙的所有质能的“种子”时，宇宙突然受到了某种作用而开始极其剧烈地膨胀。这一过程被形象地称为“暴胀”（inflation）。

以日常生活的思维，我们很难想象在时间零点与第 0.000 1 秒之间如何能有时间来允许任何有意义的事情发生。然而，不要忘记 100 秒的时间是 10 秒的 10 倍，同理，0.000 1 秒的时间也是 0.000 01 秒的 10 倍，以此类推。根据暴胀理论的较简单版本，在暴胀期间，宇宙“种子”的大小每隔

① 大质量天体的引力会使该天体附近的时空发生弯曲，并因此使靠近该天体的光线也发生弯曲，而质量愈大的天体所造成的这种光线弯曲程度愈大，这就是引力透镜效应。恒星、星系、星系团的引力常能造成显著的、可被我们观测到的引力透镜效应。

② 根据《天文与天体物理》（*Astronomy and Astrophysics*）、《理论物理学进展》（*Progress of Theoretical Physics*）、欧洲南方天文台（European Southern Observatory，ESO）等的相关记载，此处是指鲸鱼座方向上阿贝尔 370（Abell 370）星系团中的巨型发光弧。法国天文学家热纳维耶芙·苏卡伊（Geneviève Soucail）等人通过光谱分析发现此发光弧所有部分的光谱皆相同，并测得此弧的红移量为 0.724，证实此弧是引力透镜效应的成像。

右图　我们向气球吹入愈多的气，它的表面看起来便愈接近于平直

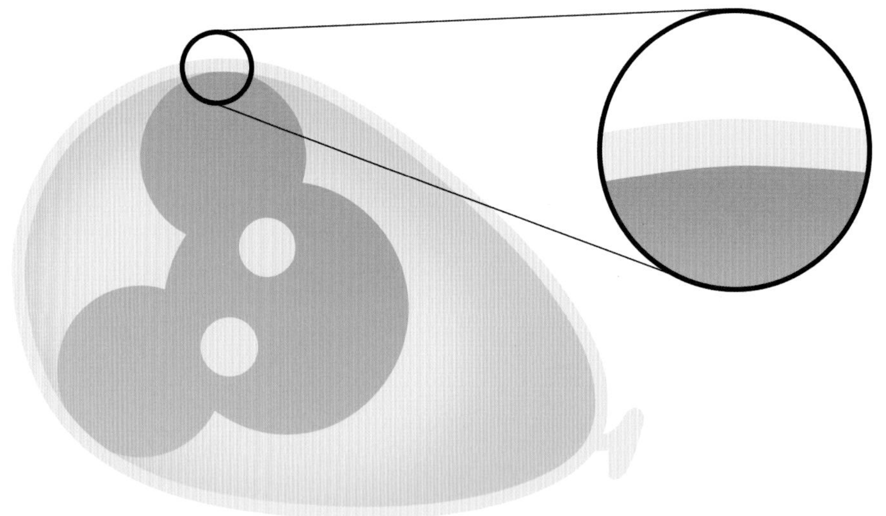

10^{-34} 秒便会翻倍。这意味着在仅仅 10^{-32} 秒的时间内，宇宙“种子”便可发生 100 次翻倍，因为 10^{-32} 显然是 10^{-34} 的 100 倍。只需大约 150 次这样的翻倍，便足以使大小仅为质子 $1/10^{20}$ 的东西膨胀成大小相当于柚子的球体。

这个演变过程不易理解，毕竟我们都不曾亲眼看到过质子。若要直观形象地理解暴胀的实际影响，最好的方法是想象一个明显弯曲的气球表面，再想象不断给此气球充气，令其膨胀至整个太阳系的大小而又不使其破裂。倘若只观察这个极度膨胀的气球的表面，我们很难分辨出它是一个曲面——它看起来会是一个平面。而根据完全相同的原理，在时间零点之后第一个瞬间内发生的暴胀，可能使我们所在的空间变得平直了。同时，那一粒后来膨胀为整个宇宙的“种子”彼时极其之小，以至于无法容纳多少不规则性。这一点便解释了我们的宇宙为何如此均匀。

暴胀所带来的变化是极其剧烈的——相当于在 10^{-32} 秒的时间内，将一个网球膨胀至整个可观测宇宙的大小。暴胀理论预言今日的宇宙将会如此接近平直，我们几乎没有办法测量宇宙与真正平直的偏差。

不过，如此戏剧性的事件有什么理由会在现实中发生呢?

终极免费午餐

宇宙学家之所以认真看待暴胀理论，是因为物理定律提供了暴胀自然发生的理由。林德与古思（以及之后相关领域的其他学者）发现无须煞费苦心证明，暴胀便自然而然地从物理定律之中涌现了出来，它可谓是粒子物理学

▷ 宇宙微波背景辐射里的涟漪

宇宙背景探测器（右图）于1989年11月18日发射升空，其任务是在地球大气层之上精确地测量宇宙微波背景辐射。它很快便以前所未有的精度测量了全天的整体温度，并显示背景辐射在不同波长下的光谱与“黑体”（详见第100页）的光谱匹配得极其精确，我们看不出其与黑体光谱的任何偏差。

不过，此项任务的首要目的是绘制全天地图，寻找微小的温度差异。这种差异能揭示在辐射最后一次与物质相互作用之时，即在宇宙诞生后的第30万～50万年，物质宇宙中存在的相应的不规则性。宇宙背景探测器用了超过一年的时间进行观测，科学家们分析其7 000万次测量所得的数据也耗费了数月的时间，但一切等待皆是值得的。分析结果显示：天空中存在背景辐射温度较高的小块热区，其温度只比平均温度高三千万分之一摄氏度；同时也存在背景辐射温度较低的小块冷区，其温度只比平均温度低三千万分之一摄氏度。这些“背景辐射里的涟漪”对应着“火球”阶段末期氢与氦（以及暗物质）的分布方式，星系团的“种子”从中形成。

宇宙背景探测器显示，背景辐射的不规则程度恰好足以解释星系团的存在。更妙的是，这些“涟漪”的性质与暴胀理论所预言的模式全然吻合。

标准模型的“附赠品”。正如古思所言，宇宙便是“终极免费午餐”。

4种基本力

在相关方程中自然地赠予我们一个“免费午餐式宇宙”的粒子物理学，以一种被称为“大统一”（grand unification）的概念为基础，而与此概念相关的多个不同模型统称为大统一理论（Grand Unified Theory，GUT），或者其实应该称“大统一模型”（Grand Unified Model，GUM）。“大统一”概念及相关模型都从以下这一事实出发，即自然界中存在4种基本力——电磁力、引力、将质子与中子束缚在原子核内的“强相互作用力”以及使放射现象与核裂变成为可能的“弱相互作用力”。

粒子物理学孜孜以求的“圣杯”，正是一个能够描述全部4种基本力如何作为单一“超力”（superforce）的不同方面发挥作用的方程组①。20世纪60年代，物理学家向着这个目标迈出了第一步，统一了电磁力与弱相互作用

---

① 物理学界存在不同理论暂时无法完全融合、兼容、统一的问题，其中最显著的便是相对论与量子力学之间的矛盾，尽管二者皆是公认正确的理论，但彼此间存在尺度界限，颇有不相容之处。这种矛盾又主要具体表现在对于4种基本力的描述方面。人类孜孜不倦追寻的“万物理论”（theory of everything），正是一个能统一相对论与量子力学，同时描述全部4种基本力如何发挥作用、打通不同物理学理论间的屏障与藩篱、描述宏微观尺度上宇宙中所有事物的运行规律的终极理论。

☆ 宇宙背景探测器本应于 1986 年由航天飞机发射升空，但在挑战者号航天飞机失事后，其发射被推迟了 3 年。

力，构建了所谓的“电弱统一理论”（electroweak unified theory，请注意是理论而非模型，因为它已通过实验得到证实）。20 世纪 70 年代，物理学家又发展出了一个将强相互作用力也融入电弱统一理论之中但不大完善的版本。此类研究的最关键之处在于，它们显示不同的基本力在足够高的能量下会变得无法区分。用通俗的语言来说，足够高的能量便相当于足够高的温度。倘若我们回看大爆炸理论，当宇宙足够炽热时，电磁力与弱相互作用力将合并为同一种力。在较此更高的温度下（或者说更早的时期），强相互作用力也将与这二者合并。根据理论界的猜测，在最早、温度最高的时期，引力也会被合并入这种“超力”。

随着真实宇宙膨胀并远离时间零点，这 4 种基本力逐渐分离开来。学者在推演基本力分离的过程时获得了一些发现，正是这些发现唤起了宇宙学家的注意，促使他们真正开始认真看待上述想法。

对称性破缺

倘若宇宙是在时间零点之后的第一个普朗克时间——第 10^{-43} 秒诞生的，那么引力立刻便会与其他 3 种基本力分离。然而，直至时间零点之后的第 10^{-35} 秒，强相互作用力才会与其他二者相分离，而这一分离过程会释放出极其巨大的能量。宇宙正是在如此释放出的能量的驱动之下进行了我们称之为暴胀的一阵剧烈的膨胀。

组成“超力”的各个分力的分离，正相当于水冻结成冰时发生的物相变化，只不过是发生在整个宇宙的层面上。此类物相变化会释放出被称为潜热（latent heat）的能量，因为变化过程中分子的重新排列使其跃迁到了一个更低的能态（energy state）。因此，即便外部温度远低于冰点，一个装有冰水混合物的桶正在向外部世界释放热量，它在水全部冻结之前也会正好保持在 0 摄氏度。同理，在加热冰水混合物时，只要仍有冰存在，混合物的温度也会保持在 0 摄氏度，因为热量只是被用来融化冰，而并没有被用来加热水。

同理，4 种基本力彼此分离的状态对应着整个宇宙的较低能态，而 4 种基本力形成单一“超力”的状态对应着整个宇宙的较高能态。正是在时间零点之后的第一个瞬间内，“超力”各个分力之间的对称性被打破时所释放出的潜热驱动了暴胀的发生。而且，正如所有的杰出理论一样，此理论提供了一条可被检验的预测。

左图　由水到冰的相变可以被用来类比早期宇宙中驱动了暴胀发生的能态变化

缺失的质量

暴胀理论说明我们所看到的宇宙应该极其接近平直，人类能设想出的任何方法都不可能测量出其相对于真正平直的偏差。换言之，Ω 正好等于 1。这便解决了所谓用尖端将铅笔立在桌面上的问题（详见第 122 页）。同时，倘若暴胀理论是正确的，那么可观测宇宙必定开始于一粒比质子小得多的“种子”，而这解答了宇宙为何如此均匀的问题，因为“种子”内部的空间只够容纳最微小的不规则性。

Ω 等于 1 的推论意味着，宇宙中存在的物质必定远远多于我们所能直接看到的，因为如此才能使空间变得平直。鉴于此类物质从不曾被看到过，其有时被称为“缺失的质量”——尽管事实上缺失的只是来自这种质量的光。这种物质的另一个名称是“暗物质[①]”（dark matter）。宇宙中必然存在着大量的暗物质。如果在观测太空时任意选定一个范围，并估算所有明亮星系里的所有明亮恒星的总质量，我们会发现这个总质量仅相当于达到临界密度所

---

① 我们宇宙的总质能中大约 5% 为普通物质，27% 为暗物质，68% 为暗能量。这些数据基于标准宇宙学模型，即含宇宙学常数的冷暗物质模型。重子是由 3 个被强相互作用力束缚在一起的夸克组成的复合粒子，属于强子的一种，组成原子核的质子与中子皆是重子。

右图　星系旋转的方式说明它们内嵌在暗物质的晕轮之中

需质量的 1%。

普通物质不是全部

有人可能认为，所谓的暗物质很大一部分或许只是暗淡的恒星，抑或是行星、气体与尘埃，之所以无法被看见只是因为它们不能发出明亮的光。然而，大爆炸理论的标准模型仅允许少量这样的物质存在。根据这一标准模型的推论，只有当宇宙中由原子组成的物质的总体密度小于临界密度的 5% 时，氢与氦才会有恰好正确的比例（质量比约为 3 ∶ 1）——这正是我们在最古老的恒星中实际观测到的比例。相关模型显示，只要密度比这一数值略大一点，氢与氦便不会以我们所观测到的比例从宇宙的“原初火球”中产生。即便不将暴胀纳入考虑范围，这种质量也不足以解释我们所观测到的星系以星系团形式运动的现象。研究显示诸星系受到了大量暗物质的引力影响，这些暗物质的质量达到临界密度所对应质量的约 30%。

在我们的周围，不管是在“真空”、人类呼吸的空气还是像地球这样看似坚固的物体中，每立方米的空间都大约含有 10 000 个冷暗物质粒子。

由原子组成的普通物质（构成人类、地球、太阳与其他恒星的物质）被称为“重子物质”（baryonic matter），这是因为原子核内的质子与中子皆属

于一个被称为重子的粒子族。通过结合大爆炸理论的标准模型以及对星系的观测结果，我们得知宇宙中可能存在质量相当于明亮物质3倍（不多于5倍）的暗淡重子物质，以及质量相当于重子物质（明亮物质与暗淡物质的总和）数倍的非重子物质。

上图　一位技术人员正在欧洲核子研究中心的大型正负电子对撞机（Large Electron-Positron Collider，LEP）中的一台探测器内部工作

暴胀理论显示，要使宇宙变得平直，宇宙中必然存在比普通物质更多的物质。那么，这种物质究竟会是什么呢?

两种类型的暗物质

粒子物理学再一次“前来支援”。一些粒子物理学模型描述了大统一理论并显示了暴胀的可能性，此类模型同时也预言，除了已在粒子加速器实验

▷ 在暗物质的引力作用下

星系各个部分绕星系中心公转的速度可以借由多普勒效应测得。结果显示，银河系这一类星系旋转的方式与诸行星绕太阳公转的方式有所不同。在太阳系中，外部行星不但需要以比内部行星更长的时间来完成一次公转，而且其在太空中运动的实际速度也要比内部行星更慢。行星的轨道速度随着其与太阳之间距离的平方根的增加而降低。然而在一个星系中，其中的恒星却是以相同的速度进行公转的，无论其与星系中心之间的距离有多大。远离星系中心的恒星完成一次公转的用时依然会更长，因为它们需要穿过的距离更长，但所有恒星绕星系中心公转时的移动速度皆是相同的。

对此现象唯一可能的一种解释方式便是，盘星系中所有的可见物质都被“镶嵌”在一个更大的、不可见的暗物质晕中，受到晕内暗物质的引力控制。有证据显示，对于一个像银河系这样的星系而言，这种暗物质的质量必然是普通物质质量的数倍。而诸多星系本身也聚集成团运动这一点又说明，在星系之间看似“空无一物”的空间里，可能存在着更多的暗物质。

右页图　旋涡星系 NGC 1232 的正向图

中探测到的粒子之外，宇宙中还应存在其他类型的粒子。根据这些模型，大爆炸可能产生了两种类型的暗物质，不过迄今为止二者皆未被探测到。

第一类假定存在的暗物质由在大爆炸中“诞生”的极轻粒子（甚至比电子更轻）组成。此类粒子以极高的速度运动，几乎接近光速。这类暗物质被称为“热暗物质”（hot dark matter，HDM）。然而，尽管宇宙中有很大概率存在一些热暗物质，它们的质量却不足以使宇宙变得平直。热暗物质的问题在于，这些快速运动的粒子可以炸毁早期宇宙中任何正在形成的结构，而过多热暗物质的存在会使得星系无法形成。

第二类假定存在的暗物质由相当重的粒子（每个粒子的质量相当于一个质子）构成。此类粒子从大爆炸中出现的时间要晚得多。这类暗物质被称为“冷暗物质”（cold dark matter，CDM）。冷暗物质的一大优势在于，这些运动缓慢、质量较大的粒子会在相互之间引力的作用下聚集在一起形成“引力坑”，引力坑使得重子物质落入并在其中积聚，同时发挥“种子”的作用，使星系与星系团得以形成。

寻找暗物质

我们可以用两种方法来检验“宇宙被暗物质粒子的汪洋大海填满”这一预言是否正确。第一种方法是直接寻找暗物质粒子。冷暗物质粒子与重子物质相互作用的方式只有两种：一种是通过引力；另一种是通过冷暗物质粒子与原子核内部的重子发生的直接碰撞，使原子产生轻微的晃动。这种碰撞产生的影响是十分微小的，通常不会被注意到，因为即便是在固态物体中，原子在室温下也会不停地运动。然而，倘若将一块金属冷却至非常接近绝对零度（0 开尔文）的温度，这种正常的热运动便会被大幅削弱，冷暗物质粒子撞击的影响便有可能正好被探测到，其表现形式是这块超冷金属温度的略微上升。根据相关模型，1 千克物质（无论是芝士、钢、水抑或其他任何物质）中每天会发生 1 ~ 1 000 次这类碰撞（确切数值取决于不同模型的具体细

下图　暗物质（图中红色部分）分布的计算机模拟图。这是不可见的暗物质有史以来首次被绘制成图像

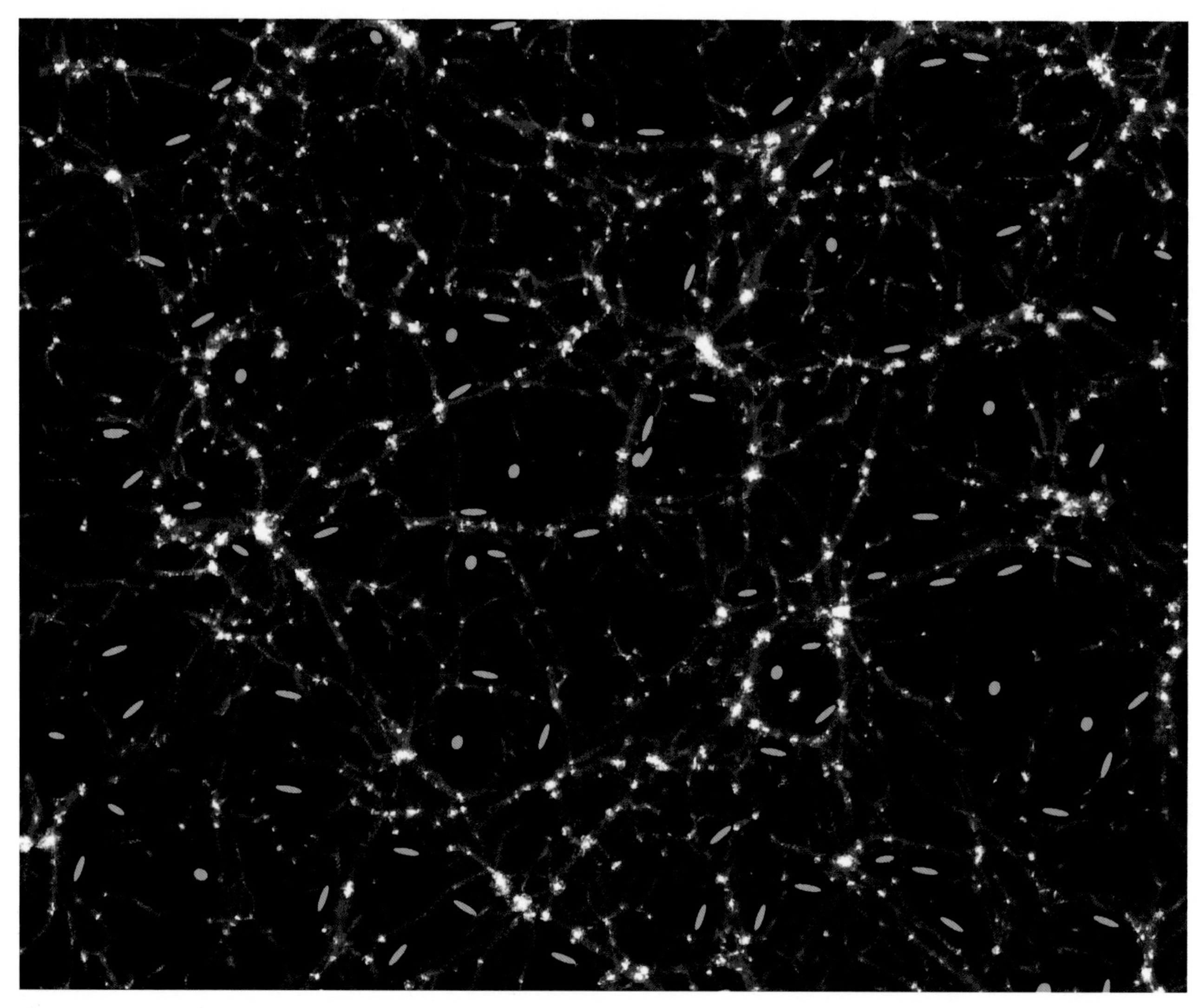

节）。若要对此有一个直观的概念，我们不妨看一下 1 千克物质中所含的重子数量——大约 10^{27} 个。

如果现实中的碰撞率处于模型计算结果中较高的档位，那么冷暗物质粒子撞击的影响便恰好可被现代技术探测出来。如今人类已在进行以这种方式寻找暗物质的实验，实验仪器被埋在地下矿井的深处以避免干扰。鉴于这些实验是在探索技术可能性的极限，倘若它们不能得出肯定暗物质存在的探测结果，没有人会感到诧异。然而，倘若它们得出了肯定的结果，那么我们便是在地底深处发现了充满整个宇宙的暗物质确实存在的直接证据。

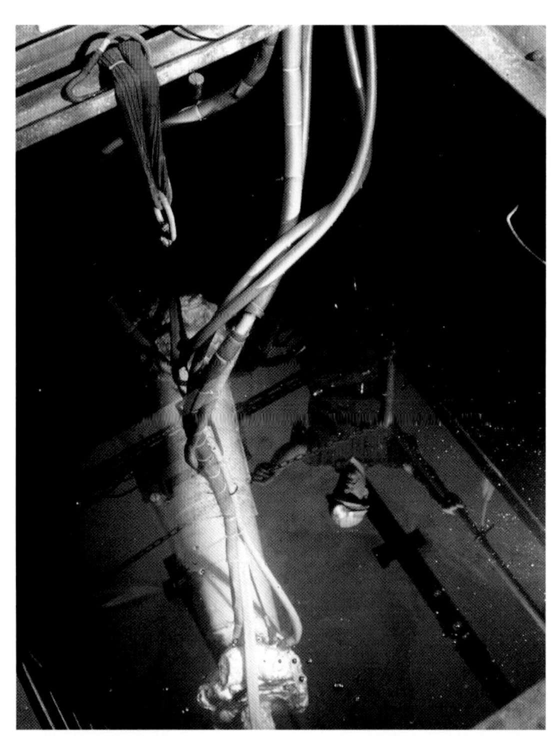

上图　为直接探测暗物质粒子而设计的实验必须在地下深处进行，以使干扰最小化

第二种检验这一预言的方法，要求我们重新回到对整个宇宙的探索。如今，计算机模型已完全能够描述在暗物质比例各异的各种不同宇宙学模型中，普通重子物质如何被聚集起来形成星系。这些计算机模型显示，倘若宇宙中只存在重子，倘若整个宇宙的物质密度只有临界密度的 5%（Ω = 0.05），那么如今我们周围所见的星系与星系团的模式便绝无可能在自大爆炸至今的这段时间内形成。若是在模型中加入足够多的热暗物质来试图使宇宙变得平直，情况只会变得更糟。不过，倘若宇宙中以冷暗物质形式存在的质量可以达到临界密度所需质量的约 30%，那么计算机模型中生成的星系与星系团的模式已经相当接近我们在真实宇宙中所观测到的模式。这是一项强有力的证据，证明冷暗物质是宇宙中物质存在的最主要形式，尽管这些模拟结果也允许有少量热暗物质存在（宇宙中存在的热暗物质可能比重子物质更多）。

20 世纪 90 年代末，我们牢固地确立了这幅由冷暗物质占据物质层面主导的宇宙图景，但这依然不是最后的结论。若要使星系与星系团呈现出真实宇宙中的样子，那么宇宙中以暗物质形式存在的质量必须少于临界密度所对应质量的 50%，但这种暗物质仍需被嵌入在平直的空间之中，模型才得以完美运行。然而，当物质密度低于临界密度的 50% 时，空间要如何成为平直的呢？若要探究这个问题的答案，我们既需要追溯爱因斯坦关于宇宙学的最初设想，也需要审视在 21 世纪初公布的来自天文学前沿领域的突出成果。这个答案可以被看作宇宙学拼图中待放入的最后一块。

这项研究向我们揭示了一种尚有待证实的惊人可能性，即宇宙也许既是近似于平直的，也在随着时间的推移以愈来愈快的速度膨胀。

夜空为何是黑暗的

只要走出家门、仰望夜空，我们便能联想到整个科学史上最为深刻的问题之一：夜空为何是黑暗的?这是因为恒星之间存在空隙吗？然而，倘若宇宙一直延伸到了无穷远处且其中缀满恒星，那么向太空望去的每一条“视线”皆会落在一颗恒星上，而天空中的每处皆会闪耀着炫目的光芒。由此可知，我们所处的宇宙不可能同时既是无限又是均匀的。

奥伯斯佯谬与宇宙的边界

夜空黑暗之谜通常被称为“奥伯斯佯谬”(Olbers paradox)，这一概念由19世纪德国天文学家海因里希·奥伯斯(Heinrich Olbers)传播并普及。不过，奥伯斯并非第一个思考这一谜题的人，而且这也算不上一个真正的悖论。直观理解这一谜题的最简单方法，是想象自己站在一大片森林里。无论往哪个方向望去，我们都会看到一棵树。然而，倘若我们身处的只是一个小树林，我们的视线或许便能透过树木之间的空隙一直看到树林的边缘。同理，倘若我们身处一个无限的宇宙中，那么无论往哪个方向望去，我们都会看到一颗恒星。奥伯斯与其他学者的观点认为，我们能透过恒星之间的空隙向外看去这一点，似乎便意味着宇宙必然存在所谓的“边界”，而边界之外只有黑暗、虚无的空间，不复有任何恒星存在。即便用星系而不是恒星这一点来思考这一问题，这一推理过程依然是有效的。

在时间上回溯

第一个意识到事实可能并非如此的人是美国文学家埃德加·爱伦·坡(Edgar Allan Poe)。爱伦·坡在文学活动之余，也是一名热忱的业余科学家。在1848年2月发表的演讲中，他阐述了解决奥伯斯佯谬的正确方法。不过他在一年之后便去世了，彼时他的观点并未被其他科学家接纳。

爱伦·坡指出，在向着宇宙更深处遥望时，我们其实是在时间上向着更早的时期回溯，因为光在太空中穿行需要一定的时间①。当我们的视线穿过恒星之间的空隙看向黑暗的夜空时，我们事实上是在回看宇宙中尚未有恒星诞生的阶段。用爱伦·坡的话来说，

① 宇宙中遥远天体发出的光传播到我们的眼睛需要漫长的时间。人类甚至能借由望远镜观测到天体在130多亿年前发出的光，譬如，当我们观测大熊座方向上的高红移星系GN-z11时，我们看到的实为大约134亿年前的GN-z11星系(不过此星系现在与地球的距离并非134亿光年，而是320亿光年左右，因为须考虑到宇宙膨胀的影响)。

上图　埃德加·爱伦·坡，第一个正确认识夜空黑暗之原因的人

左图　在一个无限的宇宙中，我们应当能在任何方向上都看到恒星，正如在一个无限的森林中，我们应当能在任何方向上都看到树木

我们望向的地方距离我们“如此遥远，尚未有任何来自彼处的光线能够到达我们身边”。

时间的边界

这一概念只需稍作修正便能与大爆炸的概念相契合。此处的重点在于宇宙的年龄是有限的，尽管宇宙在空间上似乎并无边界，但它在时间上却有一个“边界”（大爆炸）。透过恒星与星系之间的空隙向外遥望时，我们是在真正意义上回看远在星系形成之前的一段时间。

然而现代仪器揭示，夜空并不是完全黑暗的。我们在夜空中“看到”的是源于大爆炸“火球”的宇宙微波背景辐射。它曾经如恒星表面一般炽热，但由于宇宙的膨胀而发生了红移，如今它的温度仅有 2.735 开尔文。

夜空的黑暗是一种证据，可以证明宇宙诞生于某个具体的时间点。人类用自己的肉眼便能“看到”支撑大爆炸模型的证据，或者不妨说，在有些方向上“看不到”恒星这一点才是证据。

主题链接
第 94 页　来自时间诞生时的微波
第 100 页　黑体辐射
第 116—117 页　时间箭头

第4节

加速膨胀的宇宙

20 世纪七八十年代发展出的大爆炸标准模型的重要特点之一，便是宇宙中所有物质的引力作用必然会使宇宙的膨胀随着时间的推移而减速。1998 年，科学界却发现宇宙事实上在随时间以愈来愈快的速度膨胀。这一发现赢得了《科学》期刊的“年度突破”荣誉，也被作为一项彻底颠覆了宇宙学固有思维的惊人成就呈现在公众面前。但这种宣传方式对于之前几代宇宙学家而言多少有些不够公平——宇宙加速膨胀的可能性其实已经内嵌在爱因斯坦提出的宇宙学方程之中。事实上，对于宇宙学家而言，此种可能性恰好如爱因斯坦所提出的那样，是宇宙学拼图的最后一块。

爱因斯坦“不受欢迎”的常数

在 1917 年，爱因斯坦试图运用他的广义相对论以数学的视角来描述宇宙。他希望描绘出可能存在的最简单模型，其中物质完全均匀地分布在空间中。同时他也希望这一模型是静态的，既不膨胀也不收缩，以符合银河系既不膨胀亦不收缩这一事实（彼时人类认为银河系便是整个宇宙）。唯一能使模型符合上述条件的方法，便是在方程中加入所谓的“宇宙学常数”，该数值用希腊字母 Λ 表示。爱因斯坦的方程并未规定该常数的值——根据方程，它可以是零或任何的正值或负值。取决于宇宙学常数的具体数值：它既可能发挥一种“反引力”的作用，支撑物质对抗引力向内的吸引；也可能作为对引力的一种添加，促进物质的聚集。爱因斯坦为该常数选择了一个能使模型保持静态的值，这在某种意义上抵消了引力。他在 1917 年发表的有关宇宙学的第一篇论文的最后一句写道：“该常数之必要性仅在于使物质的准静态分布成为可能，正如恒星较小的运动速度所要求的那样。”

当哈勃与赫马森发现宇宙处于膨胀之中时，爱因斯坦表示宇宙学常数的

左图　爱因斯坦的广义相对论为人类理解宇宙奠定了基础

上图　哈勃正在操作胡克望远镜的控制装置

引入是自己学术生涯中最大的错误。然而，其他研究工作者却对宇宙学常数的价值更为重视。

探索宇宙模型

爱因斯坦始终在寻找广义相对论方程的单一解，一个对应着真实宇宙的独一无二的模型。然而，广义相对论方程事实上提供了大量各异的模型。第一个意识到这一点的人是亚历山大・弗里德曼，他同时也是第一个将膨胀作为宇宙学模型内在特征的人。他从数学角度对这些宇宙学模型进行了探索。

在 1922 年，弗里德曼发表了自己对广义相对论中宇宙学方程的解读。根据他的理解，这些方程并不像爱因斯坦所希望的那样存在独一无二的解，而是对应着一系列描述时空演化的不同可能方式的模型，即不同的宇宙模型。那时，人类尚无任何方法辨别其中哪个模型符合我们身处的宇宙。重要的是，弗里德曼的所有宇宙模型都会在演化的某个阶段经历膨胀。

在这些同一主题的不同变奏中，有些宇宙模型会永远地膨胀下去，而其他宇宙模型则会在膨胀一段时间之后再次收缩。有些宇宙模型的膨胀速度较快，有些则较慢。甚至有一部分宇宙模型诞生时十分庞大，随时间收缩到了某个特定的密度，之后转而开始膨胀。然而对于所有这些宇宙模型而言，至少在演化的某些阶段，宇宙都会以如下这种方式膨胀：无论身处宇宙中的哪一个点，都会看到其他点正在退行、远离自己，而一个点的视向退行速度同该点与观测者之间的距离成正比——这与哈勃和赫马森在 20 世纪 20 年代即将结束时的发现完全一致。

普适的宇宙模型

爱因斯坦对于多个模型并存的情况始终不太满意，他继续寻找着一个能够描述真实宇宙的独一无二的模型。在 20 世纪 30 年代初，哈勃定律被发现后不久，爱因斯坦与荷兰天文学家威廉・德西特（Willem de Sitter）共同提出了爱因斯坦 - 德西特宇宙模型，这是广义相对论方程所允许的诸多不同变奏中最为简单的一个。在这一模型中，宇宙恰好是平直的（这是爱因斯坦那时所能想到的唯一特例），而且 $\Lambda = 0$。它成为可供其他模型进行比较的基准模型。

宇宙的最终命运

宇宙的膨胀正在加速，因为时空弹性所施加的作用强于引力向内的拖曳。宇宙愈大，时空弹性造成的这种影响便愈显著，因此很久以前它对于宇宙膨胀的影响是微乎其微的。这便是为什么针对红移的研究不易发现宇宙学常数的存在。不过随着诸星系愈发远离彼此（正如右图中这些极其遥远的星系），引力会愈发难以使星系重新聚集起来，而与宇宙学常数有关的暗能量的影响则会逐渐增强，直至最终占据主导地位，使时空以及其中的星系以愈来愈快的速度膨胀。尽管宇宙是平直的，但使宇宙变得平直的真空中的暗能量仍可以确保它永远以愈来愈快的速度膨胀下去。这种情况对于像黑洞内部这样的封闭时空同样成立。

尽管宇宙中的总质能永远保持不变，但随着每个时期临界密度要求下物质占比（现在约为 30%）的下降，暗能量所占的比例恰好以相同的速度增加，以抵消物质占比的下降。在过去的宇宙中，引力占据了主导；而在未来的宇宙中，暗能量将会占据主导。我们正身处宇宙历史上一个特殊的时刻，此时以暗能量形式存在的质量约为物质质量的 2 倍。在宇宙遥远的未来，如我们这样的生命体几乎不可能继续生存，因为那时所有恒星皆已燃烧殆尽、黯然熄灭，宇宙中仅剩下以白矮星、中子星与黑洞等形式存在的残骸与遗迹，黑暗的星系因黑暗宇宙的膨胀而更进一步彼此远离。

然而，爱因斯坦－德西特宇宙模型有一项令人尴尬的特征，爱因斯坦与德西特都尽量不提及这一点。在这一模型中，宇宙当前膨胀的速度与宇宙的年龄之间存在一种独一无二的对应关系——显然，宇宙现在膨胀得愈快，它达到当前大小所耗费的时间便愈少，但同时我们也需要考虑到在大爆炸之后宇宙膨胀速度的减缓。假设爱因斯坦－德西特宇宙模型确实能精确地描述宇宙，那么运用哈勃本人发现的哈勃定律（红移－距离关系）中的常数值[①]，计算所得的宇宙年龄竟只有 12 亿年，远小于地球的年龄，而在 20 世纪 30 年代，地球的年龄已广为人知。

很显然，某些方面出了差错。我们现在知道哈勃常数的早期测量结果远远大于实际值，而宇宙的真实年龄约为 140 亿年。但在 20 世纪 30 年代（以及之后的数十年内），有摆脱此种窘境的另一种方法，乔治·勒梅特也钟情于

① 指哈勃本人计算出的哈勃常数值。有时不同团队的观测与计算会得出大相径庭的哈勃常数值，也会因此得出对于宇宙年龄迥然相异的估值。

此方法。倘若 Λ 的值选择得恰好合适，那么广义相对论的方程可以描述如下这一宇宙模型：宇宙诞生于极其致密的状态，在膨胀一段时间之后，如同飞鸟在原地盘旋一般保持稳定，既不膨胀也不收缩，在某个不确定的期限内一直保持此种状态，此后又再次开始膨胀。如果我们所在的这个宇宙以这种方式运转，而且我们正处于第二个膨胀阶段，那么宇宙的年龄或许便要远远大于运用对当前红移－距离关系的测量结果所计算出的年龄。在 20 世纪 30 年代，选择哪一类模型来描述宇宙似乎纯粹基于个人偏好。

认真看待宇宙学常数

选择不同的宇宙学常数值能够解决在宇宙学研究中遇到的任何问题，包括宇宙年龄问题。数学家乐于探索这些可能性，但天文学家却希望摒弃宇宙学常数这一概念，因为将其用作一个随观测需求而进行调整的修正系数未免显得过于随意。然而，当对真实宇宙的观测结果变得精确到能排除其他许多更为疯狂的宇宙学设想时，我们清楚地认识到，即便考虑到最新得出的哈勃常数估值以及相应延长的宇宙年龄，爱因斯坦－德西特宇宙模型仍然有所欠缺。20 世纪 90 年代，宇宙学常数终于不再受到冷落，与其说是天文学家希望如此，不如说是他们别无选择。英国作家阿瑟・柯南・道尔（Arthur Conan Doyle）曾借夏洛克・福尔摩斯之口说过如下这句名言："在排除掉一切不可能的情况之后，剩下的即使看似再不可能，也一定是真相。"

高速运动的超新星

20 世纪 90 年代末，暴胀的概念（详见第 129 页）已经得到不少学者的认可，更得到了宇宙背景探测器的数据以及其他有关宇宙微波背景辐射的测量结果的支持。宇宙必然是平直的。然而与此同时，对于星系运动方式的研究又始终未能得出确凿的证据来证明宇宙中以物质形式存在的质量超过了使宇宙平直所需质量的 30%。20 世纪 90 年代中后期，有一种突破研究瓶颈的方法愈发受到重视，它便是宇宙学常数的概念。

在空间中放入弹簧

事实上，宇宙学常数可以对宇宙产生两种截然相反的影响。

先来讨论第一种影响。倘若 Λ 的值选择得恰当，那么它能使时空具有"弹性"，产生某种反引力的作用，即某种宇宙斥力。它对应的是真空的能量，正如引力对应的是物质的能量。

我们再来讨论宇宙学常数对于宇宙的第二种影响。根据质能方程，质量与能量之间存在当量关系，而质量与引力相关，因此，与宇宙学常数相关的能量也能施加一种引力作用。倘若 Λ 的值选择得恰当，那么宇宙中存在的与前述宇宙斥力有关的能量，便可能达到使宇宙平直所需质量（质能）的约 70%，而同时又可确保宇宙的膨胀只受到微不足道的影响，这是一种到了今日微小得几乎无法被探测到的影响。

将宇宙学常数给出的约 70% 与以物质形式存在的约 30% 相加，我们便可得到恰好能使宇宙变得平直的质能。理论工作者们探索了模型所允许的可能性，并发现了在宇宙中以暗物质形式存在的质量确实只有临界密度所对应质能的大约 30% 且暴胀确实曾经发生的前提下，能使一切情况契合的最简单的解释。这一理论仍然不像许多人所期待的那般简洁，且依然显得有些牵强，但正如所有的杰出理论一样，它可以用对于真实宇宙的进一步观测来加以检验。

寻找遥远的超新星必须精心选择时机，因为这些天体相当暗淡，唯有在新月时（地球夜空最为黑暗时才能被较好地观测到）。

超新星的故事

超新星在这个故事中担任的角色是标准烛光，我们可以借由它们来测量宇宙中的遥远距离。Ⅰ型超新星的亮度并不完全相同，但通过它们达到峰值后逐渐变暗的方式，我们可以推断出它们的最高绝对光度。天文学家可以首先观测距离已知的近邻星系中的Ⅰ型超新星，当在极遥远的星系中也探测到Ⅰ型超新星的存在时，再通过将其视亮度与近邻超新星的视亮度相比较，计算出极遥远星系中的这颗超新星的距离。这种测距方式的难点在于寻找极遥远星系中的超新星，而直至 1998 年，探测技术才发展到足以完成这项任务。彼时，有两支科研团队运用最新技术对同一现象进行了独立研究。幸运的是，他们得到了同一个答案。

在这两个国际团队中，一个团队使用位于夏威夷的凯克望远镜（Keck telescope），另一个团队则在澳大利亚的斯特朗洛山天文台（Mount Stromlo Observatory）与赛丁泉天文台（Siding Spring Observatory）进行观测。他们测量了极遥远星系中数十颗Ⅰ型超新星[①]的亮度，并将推断得出的距离与那些星系的红移进行了比较。在将根据近邻星系计算出的哈勃常数运用于极遥远星系后，他们发现极遥远星系的视向退行速度要比此前预期的数值略小一些。

这意味着宇宙的膨胀是在加速而不是在减速。重点在于：对于近邻星系

① Ⅰ型超新星又分为Ⅰa、Ⅰb、Ⅰc三型，而对发现宇宙膨胀正在加速起到关键作用的是Ⅰa型超新星。

右图 美国夏威夷州冒纳凯阿火山凯克天文台的两架巨型望远镜。这两架望远镜各有一面直径为 10 米的物镜

而言，我们观测到的是它们不久之前的状态；而对于遥远星系而言，我们所观测到的却是它们在遥远过去的状态，因为它们发出的光经过相当长的时间才到达我们。近邻星系相互远离的速度比遥远星系相互远离的速度更快，这说明宇宙正在以愈来愈快的速度膨胀。

单就其本身而言，这项发现已然足够引人关注。然而，更加令人惊叹的一点是，与观测结果相匹配所需的宇宙斥力的大小，恰好也可以提供使宇宙平直所需质能的大约 70%。

终获确认

在做出上述发现之后，依然留有一个不确定的问题，即宇宙是否确实如暴胀理论所预言的那样是完全平直的。新发展出的技术再一次提供了检验预言的方法。在空间中传播的辐射会受到空间曲率的影响，而且其传播的距离愈远，所受的影响便愈大。宇宙微波背景辐射在空间中传播的时间，比人类所能探测到的其他任何辐射都要更长。因此从原则上说，来自天空不同区域的这种辐射之间的精确变化斑图，便能揭示从宇宙大爆炸的“火球”开始直到我们这个跨越 140 亿光年空间的位置的空间曲率。

20 世纪 90 年代末，由热气球携带升入高空的仪器所能探测到的宇宙微波背景辐射中的波动，是宇宙背景探测器所能探测到的最小波动的 1/35。2000 年公布的两次热气球探测任务的结果显示，宇宙是平直的，误差在 10% 以内——这意味着 Ω 介于 0.9 与 1.1 之间。鉴于已有明确证据表明使

宇宙平直所需的质能中只有大约 30% 以物质的形式存在，这意味着该质能的大约 70% 必然是以能量形式存在的——这与对超新星的研究所得出的结果相一致。人类由此获得了强有力的证据，无论爱因斯坦是否愿意接受，宇宙学常数都是真实存在的。

上图　德国物理学家沃纳·海森伯（Werner Heisenberg）提出的不确定性原理可能是理解宇宙诞生的关键

宇宙海洋中的涟漪

暴胀理论的所有组成部分——宇宙中物质的总量、超新星研究所要求的加速度、通过测量宇宙微波背景辐射而揭示出的宇宙平直性，它们之间的紧密契合使暴胀理论成为 21 世纪初毋庸置疑的最佳宇宙学理论。它提供了一种方法来解答最后一大谜题：为何宇宙并不是完全均匀的，而是存在足够大的不规则度，从而使人类的存在成为可能呢?

量子涨落

真空的能量来自何处? 根据量子物理学,真正意义上的“真空”并不存在，因为真正的“真空”要求能量值为零,而量子物理学最为著名的定律之一——海森伯不确定性原理[①]（Heisenberg uncertainty principle）指出，任何事物都不可能有一个精确的值——不仅我们不可能精确地测量事物，而且宇宙中完全不存在绝对的精确性。由此而论，在任何微小的空间里，时间与能量之间都存在着一种平衡[②]。被称为“虚粒子对”（virtual particle pair）的粒子可以（事实上是必须）从无到有地凭空出现，前提是它们会在一段确定的时间内相互湮灭。具体时间限制由虚粒子对的质量决定——虚粒子对的质量愈大，其能存在的时间便愈短，但测量表明这段时间始终是远远短于 1 秒的。这些粒子的存在仿佛是趁宇宙“不注意”一般，一旦宇宙有时间“发现”它们的存在，它们便会再次消隐于虚空。

上述这种现象的结果是，空间成为由虚粒子构成的沸腾泡沫，且空间由此获得了能量与结构。正是这种能量提供了向外的宇宙斥力，而与这种能量相关的质量则完成了使宇宙变得平直的任务。

我们有必要顺带一提，宇宙中各种形式的质能相加正好能使宇宙变得平直（Ω 等于 1），这一点并不是巧合。暴胀推动宇宙趋向平直，因此可供转化的质能便只有这么多，分别以重子、热暗物质、冷暗物质与暗能量的形式存在。这正仿佛将水从一个 1 升的容器中倒入各种各样的瓶瓶罐罐，无论水是以何种比例被分配至不同容器的，水的总量都始终等于 1 升。

① 德国物理学家沃纳·海森伯于 1927 年提出的不确定性原理说明，不可能同时确定任何一个粒子的位置与速度。一个粒子位置的不确定性愈小，则其速度的不确定性愈大，即我们对其位置测量得愈精确，对其速度测量得便愈不精确。后来此原理延伸为不可能同时确定任何一个粒子的某些物理量对。这与测量技术的先进程度完全无关，而是源于量子力学固有的不确定性，即无论现有测量技术如何提高，都不可能同时测出一个粒子的位置与速度。这反映出宇宙宏观尺度上的确定性与可预测性在微观尺度上并不存在。

② “平衡”即指虚粒子对凭空产生的能量愈大，其被物理定律所允许的存在时间便愈短。

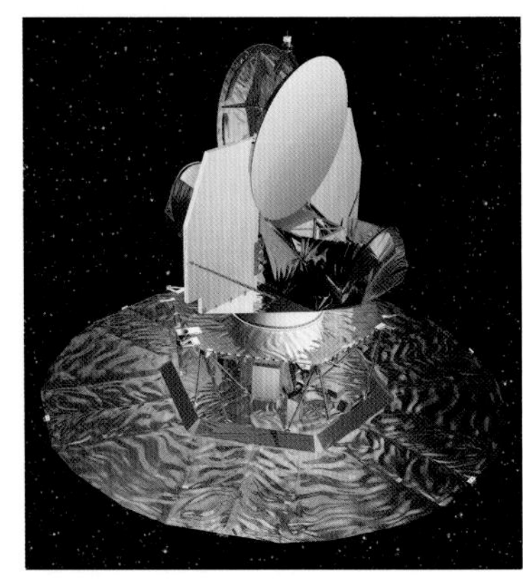

进入未来

一旦我们将运用于毫米波段气球观天计划（Balloon Observations of Millimetric Extragalactic Radiation and Geophysics，BOOMERanG）等项目的仪器技术与空间技术结合在一起，我们便应该能得到宇宙学中所遗留的绝大多数问题的明确答案。为此，我们必须将新一代微波测绘卫星发射升空。它们能绘制出微波频率下的全天地图，并在轨道中停留数月或数年以识别出微小的细节。

此类卫星中的第一颗——微波各向异性探测器①（Microwave Anisotropy Probe，MAP，左图），由美国国家航空航天局（National Aeronautics and Space Administration，NASA）发射升空。微波各向异性探测器是一个耗时较短、成本相对较低的任务，它所能达到的精度与毫米波段气球观天计划相当，不过它的范围覆盖全天。

微波测绘领域的最新项目之一是以马克斯·普朗克命名的普朗克任务②（Planck mission），该项目的天文台在2009年由欧洲空间局发射升空。这是一个耗资更大、更雄心勃勃的项目，致力于提供比以往任何项目都更为精确的数据。通过推动这些项目，我们可以确定一些宇宙学关键参数的值，譬如Λ、Ω与哈勃常数等，并使精度达到0.1%。

尽管量子涨落通常是转瞬即逝的，但它们应该已经在宇宙中镌刻下了自己的印记。

尺度的问题

量子涨落不仅发生在极短的时间内，而且也发生在极微小的距离尺度上，这是因为这种现象所涉及的真空中的扰动在被迫消失之前没有时间传播较远的距离。早在宇宙的最初阶段，即第一普朗克时间之后、暴胀开始之前，便已经有量子涨落发生了。在暴胀开始支配后来的整个可观测宇宙时，可观测宇宙所有的质能皆被困在一粒直径仅有 10^{-25} 厘米的微小“种子”内部。这一长度是普朗克长度的1亿倍，然而依然只相当于质子直径的一万亿分之一。纵然是这样一粒小得难以想象的“种子”，也已经大得足以容纳量子涨落，量子涨落涉及的是能量场（正如电磁场一样）而不是粒子。综上所述，真空的

---

① 该卫星后更名为威尔金森微波各向异性探测器。它在2001—2010年成功运行，绘制了宇宙微波背景辐射全天温度图。

② 普朗克任务是由欧洲空间局发射的一个太空天文台，在2009—2013年成功运行。它以高精度绘制了微波与红外频率下的宇宙微波背景辐射各向异性图，精确测量了数个重要宇宙学参数的值，譬如宇宙中普通物质的平均密度、暗物质的平均密度、宇宙的年龄等，对于人类理解早期宇宙做出了突出贡献。

结构是不断变化的，不过这种结构始终符合一种特定的统计模式。

随后，暴胀发生了，宇宙“种子”中的一切都被遽然撕裂并广泛扩散。在这一过程中，暴胀开始那一瞬间种子内部正在进行的一切真空中的量子涨落，都被“冻结”在迅速膨胀的“种子”结构中，并随着空间的膨胀而被极大地拉伸。在暴胀期间，宇宙事实上在以比光速更快的速度膨胀（这完全是爱因斯坦的方程所允许的，因为不能超过光速的只有在时空里的运动），而最后一刻量子涨落的模式被永久地镌刻在从“宇宙火球”中涌现出的“腾腾热气”里。

量子涨落有一种被称为“标度不变性”（scale invariance）的统计模式，因为从统计学意义上来说，量子涨落在所有尺度上看起来都是一样的：倘若从整个画面中截取一部分并将其放大，那么局部画面看起来虽然并非与原图完全一致，但就热点与冷点的排列而言，却与原图具有相同的统计外观。宇宙背景探测器与后续的其他类似卫星在宇宙微波背景辐射中探测到的涟漪，正有着与此完全相同的标度不变性，只不过在这一例中，此种模式呈现在数亿光年的范围里，而不是局限在一个直径仅相当于质子直径的一万亿分之一的球内。我们人类也是这种模式的一部分——生命也是时间诞生不久之后发生的量子涨落镌刻在宇宙中的结构的一部分。

对一次回旋镖飞行（详见第 152 页）的数据进行分析所需的计算机内存为 240 GB（吉字节，即十亿字节），而分析普朗克数据所需的内存则是 1 600 TB（太字节，即万亿字节）。

左图　分形图案中的每一个较小组成部分在放大后都可以重现整个图案

气球与宇宙微波背景辐射

自从宇宙背景探测器发射以来，探测技术获得了极大的提高。在没有新的微波测绘卫星发射升空的情况下，短期内最好的宇宙微波背景辐射地图来自固定在热气球上的仪器，这些气球能在地球大气层的平流层飞行。在下一代微波测绘卫星成功发射升空、搭载与此类似的探测仪器进入环绕地球的轨道之前，有关微波宇宙最精确的观测数据将来自其中一个气球实验——毫米波段气球观天计划（以下简称BOOMERanG实验）。

10.5 天环游地球

BOOMERanG实验之所以被称为回旋镖计划①，是因为实验中的气球由高空风推动而沿着大致呈圆形的路径环绕南极上空运行。从技术角度来说，鉴于它环绕南极点运行，所以这也是一种环球飞行。实验中第一次环绕极地的飞行于格林尼治标准时间1998年12月29日03:30在麦克默多站（McMurdo）开始，于格林尼治标准时间1999年1月8日15:50返回出发点——它用10.5天的时间环游了地球。

用以监测宇宙微波背景辐射的微波望远镜，被一个大小相当于美式橄榄球球场的气球带到了40千米的高空。

为何是南极洲？

南极洲之所以是进行BOOMERanG实验等气球观测任务的理想地点，有如下几个原因。

第一，气球的路径是可预测的，它可以重返出发点，而且能在空中长时间停留。它的停留时间固然不可能比得上卫星，但至少远远胜过在地球上的其他区域发射升空的类似气球，后者在数小时（至多几日）的时间内便必须降落，否则便会成为安全隐患或是失去方向。

第二，南极洲上空的空气寒冷而干燥，这意味着40千米高空处存在的大气不会对科研团队所收到的到达地球的宇宙微波背景辐射造成较大影响，不存在水蒸气吸收部分辐射的情况②。

第三，南极洲并无居民（科学家与企鹅除外），

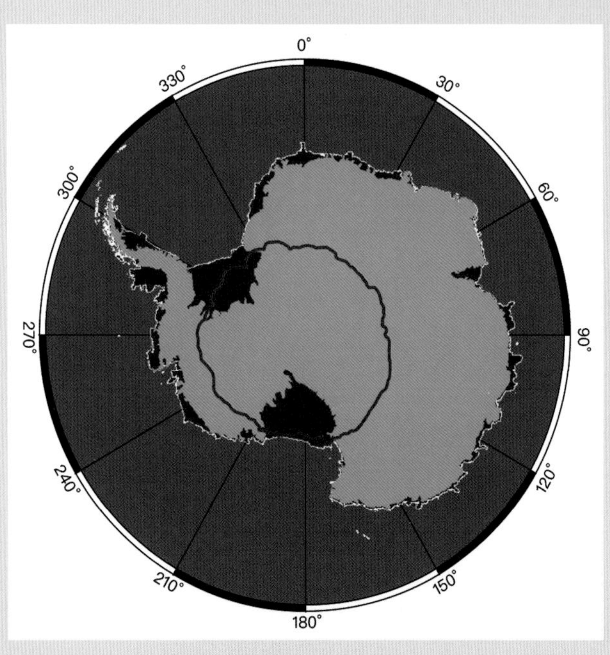

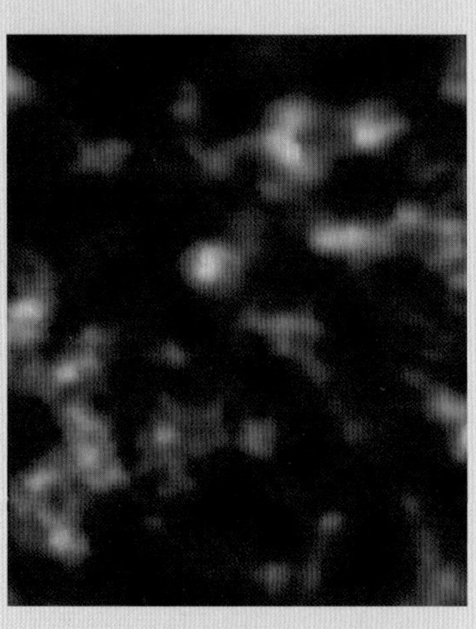

左图 BOOMERanG实验的飞行路径

右图 BOOMERanG实验给出的全天微波地图。图中的颜色变化代表温度的差异

① boomerang 意为“飞去来器/回旋镖”。
② 地球大气层中的绝大部分水蒸气位于最低一层——对流层中，而对流层在极地的平均高度约为9千米，因此在40千米之上几乎已无任何水蒸气。

所以气球不会对他人造成妨碍，其微波探测器也不会受到当地无线电广播电台或电视台的干扰。

过冷科学

即便存在这些有利条件，精确绘制微波频率的全天地图依然十分困难。本质上，探测器是在测量地球天空中不同区域接收到的宇宙微波背景辐射的温度，而唯有当探测器的温度比辐射本身还要低时（探测器的温度愈低愈好），科研团队才有可能做出精确的测量。背景辐射的温度低至 2.735 开尔文。BOOMERanG 实验的探测器放在一个巨大的杜瓦瓶（Dewar，类似保温瓶）中，被冷却到了 0.28 开尔文，位于一个直径为 1.3 米的望远镜的焦点处。

这项实验所用杜瓦瓶的内部容器装有 65 升液氦，外部容器装有 75 升液氮。这些措施总共能在最多 12 天的时间内使探测器维持在所需温度。

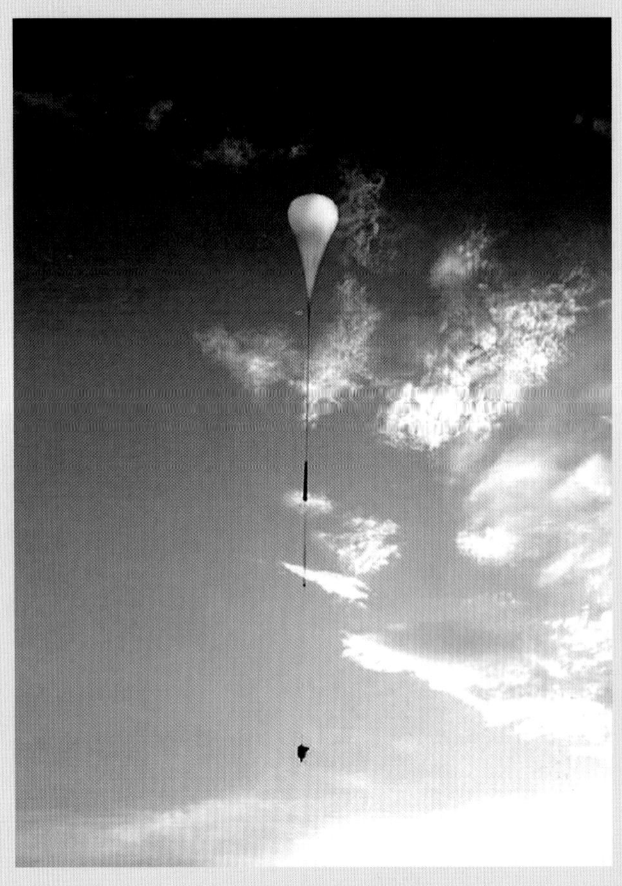

上图　1998 年 8 月，正在发射中的毫米波各向异性实验成像阵

来自气球的证实

尽管其他发射地点不如南极洲理想，但另外一些气球实验仍为 BOOMERanG 实验提供了重要的辅助证据，证实其探测到的确实是宇宙微波背景辐射中的波动，而不是由其探测器故障导致的某种可疑“信号”。在这些辅助性的气球实验项目中，最为重要的一个实验项目被称为毫米波各向异性实验成像阵（Millimeter Anisotropy Experiment Imaging Array，MAXIMA）。

毫米波各向异性实验成像阵的首次飞行是在 1998 年 8 月，只持续了 4.5 个小时。它使用了一个直径为 1.3 米、与 BOOMERanG 实验类似的望远镜，这台望远镜被冷却至 0.1 开尔文左右。在这一次以及后续的飞行中，该实验测得了与 BOOMERanG 实验所探测到的相同的波动，只不过是北天区（因其发射地点在美国得克萨斯州）而非南天区的背景辐射中的波动。尽管它所测得的结果本身不似 BOOMERanG 实验的结果那般令人赞叹，但却有着至关重要的意义，因为这些结果显示出与 BOOMERanG 实验所见相同的来自天空不同区域的温度分布模式，从而证实了 BOOMERanG 实验所探测到的确实是一种普遍现象。

主题链接
第 94 页　来自时间诞生时的微波
第 95 页　最早的光
第 102—103 页　最初 4 分钟
第 131 页　宇宙微波背景辐射里的涟漪

第三章

接触地外生命

① 截至 2020 年 1 月 1 日，人类发现的系外行星总数已经突破 4 000 颗。

第 1 节

生命与宇宙

对于天文学家而言，探索宇宙（即便只能通过间接的方式）是一项令人无憾的毕生事业。根据在地球上总结出的物理定律以及望远镜收集的信息来理解恒星与星系的本质，无疑是一项令人赞叹的成就，也是一种有益的经验。然而，即便是对于最专心致志的天文学家而言，他们的脑海深处也不免潜藏着这样的疑问：宇宙中是否有其他天文学家正在从不同的视角观测着同样的恒星与星系，并通过研究得出他们自己关于宇宙本质的结论呢？在太阳系之外，是否还存在着生命，尤其是智慧生物？经过数个世纪的推断与思索，解答这些问题的时机已经成熟了。星际旅行虽然仍是空想，但是，人类有史以来第一次掌握了探测类地天体乃至与其上的文明进行交流的技术。

第 154 页图　位于美国波多黎各的阿雷西博射电望远镜（Arecibo Radio Telescope），已于 2021 年 2 月被拆除

其他的世界

倘若我们只知道一族行星（围绕太阳旋转的这一族行星）的存在，那么对于我们而言，“太阳系是绝无仅有的，宇宙中并不存在其他行星”这一可能性便确实存在。尽管看来不大可能，但这一判断却有可能就是事实。然而，在 1995 年，这一可能性被彻底地否定了。一个瑞士的天文学家团队发现了一颗巨行星，它与木星颇为相似，但质量大概只有木星的一半，正绕着恒星飞马座 51（51 Pegasi）公转。这颗巨行星距离地球大约 50 光年，位于飞马座（Pegasus）的方向。天文学家并没有直接观测到这颗行星，而是通过该行星绕母恒星公转时所导致的母恒星轻微摆动而推断出了它的存在。随着行星在公转轨道中运行，母恒星会先后在不同方向上受到行星引力的拖曳。为

下图　巨行星飞马座 51b 围绕母恒星飞马座 51 公转的艺术渲染图

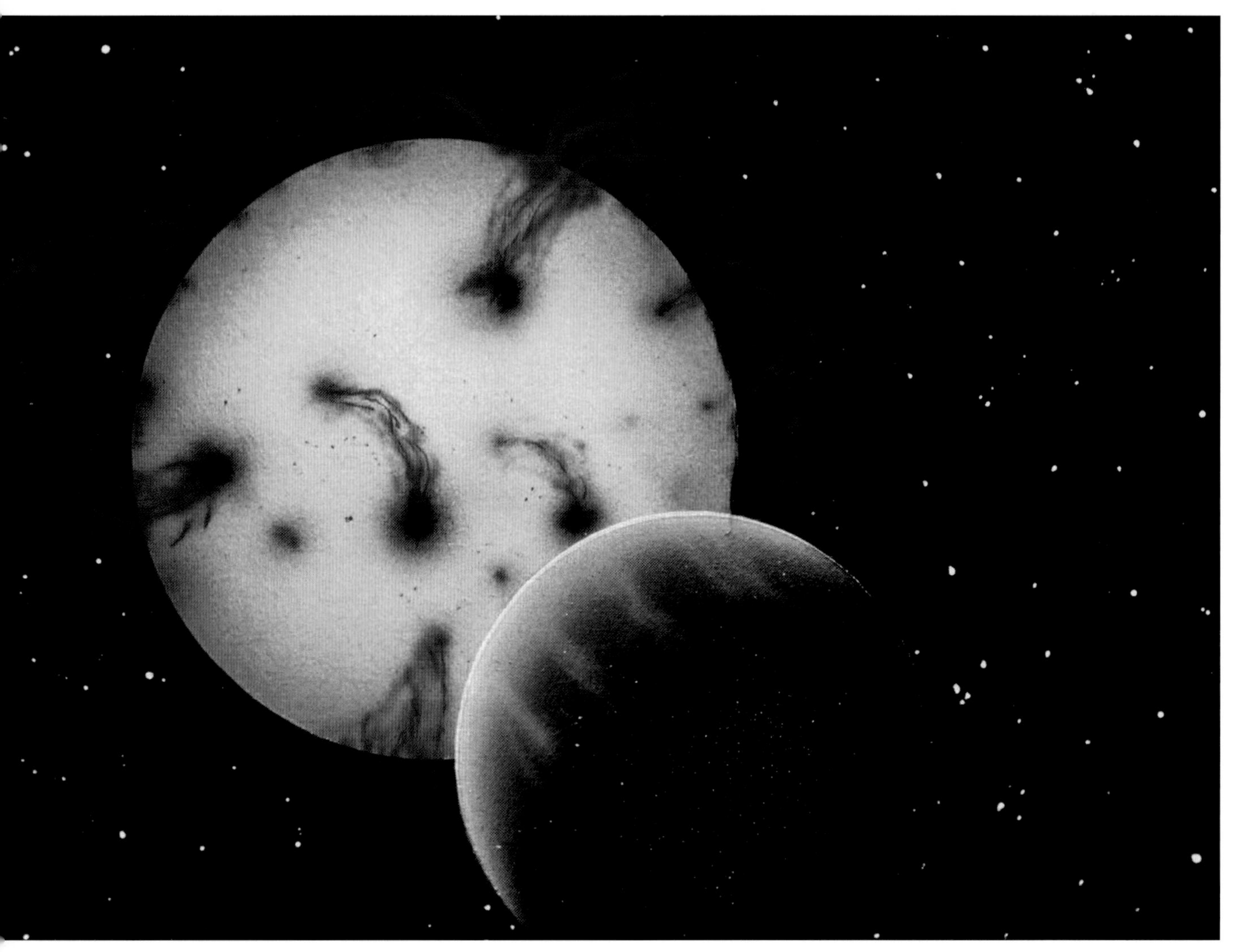

了测量这颗恒星的摆动，这支科研团队使用了学界探索宇宙最得力的两项工具：光谱分析与多普勒效应。

人类在 20 世纪 90 年代中期而非更早些时候做出这项发现，绝非出于巧合。那时，光谱分析技术终于达到足够精度，而用来进行分析光谱的计算机也终于发展得足够强大，足以测量出多普勒效应导致的微小频移。对于这些太阳系外的系统而言：当一颗行星位于绕母恒星公转的轨道中靠近地球的一侧时，它会将恒星往地球的方向拖曳，恒星的光因此会发生轻微的蓝移；当行星位于公转轨道中远离地球的一侧时，它会将恒星往远离地球的方向拖曳，从而使恒星的光发生轻微的红移。粗略说来，我们用这种方式测量的恒星移动速度约为 10 米 / 秒，相当于奥运会选手级别的百米短跑运动员的速度。测量来自飞马座 51 的光线的多普勒频移，就像是在测量 15 秒差距之外的奥运会百米短跑冠军的速度。

巨大惊喜

天文学家之所以将恒星飞马座 51 选为研究对象，并用多普勒效应法[①]对其进行研究，是因为它是一颗与太阳相似的黄色恒星。发现绕其旋转的行星最重要的意义在于，这说明与太阳相似的其他恒星也可以拥有环绕其运行的行星。从这层意义上来说，我们便能确定太阳系并不是独一无二的了。此外，天文学家还收获了另外一个巨大惊喜。如同所有踏入未知疆域的探索者一样，行星搜寻者们有了意外的发现。尽管这颗围绕飞马座 51 公转的行星是一颗类似木星的巨行星，但它的公转轨道与其母恒星之间的距离，却远远小于太阳系中任何巨行星的公转轨道与太阳之间的距离。事实上，它与母恒星的距离甚至小于水星与太阳之间的距离。这意味着，母恒星的热量必定会使该行星的表面温度上升至 1 300 开尔文。木星绕太阳公转一周需要 11.86 年，而这颗新发现的巨行星绕母恒星公转一周只需要略多于 4 天。

这一点出人意料，其他天文学家不免怀疑这支瑞士团队的数据是否有误。然而，另外一支来自美国的科研团队很快便证实了他们的观测结果，随后又陆续出现了其他的证据。在接下来的两年内，天文学家又发现了 4 颗围绕其他恒星运行的“热类木星”，以及 4 颗公转轨道较为正常的类木行星。自然，此处所说的“正常”是以太阳系为参照的。对系外行星的发现带来了一些令人困惑的问题，譬如，类木行星如何能够进入距离恒星如此之近的轨道呢？而在整个宇宙中，是类似太阳系的系统还是类似飞马座 51 的系统才是最普遍的呢？

① 此为寻找系外行星的最主要方法之一——多普勒光谱法（Doppler spectroscopy），即径向速度法（radial velocity method）。其他寻找系外行星的主要方法包括凌日法（transit）、微引力透镜法（microlensing）、直接成像法（direct imaging）等。

▷ 第一颗被“直接观测”的系外行星

1999 年夏季，来自苏格兰圣安德鲁斯大学与美国哈佛大学的天文学家宣布他们有史以来第一次“看到”了一颗系外行星。这颗行星围绕恒星牧夫座 τ 星（又被称为右摄提二）公转。该恒星之所以被这些天文学家选为研究对象，是因为它的大小与太阳相近，但它在特定波长上比太阳更明亮。这颗绕牧夫座 τ 星运行的行星与地球之间的距离过大，科学家们用任何方法都无法直接拍摄到它。不过，这颗行星反射了母恒星所发出的光，而地球上的望远镜探测到了与恒星本身未经反射的光混合在一起的由行星所反射的光。这种来自行星的反射光的亮度只有来自恒星的直射光亮度的万分之一，然而我们却能将它从直射光中辨识、分离出来，这是因为这颗行星正在以 150 千米 / 秒的速度绕牧夫座 τ 星公转，这在它所反射的光中形成一种节奏性变化的多普勒频移。

这是人类直接观测到的第一颗系外行星。它的质量大约是木星（太阳系内最大的行星）质量的 1.4 倍，我们基本可以确定它是一颗类似木星的气态巨行星。上述这些判断暂时还未能得到明确证实。若能得到证实，这项发现将成为天文学史上最为重要的发现之一。

左图　行星围绕牧夫座 τ 星公转的艺术渲染图。作者还在图中描绘了一颗假想的卫星

不计其数的行星

第一个问题的最佳答案似乎是，这类巨行星可能正如太阳系中的巨行星一样，是在距离母恒星较远的位置形成的，但形成之后在恒星引力的牵引下不断靠近母恒星。这种情况发生的前提是孕育行星的原行星盘中还余有充足的尘埃来提供摩擦力，这种摩擦力能够引起巨行星减速，使其轨道变低。倘若原行星盘中所余的尘埃较少，摩擦力较小，巨行星便会留在原先的位置。

对于第二个问题，最诚实的回答是“我们并不知道”。不过，我们必须记住一点，那便是大型行星比小型行星更容易被探测到，而公转轨道距离恒星较近的行星也比公转轨道距离恒星较远的行星更容易被探测到，这是因为行星距离恒星愈近，其所导致的恒星摆动的幅度便愈大。因此，像飞马座 51 这样的系统是最易于被发现的一类，天文学家最先探测到此类系统也就不足为奇了。相对而言，类似太阳系的其他行星系统则较难被探测到。它们或许存在于宇宙之中，然而人类现有的仪器尚不够先进，无法用多普勒效应法发现此类系统。正如天文学家常说的那样，“缺少证据不等于没有证据”。如今已经发现如此多的系外巨行星，我们很难相信太阳系外没有几颗小型行星存在。截至 20 世纪 90 年代末，天文学家已经发现了 28 颗巨行星，其中的 3 颗围绕同一颗恒星——仙女座 υ 星（Upsilon Andromedae）公转。若要了解太阳系之外类地行星存在的概率，我们必须先来分析一下地球在太阳系里地位如此特殊的原因。

金凤花姑娘行星

地球有时被认为是个“金凤花姑娘行星[①]”（Goldilocks planet），因为此处的条件恰好适合生命存在，正如童话中熊宝宝的麦片粥恰好适合金凤花姑娘一样。这种恰到好处最主要体现在地球上的水（生命不可或缺的因素）与它的温度这两方面。

就水与温度而言，地球正好处于太阳周围的宜居带（habitable zone）。单从大小上来看，金星与地球几乎可谓是孪生子，但金星与太阳之间的距离却略小于日地距离的 3/4。倘若金星在诞生时离太阳略远一些，它就可以形成由液态水构成的海洋，其中或许会孕育出生命。然而，金星在它的位置上会接收过多的太阳热量，这意味着液态水不可能在此处存在，水只能以水蒸气的形式在大气层中积聚，水蒸气与其他气体共同导致了金星的温室效应。这种强烈的温室效应以及过于靠近太阳的位置，使得金星表面的温度超过 700 开尔文。

火星比地球小得多，它的质量只有地球质量的约 1/10，而火星轨道与太阳之间的距离是日地距离的 1.5 倍。倘若地球处于火星的轨道中，那么得益于地球大气层的温室效应，它或许仍会是一颗富饶的行星。而火星的引力则过于微弱，不足以维持充沛的大气。稀薄的大气层以及距离太阳过远的位置，使得火星冬季夜间的温度可骤降到 162 开尔文以下。

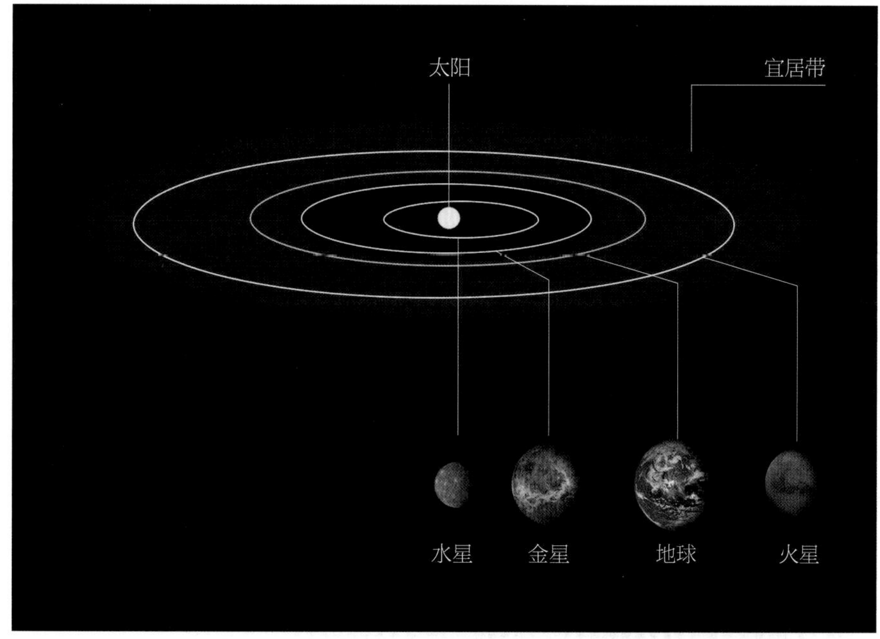

左图　环绕太阳的宜居带

① 此概念源自英国童话《金凤花姑娘和三只熊》，其中金凤花姑娘喜爱恰到好处的事物，所以金凤花姑娘被用来形容“刚刚好”。

上图及右页图　地球（上图·左）的条件正好有利于生命存在，而金星（上图·右）太过炽热，火星（右页图）则太过寒冷

按照生命得以存在的极限条件，我们可以说环绕太阳的宜居带从金星的轨道外侧延伸至火星的轨道外侧，而地球恰好处于该区域。倘若这种判断为实，那么生命的存在可能确实是个意外。我们很难在其他恒星的环恒星宜居带上找出这样一颗行星，更何况任何微小的条件变化都将使得生命在宜居行星上无法诞生。然而，在空间探测器进入太阳系较靠外的区域后，天文学家发现这种悲观的看法或许是错误的。

扩大宜居带

假设其他天体上的生命形式与地球上的相似（这是人类唯一能采用的研究基础），那么寻找地外生命本质上便是寻找液态水。没有液态水便没有生命。我们对没有液态水的地区的称呼——“沙漠”（desert），同时也是我们对地球上没有生命的地区的称呼，这并不是一种巧合[1]。

初看起来，任何位于火星轨道之外的行星的表面温度都比较低，无法允许液态水存在。然而，20 世纪 90 年代后期，伽利略号木星探测器（Galileo spacecraft）传回了木星的其中一颗卫星——木卫二（Europa）的照片。这颗卫星似乎被一层漂浮在液态水海洋上的冰层所覆盖，那些冰层看上去与北冰洋中漂浮的浮冰群甚为相似。尽管木卫二略小于月球，但它的直径依然达到了 3 138 千米。就大小而言，木卫二可以说是一个潜在的生命家园。不过，木卫二是如何维持其表面温度的呢?

① desert 一词除“沙漠”之意外，还有“荒原”“荒漠”“不毛之地”等意，有一种贫瘠、荒芜、人迹罕至的意象。

地球上的生命

生物学的一大未解之谜是，生命是如何在地球形成之后如此迅速地出现的。地球形成于大约 46 亿年前，在诞生初期受到来自太空的碎片的持续轰击，经过大约 5 亿年的时间，才冷却至可以允许液态水存在的表面温度。然而，我们在至少有 39 亿年历史的岩石中找到了细菌生命的化石证据。地球上的生命是否真的可以在仅仅 2 亿年的时间里从无到有地涌现?

上图　化石能揭示地球生命的历史。最古老的化石显示，在地球冷却之后，生命很快便出现了

宇宙“降雨”

也许地球上的生命并不需要从无到有地凭空出现。尽管地球承受的轰击在它诞生大约 5 亿年后显著缓和，但却并未完全停止。即便到了今日，地球仍会受到大型天体撞击的威胁（6 500 万年前恐龙曾为此付出代价），而彗星以及更小的宇宙碎片与地球的“摩擦”更是相当频繁——这里指在地质学的时间尺度上。自 20 世纪 60 年代以来，愈来愈多的人认识到星际空间中的物质云含有各种复杂的含碳化合物，即构成生命的“原材料”。现在看来，地球早期受到的彗星撞击有可能将这些原材料中的一部分带到了我们这颗行星的表面，给了生命的诞生一个最初推动力。

1986 年，空间探测器乔托号（Giotto）与维加号（Vega）搭载的摄像机传回的照片显示，哈雷彗星（Halley's Comet）冰核的表面被一层深色物质覆盖，而光谱分析显示这一覆盖层是由多种富含碳的分子构成的。此外，地基望远镜也显示，使彗星呈现出夺目外观的气体也富含包括甲烷与乙烷在内的含碳化合物。这些发现至关重要，因为碳是构成生命体的关键元素（碳与生命的联系非常紧密，因此复杂碳化学也被称为“有机化学”）。来自太空的尘埃微粒始终在不断落向地球表面，其中大部分是彗星残骸。通过对在地球高空收集的样本进行分析，我们得知每天以这种方式到达地球表面的有机碳化合物高达 30 000 千克。

来自分子云的“种子”

上述这些物质的终极起源，必须追溯到孕育了太阳系的星际分子云。光谱分析研究显示太空中存在着许多有机碳化合物，譬如甲醛与乙醇。但最重要的是 1994 年发现了甘氨酸的存在，它是人类在太空中发现的第一种氨基酸。氨基酸是已知存在于太空中的 100 余种分子中最为重要的分子，因为它是合成蛋白质的基石，而蛋白质又是人体不可或缺的重要成分。

我们很难想象，像二氧化碳与水这样的简单化合物可以在短短 2 亿年的时间内发展成有生命的细菌。然而，如果早期的地球含有像氨基酸这样的复杂有机分子，那么整个过程便能以更快的速度进行。

复杂有机分子（生命的先驱）的起源问题不再是地球上的问题，而成了太空中的问题。尽管太空中寒冷的气体尘埃云看起来并不是发生化学反应的理想场所，但须知时间是充足的，有数十亿年时间可供生命“种子”形成。

很有可能早在恒星与行星通过气体尘埃云的坍缩诞生之前，复杂有机分子便已形成。这意味着，生命

上图　马头星云（Horsehead Nebula）是太空中的一团尘埃云，行星系统正是由这类天体的物质构成的

右图　哈雷彗星的内核是太阳系诞生时遗留下来的原始物质。这张图片由乔托号拍摄

的“种子”会落在每一颗新生的行星上，即便生命不一定能在每颗行星上萌芽。

主题链接

第 17 页　其他恒星便是其他太阳
第 35 页　猎户座恒星诞生区
第 44 页　尘埃盘
第 60 页　“烹制”元素
第 184—185 页　有生源说

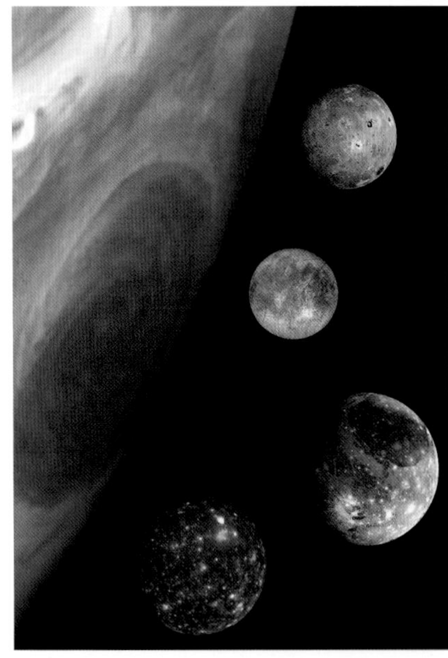

上图 · 左　木星与其最大的 4 颗卫星的“家族合影”

上图 · 右　木星的一颗卫星——木卫二被冰覆盖的表面的特写

答案似乎是，随着木卫二沿轨道绕木星公转，来自木星本身的引力与来自绕木星公转的其他卫星的引力共同形成了一种不断变化的潮汐力，持续地作用于木卫二的内部，节律性地对其反复挤压。这和太阳与月球的引力使地球上的潮汐节律性地往返于海岸的原理是相同的。这种作用产生了热量，足以融化构成木卫二主体的冰。木卫二的条件对于人类而言或许算不得宜居，不过既然生命能在地球南极的寒冷水域中生存，原则上来说生命也能在木卫二上存在。

于是，太阳周围适合生命存在的宜居带随之大幅扩大。

来自内部的热量

热量也能通过其他方式产生。以地球为例，地球内部的热量是由使地核保持熔融状态[①]的放射现象产生的。倘若有一颗类地行星在木星与火星轨道之间的区域形成，那么尽管它过低的表面温度可能不允许流动的液态水存在，但它的地底深处却可能存在冰冻的深海，因为行星的原始水分子无法以蒸发的形式逃逸。存在于这颗行星表面以下 14 千米以及更深处的冰，会被行星内部的热量融化。

20 世纪末，天文学家意识到，他们原先估算在宇宙中的其他地方发现液态水的概率，或者说发现地外生命的概率时，目光未免过于偏狭了。我们仍在追寻那座圣杯：有多大的概率可以找到其他的地球呢?

① 地核又分为外核与内核两部分，外核为液态，内核的物质构成与状态尚有争议。——编者注

其他的地球？

通过行星所引起的母恒星光谱的多普勒频移来探测行星的技术，暂时还无法让我们探测到沿着类地轨道绕其他恒星公转的类地行星。不过天文学家相信，他们或许能通过两种方法利用地基望远镜来探测到这类行星，而且随着空间技术的提高，在探索系外类地行星方面还会出现更多其他可能性。

第一种方法或许已经奏效了。它所依据的原理是光在经过大质量天体时会被弯曲，而这类现象被称为引力透镜效应。1919 年，天文学家正是使用了这一方法来检验爱因斯坦的广义相对论。他们在日全食时研究了途经太阳的来自遥远恒星的光，发现光在太阳引力作用下被弯曲的程度与爱因斯坦理论的预言完全一致。产生引力透镜效应的天体质量愈大，光弯曲的程度便愈大，因此一颗质量与地球相当的行星使光弯曲的程度要远远小于太阳。然而，倘若条件正好合适，绕其他恒星公转的行星的引力透镜效应也应该是可以被测量到的。

以下便是适宜的测量条件：从地球的视角看来，当一颗恒星恰好经过另一颗恒星的正前方时，较近恒星的引力透镜效应会使较远恒星在数周时间内显得比原先更为明亮；如果较近恒星有一颗地球大小的行星，该行星也将运行到较远恒星的正前方，因此当它从我们的视线中穿过时，便会额外产生一个较小的光点。

20 世纪 90 年代末，在美国印第安纳州圣母大学进行研究的天文学家正好在一颗恒星经过另一颗恒星前方时观测到了两个光点。根据较小光点的大小与持续时长（只有 2.5 个小时），这些天文学家计算出这一光点可能是由一颗质量比地球质量大几倍的行星所产生的，而该行星在系统中绕恒星公转的轨道大致相当于太阳系中金星、地球和火星的轨道。这单独一次的观测结果

下图　这张示意图显示出星系的引力如何使遥远的类星体发出的光发生弯曲。图中夸大了弯曲效果

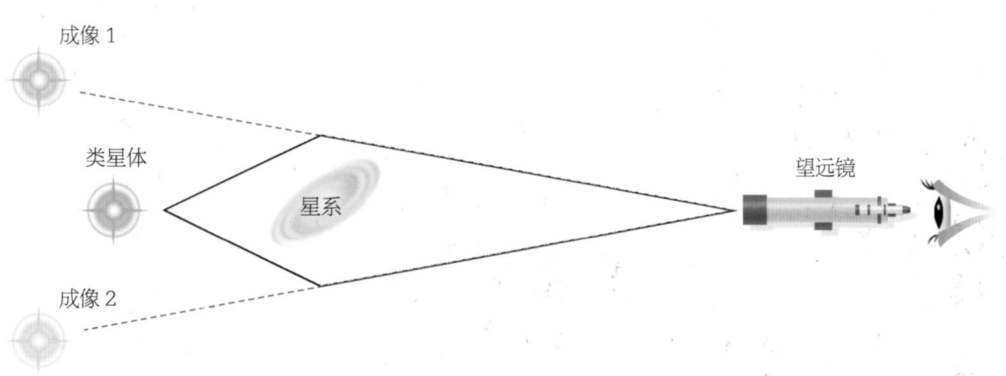

并不能成为其他“地球”存在的证据，我们也无法对这颗可能存在的行星进行第二次观测——这次观测是个一次性事件。不过此例至少说明，这一方法确实适于寻找类地行星。

天龙座中的行星

另一种方法则是从亮度着手。当一颗沿轨道围绕某颗遥远恒星公转的行星正好从该恒星前方穿过时，天文学家或许能观测到该恒星亮度微小的增加。这是一种小概率事件，因为我们没有理由认为这样一颗行星与其母恒星的连线恰好位于地球观测者的视线方向上，而且由此产生的变化也是相当微小的。然而，随着一颗行星持续地绕母恒星公转，我们将观测到恒星亮度微弱提高与降低的现象反复出现。一支国际天文学家团队在 1999 年末宣布，他们在天龙座 CM（CM Draconis）系统的光中发现了同样的变化模式。天龙座 CM 系统的变化模式说明，一颗质量相当于地球质量 2.5 倍的行星在此系统的宜居带内围绕恒星公转，而这颗行星在该位置接收到的能量相当于地球从太阳接收到的能量。这项发现尚有待进一步确认，但它至少说明这一方法是可行的。在未来漫长的年月里，我们有望看到更多同一类型的观测结果。

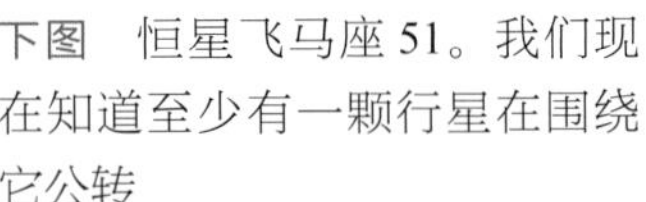
下图　恒星飞马座 51。我们现在知道至少有一颗行星在围绕它公转

然而正如火星的例子所显示的，一颗岩质行星存在于（或者接近）宜居带，并不能证明该行星上有生命存在。天文学家们走不出太阳系，只能通过望远

有行星环绕的脉冲星

令射电天文学家深感恼怒的是，他们所认为的不但是人类搜寻到的第一颗系外行星，而且是第一个系外行星系统的发现，几乎被用光学望远镜寻找行星的天文学家[②]完全无视了。通过分析来自一颗被平淡无奇地命名为 PSR B1257+12 的脉冲星的无线电脉冲，射电天文学家在 1992 年做出了这项发现。使用类似于多普勒摆动技术的射电方法，射电天文学家发现了绕该脉冲星公转的行星（不止 1 颗，而是 3 颗）的光谱痕迹。就系统中行星的轨道与质量而言，这是迄今为止人类所发现的与太阳系最为相似的系统。它与太阳系的主要差异在于，这 3 颗行星的公转轨道与母恒星的距离比太阳系最内侧的 3 颗行星（水星、金星、地球）离太阳的距离更近，但倘若将其轨道半径翻倍，它们便处于与水星、金星与地球的轨道相当的位置。

之所以大部分行星搜寻者有意忽视这一发现，而将围绕飞马座 51 公转的行星视为人类发现的第一颗系外行星，是因为绕 PSR B1257+12 公转的诸行星必然是在这颗中子星[③]已经坍缩之后才形成的。这一系统内所有的天然行星，都会在这颗中子星赖以诞生的超新星爆发事件中遭到毁灭。因此，它们必然是与太阳系诸行星相比有着天壤之别的一类天体，正如脉冲星是与太阳迥然不同的恒星一般。当然，它们的确在围绕一颗恒星公转，也的确是名副其实的行星。

☆ 最初发现脉冲星时，天文学家还以为它们规律性重复的信号是“小绿人[①]”（little green men）发来的信息！

镜探索宇宙，他们是否能找到一些方法来确认像天龙座里的行星这类天体在孕育生命呢？令人吃惊的是，答案是肯定的，而完成这一任务所需的技术可能在 30 年内就会出现。

认为存在系外类地行星的设想最早可以回溯到 20 世纪 60 年代。当时，英国科学家詹姆斯·洛夫洛克（James Lovelock）正在为美国国家航空航天局设计一批将要搭载于空间探测器上以在火星上寻找生命迹象的仪器。洛夫洛克意识到这是浪费时间，因为光谱分析已经揭示火星的大气层主要由惰性的二氧化碳构成，这意味着火星是一颗了无生机的行星。在火星上，空气中的化学物质被束缚在低能态，无法发生任何有趣的反应（金星亦是如此）。反观地球，地球大气层中存在大量化学性质非常活跃的氧气，而地球的大气是处于高能态、可相互作用的气体的混合物。如果这里存在的只有化学作用[④]，

① 1967 年英国剑桥大学的研究人员发现了第一颗脉冲星 PSR B1919+21，由于其周期性、规律性的信号类似智慧生物存在的迹象，研究人员遂为其冠以“小绿人”这一代号，后来该词便成了“外星人”的代名词。
② 射电天文学家在无线电频率上研究天体，使用接收无线电波的射电望远镜进行观测；光学天文学家在可见光频率上研究天体，使用接收可见光的光学望远镜进行观测。
③ 脉冲星是中子星的一种特殊类型。
④ 指没有生物发挥作用。

那么在一切应进行的反应发生之后，地球大气将进入惰性状态。地球之所以与众不同，正是由于生命的存在，生命物质利用阳光分解惰性化学物质，并向大气释放活性化学物质。

这种想法促使洛夫洛克提出了盖亚假说（Gaia hypothesis）——将地球视为一个独立生命系统，它的物理环境与生物环境不断相互作用以维持一种本质上较不稳定的平衡。数十年来，盖亚假说也为在太空中寻找生命提供了一种最有希望的途径。

上图　阵列式空间望远镜的艺术想象图。这类望远镜可以获取围绕其他恒星公转的行星的图像

寻找生命的迹象

探测大小与地球相近的行星的最佳方法是将大型望远镜阵列送入太空。无论就大小还是就放置位置而言，这些望远镜都会远远超越著名的哈勃空间望远镜。此想法是将几个大型碟形天线连接起来，构成如巨型望远镜一般的

▷ 另一个“太阳系”

1997 年，天文学家使用多普勒摆动法发现了一颗质量相当于木星的行星，它围绕仙女座方向上的一颗恒星公转。两年后，天文学家又发现还有另外两颗巨行星环绕这颗恒星公转。由于这些恒星的光谱特征在恒星发出的光中彼此干扰，所以天文学家耗费了一段时间才正确地判断出这一系统中事实上有 3 颗行星存在，进而计算出这些行星的质量以及有关其运行轨道的一些细节。到了 1999 年春，研究人员清楚地意识到，在这颗恒星的光谱中所见的复杂的多普勒频移模式，最应该被合理地解释为这一系统中存在 3 颗行星而不只是 1 颗。

这颗恒星的质量比太阳质量大 30% 左右，在其为期约 60 亿年的主序阶段上刚好走到了半程。这一系统与地球之间的距离为 13 秒差距。这 3 颗已知的行星中距离恒星最近的一颗每 4.6 个地球日便可完成一次公转，它的质量约为木星的 70%；距恒星稍远一些的行星公转一周耗时 242 个地球日，它的质量是木星的 2 倍；而距离恒星最远的行星耗时 1 270 个地球日方可完成一次公转，它的质量是木星的 4 倍。这个系统中的恒星抑或行星均无特别之处，不过发现它们标志着人类第一次证实太阳系之外存在行星系统，而不只是个体行星。

系统，并将多个系统放置在远离地球、没有其他因素干扰观测的太空中。因为行星的温度远低于恒星，所以行星会在电磁波谱的红外部分辐射能量，其频率比红光还低（能量也较红光更少），这些空间望远镜将被用来观测电磁波谱的这一部分。倘若望远镜在一颗类似太阳的恒星附近发现了一个红外源，那么它便有可能是一颗行星。然而，欧洲空间局和美国国家航空航天局都希望获得比这更好的进展。

欧洲空间局筹划了达尔文计划（Project Darwin），美国国家航空航天局与之相对应的计划是类地行星搜索者（Terrestrial Planet Finder，TPF）。这两个项目很有可能合二为一，以避免耗资巨大的重复工作。尽管费用高昂，它们依然令人向往，这是因为与地球生命有关的化合物的标志性特征，恰好出现于电磁波谱的红外部分。氧气、由3个氧原子组成的臭氧（O_3）、水蒸气皆会在电磁波谱的红外部分留下自身的印记。像达尔文计划或类地行星搜索者所规划的望远镜最早在21世纪30年代便可进入太空运行，并可以立即探测到绕距地球3～5秒差距的恒星公转的行星。获得光谱或许将耗时更久一些，但倘若这些项目能够顺利进行，在50年内，我们便可以确定那些行星究竟是如金星或火星一样的“寂静行星”，还是有生命栖居其中的“其他的地球”。

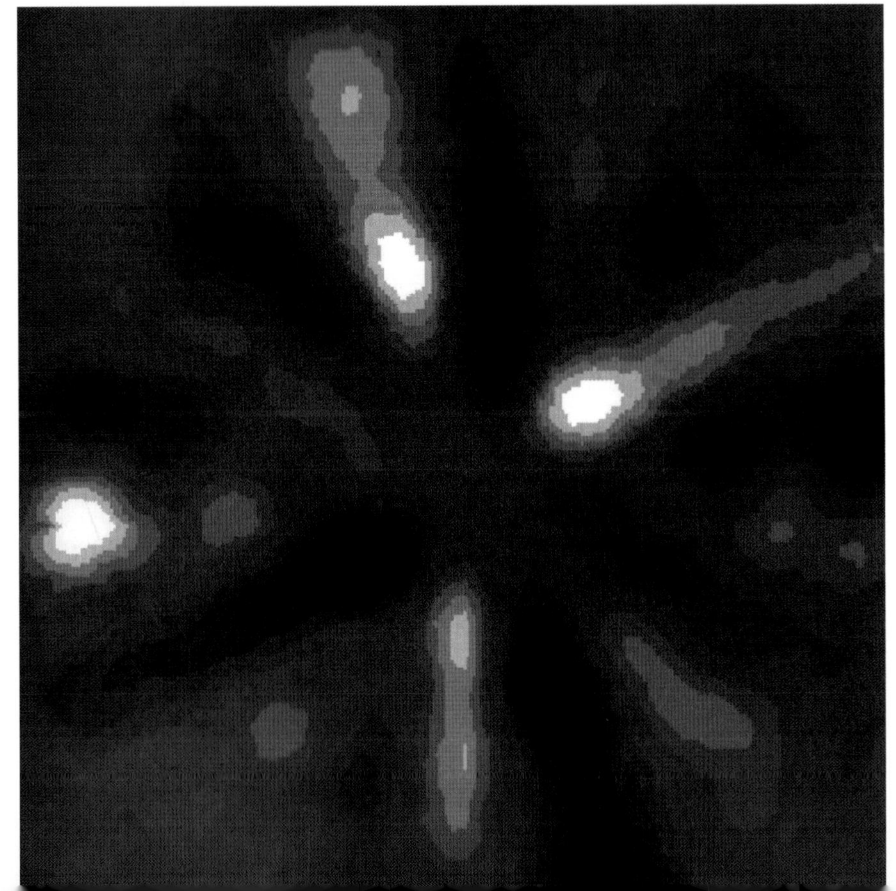

左图　这张计算机模拟图像显示了内太阳系在像达尔文计划这样的观测系统中所呈现出来的外观

第2节

向群星传递信息

希望与远在太阳系之外的其他文明建立联系的人们，时常谈论所谓的“地外智慧生物搜寻”（Search for Extraterrestrial Intelligence，SETI）。他们认为只要存在这种智慧生物，人类就可以通过无线电通信或向其所在星球派出空间探测器的方式与其接触。不过，参与这一计划的天文学家事实上寻找的只是地外科技存在的证据。当然，我们迄今为止还没有能力在一颗绕其他恒星公转的类地行星上探测到罗马帝国那一级别的文明，尽管公元1世纪的罗马帝国已是相当富有智慧的文明。况且，有些在一定意义上比人类更为先进（譬如历史更悠久或更和平）的文明，可能并未发展出机器与无线电通信技术。然而就目前而言，这些可能性仍只存在于科幻作品的范畴。发现地外智慧生物的唯一现实的途径仍然是通过技术，尤其是无线电通信这一特定技术。

迈出第一步

政治家（以及其他人）有时会对与地外智慧生物建立双向联系这一可能性表达忧虑。他们担忧与某个更发达文明的相遇有可能造成地球文明的彻底毁灭，一如欧洲人在地理大发现之后对美洲原住民文化的摧毁。正是出于这种担心，希望与地外智慧生物进行接触（即便只是单向接触）的天文学家才将项目名称由最初的“地外智慧生物通信”（Communicating with Extraterrestrial Intelligence，CETI）改成了“地外智慧生物搜寻”，意思是人类可以在不暴露自己的同时留意其他文明的存在。

上图　1936 年，人们在英国伦敦亚历山德拉宫的天线塔前用电视摄像机进行拍摄

无心的接触

这个改变已经太迟了——半个多世纪以来，人类始终在以一种不加区别的方式向宇宙发送信号。早期的无线电波无法进入太空，因为它们会被电离层（有大量离子和自由电子、足以反射电磁波的部分大气层）反射回来。同时这些信号也非常微弱，即便能穿过电离层，也难以在星际距离之外被探测到。最早一批具备穿透电离层的波长、强度又足以在相当距离之外被探测到的信号是 1936 年柏林奥运会时 BBC 发出的转播信号。早期电视节目信号与雷达脉冲等尾随其后，相继进入太空。后来，为了与行星际空间探测器联系并控制其活动，我们也曾多次将高强度的无线电信号发射到太空之中。

所有这些信号都以光速穿行，在太空中向着不同的方向传播。太阳系仿佛处在一个不断膨胀的无线电噪声气泡的中心（在此语境下，电视信号与雷达信号等短波电磁辐射都被归入无线电波），这一气泡的半径约为 20 秒差距，而且在以 0.3 秒差距 / 年的速度持续膨胀。气泡外部边缘的信号相当微弱，不过从 1936 年转播奥运会的无线电波开始，随着通信技术的不断提高，新的无线电波具备了愈来愈高的强度。

无线电噪声气泡已经延伸到了至少数十颗恒星之外——在离太阳 3 秒差距的范围内便有数十颗恒星存在，这些恒星已有机会“观看”柏林奥运会、喜剧《我爱露西》（最早播放的版本）、喜剧《巨蟒剧团之飞翔的马戏团》以及美国有线电视新闻网对海湾战争的播报。我们甚至还可以期待，这些恒星能看到人类庆祝下一个千年[1]时的全球转播。

人类与地外文明的第一次接触或许会以下面这种方式进行：地外生命为了回应我们发出的无线电噪声，或许会对准太阳系直接发射通信信号，甚至

① 指公元 3000 年。

有可能礼貌地要求我们降低噪声。

向着群星呼喊

我们也曾特意尝试吸引地外智慧生物的注意，竭尽所能地大声高呼“我们在这里”——只不过是通过无线电的方式。要达到这一目的，最有效的方法是使用世界上最大的射电望远镜[1]。阿雷西博射电望远镜被安置在波多黎各的一个天然凹陷中[2]。由于被安置在陷在地里的碗状地带，这台望远镜只能随着地球的自转覆盖天空中的一个带状区域，而不能被操纵从而指向其他方向。然而，鉴于它的直径达到了 305 米，它的接收面积比 20 世纪建造的所有光学望远镜的总和还要大。因此，这台望远镜可以探测到来自太空的极其微弱的无线电噪声——只要噪声来自天空中它正好覆盖到的区域。同时，阿雷西博望远镜的直径也使它成为向太空发射强大无线电波束的理想设备（在配备了适宜的发射系统的条件下）。在这方面，它曾被用来将雷达脉冲发射至金星与火星的表面并探测反射回的信号，并以前所未有的精度测量了太

下图　由哈勃空间望远镜拍摄的大麦哲伦云中的星团

① 在我国于 2016 年建成世界上最大的单面口径射电望远镜，也是世界上最灵敏的射电望远镜——500 米口径球面射电望远镜“天眼”（Five-hundred-meter Aperture Spherical radio Telescope，FAST）之后，阿雷西博射电望远镜已降为世界上第二大的单面口径射电望远镜。我国天文学家南仁东是“天眼”工程的首席科学家兼总工程师，他于 1994 年提出了整个工程的构想。

② 2020 年 12 月 1 日，经其所有方——美国国家科学基金会（NSF）确认，继 2020 年两次严重电缆事故后，望远镜反射盘（天线）表面被砸毁，该望远镜已无法工作。2021 年 2 月，该望远镜被拆除。

▷ 激光“射击”恒星

与阿雷西博射电望远镜（右图）不同的是，激光束使用的是光而不是无线电波，其波长要短得多，且即便是在数十秒差距的旅程中也只会发散一点（发散程度只够覆盖一个行星系统）。其弊端在于一次只能对准一颗恒星，因此在发射激光之前，必须确定目标恒星有行星环绕。

在数秒差距甚至数十秒差距的距离之外，（从绕母恒星公转的空间站发出的）来自强大激光发射器的光会与来自恒星的光相融合，无法作为单独的光点被探测出来。然而，因为一条激光束本质上是一束波长完全相同的强光，所以任何科技发展水平与人类相当的观测者都能在恒星的光谱中看到这个甚为瞩目的特征，它会在光谱上以一种独特的多普勒节奏来回移动。通过打开、关闭激光器，我们甚至能以二进制代码的形式发送信息。我们现能探测到3秒差距甚至更远距离外的此类系统。

此类项目所需的激光器甚至不需要非常强大，几万瓦的功率便足够，前提是激光器要被安装在太空中，避免地球大气层的遮蔽和干扰。

阳系内天体的距离。

阿雷西博射电望远镜的“碗状结构”可以容纳40亿瓶啤酒。

1974年，康奈尔大学的天文学家使用阿雷西博射电望远镜“广播”了人类有史以来第一次“有意”向其他天体发送的信息，即著名的“阿雷西博信息”。这阵无线电波指向一个方向，但在太空中传播的过程中会略微发散。在被柏林奥运会的转播以及《我爱露西》等信号污染后的本地太空区域，这阵信号很难被围绕其中大多数恒星公转的行星探测到。为了使这个相对狭窄的无线电波束以最大的概率被另一个科技文明探测到，天文学家将其对准了武仙座（Hercules）方向上的一个含有30万颗恒星的球状星团。倘若在围绕那30万颗恒星中的任意一颗公转的行星上存在着技术足以探测到这一无线电波的文明，他们便能接收到这条信息。这将极大地提升我们收到回复的概率。

不过这里存在一个问题——这个球状星团事实上位于距离地球大约7 700秒差距的位置上，而无线电信号是以光速传播的（往返皆是如此）。即便确实有一个球状星团深处的文明探测到了人类1974年发出的信号，并立刻做出了回复，我们仍须等到大约公元50 000年才能收到回复。

向宇宙发送信号

不过，人类应该如何增加与地外文明进行有意义交流的可能性，而不只是制造噪声呢？ 1974 年使用阿雷西博射电望远镜发射信号的那些科学家希望，所传递的信号中能含有地外智慧生物或可破译的信息，因此他们使用了所谓的宇宙通用语言——数学。参与该项目的一位科学家，美国天文学家、天体物理学家卡尔·萨根（Carl Sagan）彼时用文字描述了这条信息："本质上，我们所说的是：'这里是太阳。太阳有一些行星。这是第 3 颗行星。我们来自第 3 颗行星。我们是谁呢？这里有一张简图，显示了我们的外观、我们的身高以及构成我们的一些物质。我们有 40 多亿名成员。最后，这条信息是由直径为 305 米的阿雷西博望远镜发送给你们的。'"

事实上，用数学语言中最为简单的一种——计算机语言中"0 与 1"的二进制代码来传递这类信息出乎意料地简单。"地外智慧生物搜寻"的一位热忱的爱好者，美国天文学家弗兰克·德雷克（Frank Drake）在 20 世纪 60 年代就用这种方式设计了一条信息（后来被当作阿雷西博信息的设计基础）并发送给了同事，以测试对方是否能破译其中的密码。

德雷克的信息

德雷克的信息只含有一串由 0 与 1 组成的二进制代码，共有 551 个字符（或者用计算机语言来说，大小为 551 个比特）。看到这条信息，任何数学家都能立刻意识到 551 是两个质数 19 与 29 的积，且只有这两个数相乘能得到 551，但 19 与 29 无法被除了 1 与其本身之外的任何整数整除。对于擅长数学的人而言，这意味着这个由 0 与 1 构成的字符串可以通过两种方式（每行 29 个字符、共有 19 行，或者每行 19 个字符、共有 29 行）中的任意一种被转换为一幅矩形"图像"。用试错法很快便能发现，第一种方式构成的图像没有任何意义，而第二种方式能产生一种清晰可辨的独特图案，前提是在每一个 1 处放一个黑方块，在每一个 0 处放一个白方块（反之亦可）。

德雷克在制作这条信息时假设它是由地外生命发来的，因此他暗藏在其中的图案呈现的是一个想象中的文明。描绘地外生命的画像相当显眼。整幅图像的左下角画有一颗恒星与 9 颗行星，并粗略地显示了它们各自的尺寸。代码中的其他部分则基本上是数字——前 5 颗行星旁写有以二进制表示的数字 1 至 5，同时第 2 颗行星旁写有数字 11，第 3 颗行星旁写有数字

左图　弗兰克·德雷克，身后是以他的名字命名的德雷克公式

3 000，第 4 颗行星旁写有数字 70 亿。德雷克想要表达的是，有 70 亿个地外生命生活在第 4 颗行星上，他们在第 3 颗行星上有居住地，而在发送此条信息时，一小支探险队正在前往第 2 颗行星。图像右上角画有碳原子和氧原子的示意图，简略地揭示了这些地外生命的化学构成。

没有任何一位科学家能独立破解德雷克的“外星信息”。顺便一提，德雷克并未谎称这条信息来自地外生命。科学家们事先已经知道这是德雷克的一个测试。然而，倘若人类真正收到了任何来自群星的信息，这些信息必然会得到各个学科最优秀的科学家团队的深入研究，他们将能破解任何与此类似的密码。这显示出，仅仅 551 比特的计算机代码便能包含惊人的信息量。一个字节（B）等于 8 个比特，因此这条信息仅有不到 70 字节，而如今的计算机内存的单位已经是兆字节（MB）、吉字节（GB）了。

宇宙漂流瓶中的信息

我们或许认为无线电波到达其他恒星所需的时间已经相当长了，然而空间探测器只能以与光速相比完全微不足道的速度在太空中缓慢地前行，它们到达群星所需的时间要更长。即便如此，空间科学家也已经将信息附在空间探测器上并将其送到了太阳系之外。这些探测器并不是为这一目的而设计的，而是在完成了探索太阳系边缘区域的任务后，“顺路”继续飞出太阳系。这仿佛将一个装有纸条的瓶子投入汪洋大海中，希望有朝一日经过的船只能拾起瓶子、看到信息。尽管概率很小，但我们仍然不舍得错过这种机会。

本页图 同一系列的空间探测器先驱者 10 号（Pioneer 10）与先驱者 11 号（Pioneer 11）是最早飞出太阳系的人造物体

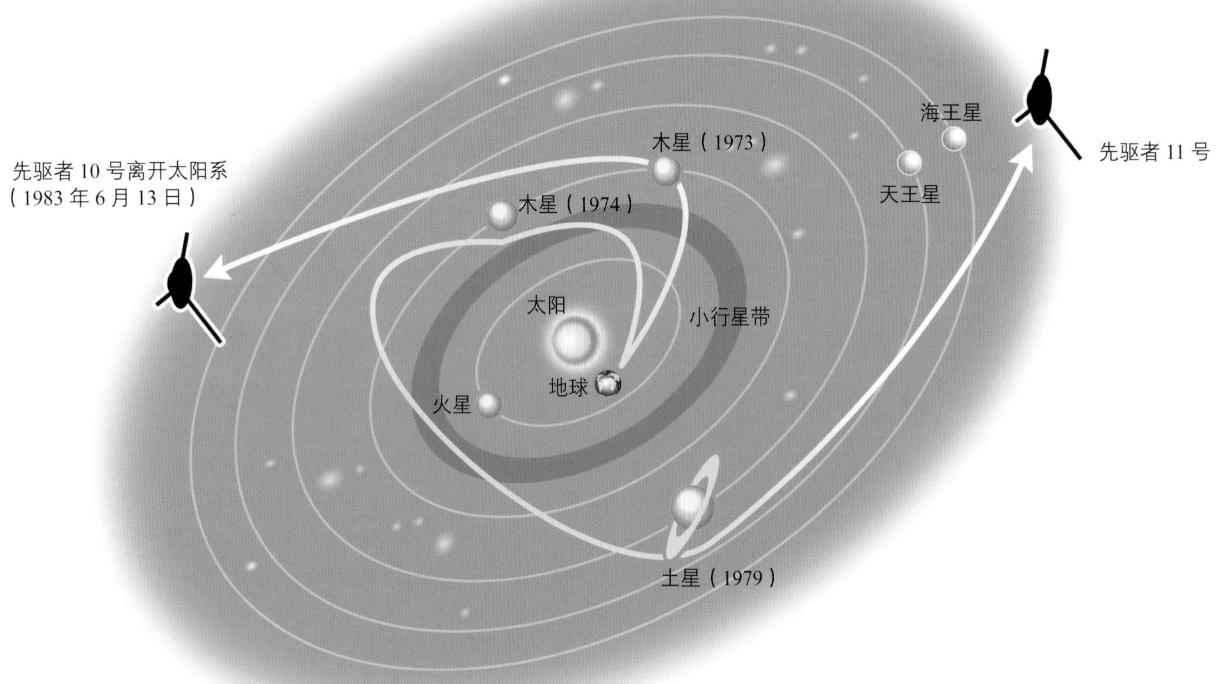

先驱者 10 号航天器是第一艘离开太阳系的人造飞行器[1]。先驱者 10 号以及与它采取相同设计的先驱者 11 号发射于 1972 年，二者都在飞行中经过了木星，随后沿着经过设计的略有不同的轨道前行，使人类有史以来第一次近距离观测到所有气态巨行星。1983 年 6 月 13 日，在这具有里程碑意义的一天，先驱者 10 号越过了海王星的轨道，正式离开了太阳系。在被降级为矮行星之前，冥王星是离太阳最远的行星，但它偶尔会周期性地进入海王星

① 现在一般认为先驱者 10 号与先驱者 11 号只是达到了离开太阳系所需的逃逸速度，而尚未真正离开太阳系。

的轨道，而在 1979—1999 年，它刚好处在这一特殊状态，因此这里以海王星为太阳系的边缘。先驱者 10 号便是人类投入星际空间的浩渺汪洋的第一个“漂流瓶”。

先驱者 10 号与先驱者 11 号各自携带了一块完全相同的镀金铝板，铝板由卡尔·萨根与弗兰克·德雷克共同设计，旨在向任何发现它的智慧生物发出问候。镀金铝板绘有空间探测器、太阳与太阳系的示意图，以及一张显示了太阳相对于某些脉冲星的位置的“地图”。其中还包括一幅裸体男女的非写实主义素描画，这引起了部分美国公民的愤怒，他们认为美国国家航空航天局用色情图像污染了宇宙。

1977 年人类再次发射了去往木星以及更远之处的探测器，它们以光盘的形式携带了更为复杂的信息，装有光盘的密封容器上刻有如何用科学方法播放光盘的说明。光盘中收录着有关地球的影像，从鲸的低吟到摇滚歌手查克·贝里（Chuck Berry）的歌曲等声音信息，科学知识，以及联合国前秘书长库尔特·瓦尔德海姆（Kurt Waldheim）与美国前总统吉米·卡特（Jimmy Carter）的问候。事实上，地外智慧生物倘若找到了这张光盘，或许只能从中了解到有人类存在的这一事实。此后所有去往太阳系外缘行星的航天器都进入了绕行星旋转的轨道，唯有先驱者 10 号、先驱者 11 号以及旅行者 1 号、旅行者 2 号离开了太阳系。

nanobacteria（纳米细菌）与 nanometre（纳米）中的 nano 来自希腊词汇中的 nannos，意为“淘气的小矮人”。

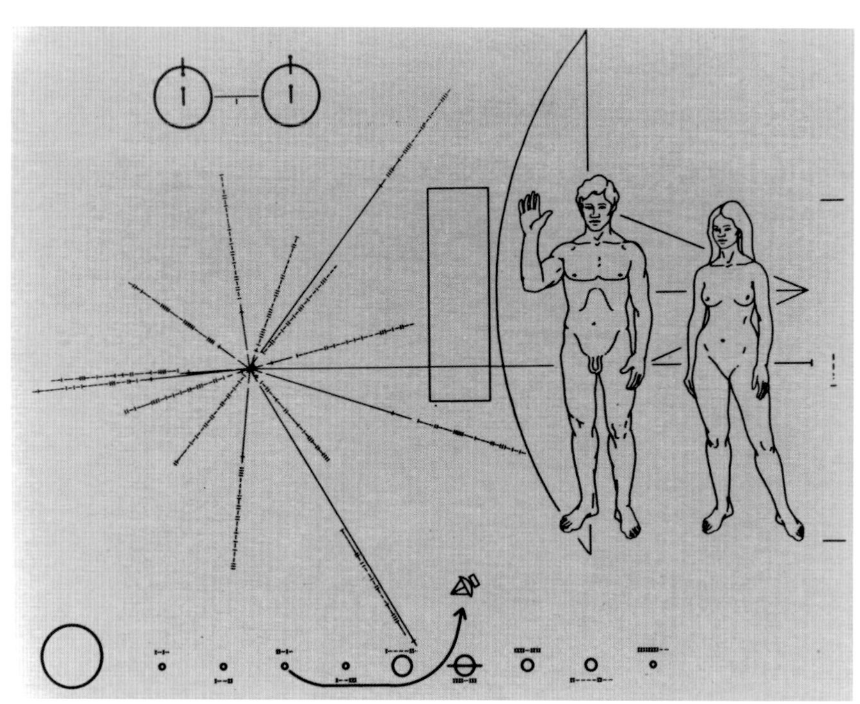

本页图　两艘先驱者号空间探测器在飞离太阳系的途中经过了木星，在它们各自携带的镀金铝板上刻有科学信息以及一男一女的示意图

无畏前行

上图 英国行星际学会设计的宇宙飞船代达罗斯号的示意图

左页图 在4年里拍摄的3张照片的叠加图（3张照片叠加后显示出了一条虚线），我们可以从中看到巴纳德星（Barnard's Star）相对于更遥远的恒星的运动

先驱者号与旅行者号探测器并不是在驶向任何具体的近邻恒星。它们离开太阳系轨道的星际旅行是由太阳系内巨行星对它们施加的引力决定的，而不是有意选择的，因此它们在太阳系外的路径并不会以另一颗恒星为终点。不过，倘若我们要有意地让探测器踏上探索另一颗恒星的漫漫旅途，最合适的目的地显然是离太阳最近的恒星——比邻星（Proxima Centauri，又称半人马座 α 星 C）。然而即便是比邻星，它与太阳系之间的距离也超过了 1 秒差距。因此，需要一定的创意（以及相当大的经济投入）方可将探测器送至那里并获取数据。倘若有人有意愿与财力在 21 世纪将这一计划付诸实施，可以尝试以下两种可能的方式。

“蛮力”

“蛮力”方法以英国行星际学会（British Interplanetary Society，BIS）制订的计划为代表。英国行星际学会进行了一项为期 5 年的对以核聚变为动力的星际探测器的可行性研究。这种设计需要的是科幻作品中常见的那种宇宙飞船，长 200 米，质量为 5 400 万千克，飞船在围绕木星的一颗卫星的轨道中被组装起来。探测器的燃料应该是含有氢的较重同位素（氘）与氦的较轻同位素（氦 -3）的压缩颗粒。这种设计要求以 250 个 / 秒的速度将颗粒注入聚变舱，颗粒在此处接受电子束的撞击，以类似于主序星核心核聚变的方式发生聚变、释放能量。250 次 / 秒的爆炸速度，相当于汽车怠速转动时气缸内汽油蒸汽发生爆炸的速度。

正如将有效载荷从地球发射到太空的大型火箭一样，英国行星际学会构思的代达罗斯号（Daedalus）航天器是分级运行的，每一级燃料耗尽后皆可丢弃。根据设想，代达罗斯号的第一级在与主体分离之前可以维持 2 年的运转，而第二级可以使用 22 个月，直至燃料被耗尽。这种设计可以使 40 万千克的有效载荷被加速到光速的 13% 左右。英国行星际学会为代达罗斯号的假想旅程设定的终点是大约 2 秒差距外的巴纳德星（因为它看起来较比邻星更为有趣）。这次旅程需要耗费 50 个地球年左右，随后无法减速的代达罗斯号将在大约 20 个小时内飞越巴纳德星系统，并继续向着宇宙深处远航，同时将观测记录下来的数据发送回地球。

没有人会指望人类的第一架星际探测器与代达罗斯号一模一样，但这项设计与研究至少说明了在采用一种相对传统的方法时，我们可以达成什么样的目标。

向着群星扬帆起航

还有一种替代性的方法。美国空间天文学家罗伯特·福沃德（Robert Forward）是一种更巧妙的宇宙探索方式——“太空帆船航行”的主要倡导者。正如代达罗斯号所显示的那样，火箭的弊端在于其必要的燃料过于沉重——运载 40 万千克的有效载荷需要总质量达 5 400 万千克的火箭，有效载荷的质量还不到探测器自身质量的 1%。福沃德的解决方案是抛下动力系统，只将有效载荷送至目标恒星。他设计了一个能在不到 40 年内将 1 吨重的有效载荷送至比邻星或半人马座 α 星（Alpha Centauri）的系统。该系统使用一面直径为 3.6 千米但厚度仅有 16 纳米（相当于 16 米的十亿分之一）的铝制薄“帆”。这张帆将会在太空中展开，中心与探测器相连，由一个同样建在太空中的巨型激光器发射的光束送上离开太阳系的旅途。激光将给帆一个相当于我们在地球表面受到的重力加速度的 3.6% 的加速度，使帆的速度最多加速到光速的 1/10 左右（以此速度，从冥王星旅行至太阳只需约两天）。

与代达罗斯号一样，我们可以让这艘被福沃德称为蜻蜓号（Dragonfly）的探测器穿过目标系统并返回数据。支持用这种方法来进行星际旅行的人指

右图　这张艺术想象图描绘了一颗围绕比邻星运行的行星（前景）

▷ 时间延缓

倘若人类能够向那些太阳系之外的恒星发送空间探测器，那么我们便能见证狭义相对论所预言的一种效应实际发挥作用。这种效应被称为“时间延缓”（time dilation）。以接近光速的速度行驶的空间探测器所携带的时钟，相对于地球上的时钟而言会运行得更缓慢。物理定律表明，时间在移动的空间探测器上比在地球上流逝得更慢。这种效应只有在非常高的速度下才会显现出来，代达罗斯号与蜻蜓号（右图）这类以光速的10%左右的速度运行的探测器，已足以体现出时间的延缓。

时间的修正系数被称为洛伦兹因子（Lorentz factor），它以发展了这一理论的荷兰物理学家、数学家亨德里克·洛伦兹（Hendrik Lorentz）的名字命名。当探测器运行的速度相当于光速的10%时，洛伦兹因子是1.02，这意味着空间探测器上每流逝1个小时，地球上便会流逝1.02个小时（61.2分钟）。这就是说，倘若对于地球上的我们而言这段旅途用时40年，那么对于这艘空间探测器而言，时间只过去了39.2年。

洛伦兹因子会随着速度的增大而增大。当速度达到光速的50%时，洛伦兹因子是1.15。旅行者相比停留在地球上的人会消耗更少的时间，因此如果我们能以足够快的速度航行，那么去往繁星的漫长旅途将会变得更加可行，不过要使探测器运行得足够快所需的能量是令人望而生畏的。倘若我们以相当于光速50%的速度航行，而且根据空间探测器上的时钟来看一场耗时50年的往返航行，那么我们会发现地球上的一切已走过了57.5年，尽管我们只比离开时老了50岁。时间延缓是真实存在的，它提供了一种单向的、指向未来的时间旅行。

出，如果目标系统内有任何值得人类与之交流的生命体，这些生命体必定会注意到探测器的到来，并很有可能将它拦截下来。

太空帆船航行目前是星际探测器设计领域的热点话题，福沃德与其同事根据同一核心概念设计出许多变体。这种航行方式提供了一种很现实的前景：这类探测器很有可能在21世纪中叶之前踏上前往最近恒星的旅途，而在21世纪末之前，便可以从目标恒星处发回数据。现在已经出生的婴儿很有可能见证从半人马座α星发出的信息抵达地球的那一天。

有生源说

人类文明已经接近能够有意识地在宇宙中“播种”的发展程度。我们已经将 4 艘空间探测器送出了太阳系。然而正如通常的情况一样，任何人类所能做到的事，自然界都能做得更好。我们的存在或许应归功于这样一些星际旅行者——封闭在宇宙尘埃颗粒里的细菌，而非“小绿人”。

生命在地球上无处不在，即便是大气层的高处也飘浮着一些含有细菌的物质颗粒。可以想象，这些颗粒或许可以逃逸到太空中，甚至被来自太阳表面的粒子与辐射之“风”直接吹至太阳系以外。然而如此一来，颗粒中生命体的 DNA 将被太阳辐射与宇宙射线破坏。相对较重的物质颗粒可以保护活体微生物免受辐射，但这种较重的颗粒无法远离地球，至少目前是如此。

然而，当太阳演化至其生命周期中的下一阶段，膨胀成一颗红巨星时，它表面辐射出的能量将会极大增加。这一变化将把大量物质从太阳的大气层驱散到太空中。这些物质将与星际介质的物质混合起来，形成新的分子云。在这一阶段，物质（包括来自地球的含有生命体的尘埃颗粒）容易被太阳驱逐出内太阳系。

当细菌暴露于极端的环境（尤其是没有水的环境）时，它们会进入某种“休眠”状态，将其核心的 DNA 与其他生命分子保存下来，直到再次进入温暖、有水的环境。

当围绕类太阳恒星运行的行星上存在生命时，一旦其母恒星进入红巨星的生命阶段，在固体物质颗粒内部被保护着的生命就将以类似的方式被驱散开来，而后，生命将会融入新行星系统赖以形成的分子云。当新的恒星与行星由分子云的坍缩而孕育成形时，彗星作为这些系统的构成之一，也包含（或曾经有）生命物质的碎片。当新行星冷却时，来自原行星盘的彗星与尘埃会将包括 DNA 在内的这种生命物质（或许还有活的有机体）运送到行星的表面。

下图 · 左　生命分子 DNA 的模型

下图 · 右　这是火星上的生命吗？部分研究人员认为，在一颗火星陨石中发现的管状结构（如图所示）是某种类似细菌的有机体的微化石

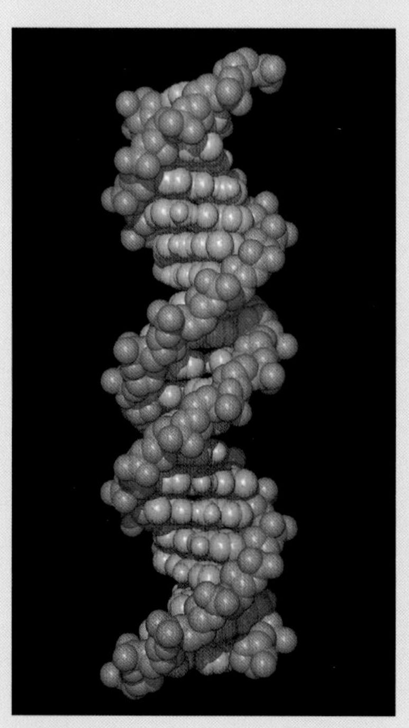

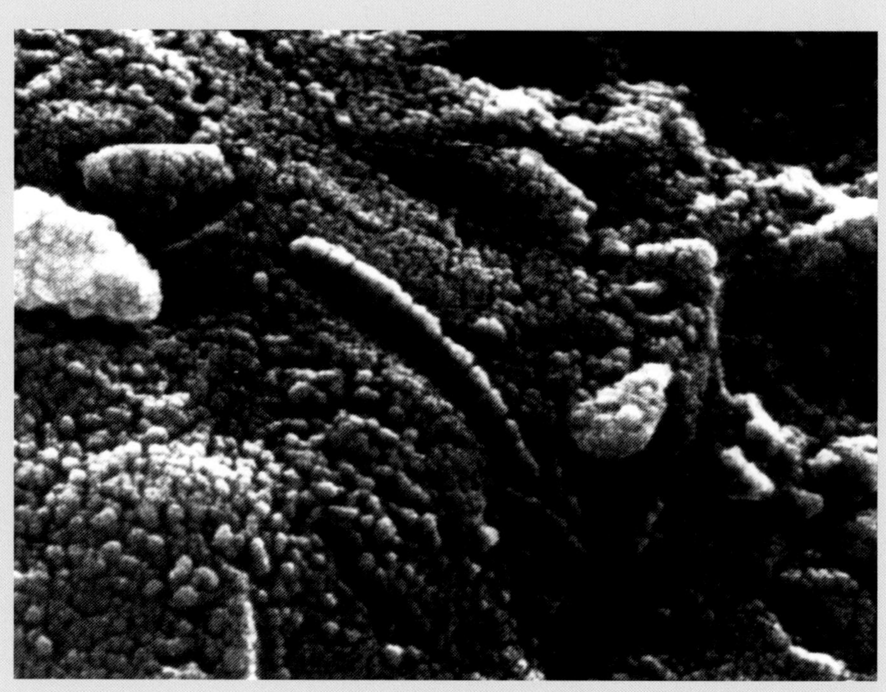

上图　1997 年拍摄的海尔 – 波普彗星（Comet Hale-Bopp）。如果有生源说是正确的，那么海尔 – 波普彗星这样的彗星可能将生命的“种子”带到了地球

这种“有生源说”（panspermia）的概念，可以最完美地解释生命为何能在地球形成后如此短的时间内便出现在地球表面这一问题。正如有生源说的支持者所指出的，即便活细菌已被星际空间的恶劣条件杀死，那也无妨。即便只有 DNA 片段，只要它能进入像地球这种年轻行星的海洋，便有可能触发生命的起源。如果他们是正确的，那便意味着地球上所有的生命都起源于宇宙细菌的 DNA。通过向彗星发射探测器并带回样本来寻找 DNA 的痕迹，将不难检验这一假说。倘若有生源说是正确的，那么彗星碎片中应当存在与地球上的生命非常相似的生命物质。由此推论，银河系中其他地方的生命形式必定基于与地球生物相同的 DNA，尽管那些生命的外观很可能会进化成彼此迥然不同、与人类也差别极大的某些形式。

我们还可以由此猜测，生命在银河系中一定是普遍存在的，而我们尝试接触地外文明的努力很可能会有收获。

主题链接
第 24 页　构成旋涡的恒星
第 39 页　诞生于尘埃之中
第 164—165 页　地球上的生命

第3节

倾听群星的声音

从人类发展出发送与接收无线电信号的技术（约在19世纪末），到地球上任何持有一定接收设备的人都能收到宇航员首次登上月球的电视直播信号，只过了大约70年，还不到普通人的一生之长。

某个科技文明一旦发明或是发现无线电，它便很有可能迅速发展出成本低廉、功能强大且足以被数十秒差距之外的同类文明探测到的无线电信号传输技术。对于许多人而言，这意味着我们更合理的做法是集中精力发展收听外星“广播”的技术，而不是试图向地外文明发送信号。这种探测地外智慧生物的项目目前已在开展之中。

第186—187页图　从这张海尔－波普彗星的光学影像中，可以看到它的两条分别由气体和尘埃构成的彗尾。气体或“离子化”的彗尾（以蓝色表示）由被太阳风吹离彗头的气体组成

无限的无线电接收机

尽管一个科技文明更有可能在年轻时发明出无线电技术，但一个发展程度更高的文明依然会对无线电波有所了解。他们会意识到，这是一种与我们这样的人类交流的较好方式，即便他们找到了内部交流的最佳方式。与一个新兴的科技文明（就我们迄今为止取得的所有成就而言，人类文明正是这样一种文明）进行接触的最好方式便是通过无线电。因此，最早一批寻找地外智慧生物的项目（大致从 20 世纪 60 年代初持续到 20 世纪末）主要集中于对无线电信号的搜寻。然而我们应去何处搜寻呢?

在通过收听地外文明发出的无线电信号来进行对地外智慧生物的搜寻时，首先要决定的是收听哪个频率的无线电。

目前所有进行中的“地外智慧生物搜寻”项目都有一个重要特点：它们在寻找有意发送的信号，即某种以吸引注意力为目标的“灯塔”。人类的技术尚不够发达，不足以“偷听”到在其他智慧生物之间传送而无意让我们这类生物拦截到的内容。乍看起来，这种搜寻难如登天，因为地外智慧生物可

下图　甚大阵（Very Large Array，VLA）这样的射电天文观测站，将多个射电望远镜连接起来，以达到更大尺寸的设备的分辨率[①]

① 此类射电望远镜阵列运用干涉测量术（interferometry），将数个小型望远镜收集到的来自同一天体的电磁波叠加起来并使其发生干涉，可达到一种现实中无法建成的巨型望远镜的分辨率。

上图 绿堤天文台射电望远镜（Green Bank Observatory Radio Telescope）直径为 43 米的碟形天线

右页图 射电天文学家通过研究氢气所发出的无线电噪声绘制出这张银河系地图

能是在无限多个无线电频率中任取其一来发送信号。我们可不希望当我们将无线电接收机调到“宇宙广播”的“一频道”时，地外生命却是在“四频道”传输信号，如此我们将永远也收听不到他们传输的内容。不过，自然界对诸般可能性施加了一些限制，同时天文学家也试图站在地外生命的角度，从逻辑上分析他们最有可能以什么频率发送信号。

缩小选择范围

地球的大气层为频率范围的选择施加了限制。大气层会屏蔽频率在 1 000 ~ 10 000 兆赫兹之外的无线电波。我们在物理上只能接收到这一范围内的信号，除非借助一些被安置在太空中的摆脱地球大气层干扰的仪器，但迄今为止“地外智慧生物搜寻”尚未发展到这一步。

天文学家通过射电望远镜了解到的关于银河系的第一个也是最重要的一个特征便是：银河系中充满了氢气。氢气向外发出频率为 1 420 兆赫兹（相当于波长为 21 厘米）的无线电噪声。射电天文学家通过观测发出此种无线电噪声的氢气云的位置，就可以绘制出银河系旋臂的地图。

银河系中可能存在的其他文明的射电天文学家同样会在研究工作中发现这一频率具有重大价值，并将据此研制出旨在探测“21 厘米辐射”的高灵敏度接收器。任何研究银河系本质的学者必须拥有这类高灵敏度接收器，并且能意识到其他文明的射电天文学家也会拥有此类接收器。由此我们可以推论，如果地外科学家假设像我们这样的文明拥有这类探测器，便很可能会以接近氢气自然频率的频率发送信号。因此，最早一批“地外智慧生物搜寻”项目所使用的是相对标准的射电望远镜，其接收的信号频率接近 1 420 兆赫兹。

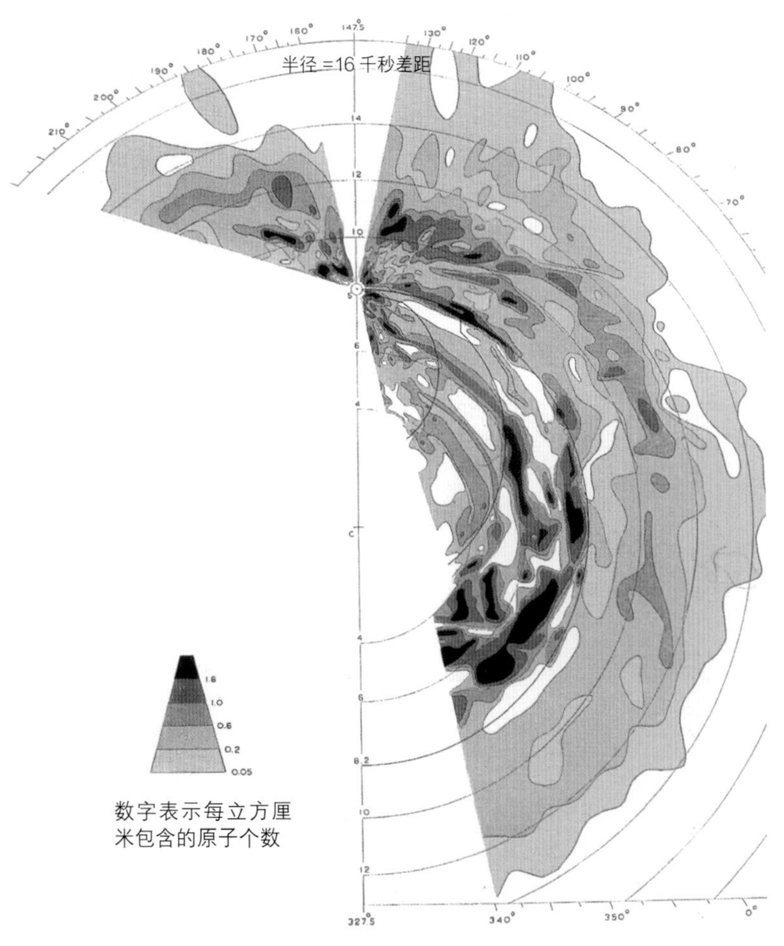

使用现有的射电望远镜发送一条星际信息的成本是每个单词 1 美元左右。这种投资的潜在回报无法预估。

康奈尔大学的弗兰克·德雷克利用上述思路，推行了一项被称为奥兹玛计划（Ozma project）的先驱研究，该计划以《绿野仙踪》中奥兹国女王的名字命名。奥兹玛计划于 20 世纪 60 年代初搜寻了数颗近邻恒星，旨在发现来自它们的信号，但并没有什么成果。这一努力使得许多其他的搜寻项目在 20 世纪六七十年代相继涌现。在 20 世纪 70 年代早期的项目中，人们在美国西弗吉尼亚州的绿堤使用一架射电望远镜（事实上是两个不同类型的天线），选择了 10 颗恒星作为研究对象。在被纳入常规研究计划（包括绘制银河系中氢气云的地图）的前提下，射电望远镜的两个天线交替指向 10 颗恒星中的一颗。在该项目结束时，该科研团队得出结论：此研究并未揭示任何地外信号的存在，而若要使“地外智慧生物搜寻”有所收获，科学界必须在所研究的恒星数量、搜索的太空区域、相关仪器的灵敏度以及搜寻的频率范围等方面取得实质性的提升。而自那时以来，我们的确在所有这些方面取得了一定的进展。

应用新技术

自 20 世纪 80 年代初以来，由于计算机在计算能力与微型化等方面的巨大进步，射电天文学家在不同频率上搜寻信号的能力有了显著提高。因而设计者有可能设计出体积较小、相对简洁的搜寻系统，它可以在一定频率范围内进行自动搜索，从而找出那些或许是由地外智慧生物发出的有规律的信号。这种技术被视为重大进步的一个原因是，即便地外智慧生物恰好以 1 420 兆赫兹的频率（波长为 21 厘米）发送信号，我们所收到的信号也会因多普勒效应而发生微小的频移（详见第 93 页）。事实上，地外生命所在的行星环绕其母恒星的运动、母恒星与太阳在宇宙中彼此的相对运动，以及地球环绕太阳的运动，将会造成多普勒效应的叠加，共同影响我们接收到的信号。不过在 20 世纪 70 年代，天文学家提出了另一个精妙的方法来推动对地外生命的搜寻，而这一方法也同样正好适合新技术的应用。

最佳的收听波段

除了氢气发出的无线电波的波长恰好是 21 厘米之外，电磁波谱上对应着 21 厘米波长的邻近区域也是非常理想的收听波段。当无线电波的波长更长（对应较低的频率）时，这个频段存在着由在星际空间中漫游的自由电子产生的大量无线电噪声；当无线电的波长更短（对应较高的频率）时，传输任何可被理解的信息都需要极大的能量，故而地外生命也不大可能选用电磁波谱的这一频段。在所谓的“21 厘米谱线”附近，宇宙是寂静而黑暗的，因此一个来自不同文明的、相对微弱的信号也可以在背景噪声中被分辨出来。所谓的背景噪声就是充斥在宇宙无线电频段的宇宙噪声的“吡吡声”。

氢气云也正好在电磁波谱的这一频段发出辐射，这一点或许有些出人意料。然而这些氢气云的温度非常低，其所发出的无线电噪声也十分微弱。若不是因为电磁波谱的这一区域确实极其寂静，我们几乎不可能探测到它们，更不必说用其来绘制银河系的结构图了。任何略微比人类文明先进的文明，都不难发出足以遮盖这种噪声的“呐喊”。

倾听“水坑”

除了来自氢的无线电噪声外，天文学家在为无线电接收器调频时，还注意到电磁波谱的这一频段具有另外一个有趣的特征。太空中的许多气体云

我们所不知的生命

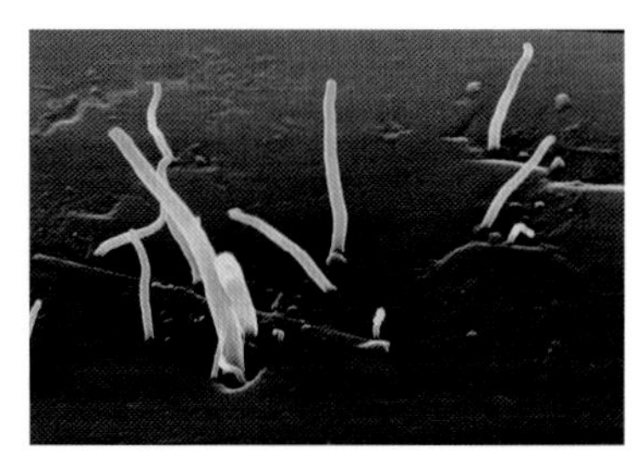

20 世纪 90 年代最为重要的科学发现之一，便是在地球内部那没有阳光的黑暗之处，有一种被称为纳米细菌（右图）的微小生命体在繁盛地生长着。一般认为，这些有生命的微小细胞的总质量超过了人类所熟悉的所有多细胞生命体的总质量。其中一些细菌仅有数十纳米（1 纳米是 1 米的十亿分之一），但其数量相当惊人。

这项发现带来了另一重惊喜。大致就在同一时期，其他科学家在一块被认为是从火星出发、漫游太空到达地球的陨星碎片中，找到了可能是由与此相似的生命体留下的化石遗迹。火星上（或火星内部）也许确实存在生命，尽管并不是“我们所知的生命形式”。事实上，学者们认为藏在行星岩石层内部的纳米细菌可能是宇宙中最为常见的一种生命形式。

不幸的是，我们无法与深埋在行星表面之下的微小生物交流。而在可预见的未来里，倘若要与宇宙中的其他智慧生物取得联系，我们仍需集中于尝试接触与人类文明接近的技术文明。不过，应该牢记的是，只将视野集中于“我们所知的生命形式”可能有巨大的局限性。

含有所谓的“羟自由基”（·OH），它事实上是失去了一个氢原子的水分子（H_2O）。在气体云的稳定环境中，羟自由基足够稳定，可以像一个单独的分子那样存在。我们之所以知道那里存在羟自由基，是因为我们探测到了它特有的 1 667 兆赫兹的无线电辐射。这一频率接近于氢发出的辐射，但二者之间的差异已足够使我们分辨出它们。氢与羟自由基相结合就得到水，而电磁波谱中 1 420 ~ 1 667 兆赫兹的区间因此被称为电磁“水坑”（water hole）。这一区域必定能引起像人类这样依赖水的生物的注意，况且其恰好位于令整个宇宙显得黑暗而寂静的电磁波谱区间内。因此，自 20 世纪 80 年代以来，对地外生命的搜寻便大多集中在电磁波谱的这一频段。

正如栖居在地球半干旱地区的各类动物在饮水时聚集在水坑旁一样，我们亦可通过在电磁“水坑”所对应的波长上发送和接收信号，以电磁的方式与地外生命“相遇”。自奥兹玛计划实施以来，已涌现出超过 50 个此类“地外智慧生物搜寻”项目，但迄今为止尚未发现任何来自地外生命的信号。这里有必要详细地介绍其中一个项目的实施细节，以说明这类项目的推行是多

☆ 一面直径为 200 米、在 1 ~ 20 厘米的波长上运行的天线能探测到 1 000 光年之外类似天线发出的信号。

上图　聚集在水坑处的动物们。宇宙中的类似“地点”或许同样能为地外智慧生物提供聚会场所

么便捷且成本低廉。

在“手提箱”里搜寻地外文明

这里要强调的是，即使是“水坑”也包含着数百万种频率有待搜索，因此我们尚未有幸取得成果也是不足为奇的。获得突破的唯一希望在于实现搜索的自动化，美国天文学家保罗·霍罗威茨（Paul Horowitz）在 20 世纪 80 年代率先对此做出了尝试。

霍罗威茨设计了一个精巧的系统，它可以自动搜索“水坑”中的部分频率，他将其命名为“地外智慧生物搜寻手提箱”（Suitcase SETI）。这个搜索系统的一大特点是根据精确的波长（或频率）寻找经过精确调谐的一阵阵无线电噪声，因为霍罗威茨推断唯有发达的技术文明才能达到这样的精度。计算机将会搜索 65 000 个无线电频道，但每个频道的带宽仅有 0.015 赫兹。此项目是由一个名为行星协会（The Planetary Society）的私人非营利组织资助的。起初，组织者的想法是将设备不断从一个射电天文观测站转移至另一个，配合彼时正在进行的任何研究项目。测试这些设备的最佳地点即阿雷西博射

▷ 用互联网搜寻地外智慧生物的计划

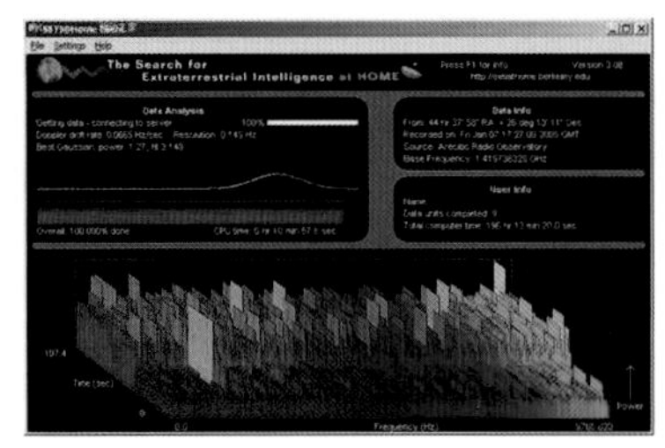

除了要有一台能用以探测来自太空的微弱信号的射电望远镜之外，“地外智慧生物搜寻”面临的另一大问题在于，还须有足够的计算时间来分析所有数据，挑选出任何潜在的来自智慧生物的信号。20 世纪 90 年代末，一个名为“在家搜寻地外智慧生物”（SETI@home）的项目抓住了公众的兴趣与想象力，它通过互联网连接了超过 100 万台家用电脑，以分析阿雷西博射电望远镜获取的数据。

随着地球的自转，阿雷西博射电望远镜会扫描天空中从天赤道直至约黄纬 35 度的区域。幸运的是，这一区域覆盖了许多如今已知拥有行星的恒星系统。搜寻计划的相关设备与阿雷西博射电望远镜连接在一起，以便在射电天文学家使用望远镜进行常规工作的同时，利用它的余裕时间在望远镜指向的任何方向上进行搜寻。这个项目在几年内就可以将阿雷西博射电望远镜覆盖的整个区域彻底排查一遍，获得大量数据。

此时互联网便发挥作用了。SETI@home 团队为参与者提供了一个可以免费下载至家用电脑的屏保（右图）。这个屏保附带了一个小型计算机程序，其中下载了阿雷西博射电望远镜海量数据中的一小部分，因此一旦家用电脑进入无人使用的待机状态，它便会开始默默地分析数据。超过 100 万人从该项目的官方网站下载了这个软件，这意味着每天至少在某个时间段，有超过 100 万台家用电脑忙于分析阿雷西博射电望远镜的数据，寻找来自太空的智慧生物信号。

电望远镜巨大的碟形天线。“地外智慧生物搜寻手提箱”的第一轮测试着手搜索了 200 多颗临近的类太阳恒星，寻找智慧生物发出的信号。

虽然测试未发现地外生命，但设备运行顺利。此后，霍罗威茨将设备带回了他就职的哈佛大学。他在那里发现，哈佛大学有一台直径为 2.134 米的旧射电望远镜即将报废。行星协会同意资助他用这台望远镜将“地外智慧生物搜寻手提箱”改造为一个永久性设备，并很快将其命名为哨兵计划（Project Sentinel）。该计划于 1983 年开始运行，使用一种相当简单的技术来搜索天空。望远镜的天线每天都会以选定的角度指向天空，因此随着地球的自转，它能在 24 小时内扫过天空中的一个窄带。随后天线的角度会稍作改变（移

☆ 目前为寻找智慧生物信号而直接研究过的恒星中，最遥远的那一颗与地球的距离尚不足银河系直径的 1%。

百万频道地外信号测验计划能探测到微弱得相当于1瓦特无线电功率的一百亿分之一的到达地球的信号。

动0.5度），望远镜继续搜索临近的另一片天空。这台望远镜覆盖了13.1万个无线电“频道”（由原先的6.5万个频道升级而来）——然而即使它具备这样的带宽，与整个“水坑”所覆盖的频段相比仍微不足道。

斯皮尔伯格的贡献

搜寻地外生命方面接下来取得的进展，在一定程度上要归功于执导了电影《外星人E.T.》的美国导演史蒂文·斯皮尔伯格（Steven Spielberg）。他向行星协会捐赠了10万美元，哨兵计划借此于1985年变身为百万频道地外信号测验计划（Megachannel Extraterrestrial Assay，Project META）。当然，这笔基金与太空项目的花费相比绝对是微不足道的。20世纪80年代，太空探索技术发展得十分迅猛，百万频道地外信号测验计划已能在“水坑”里的800万个频道中搜索，从而有效地解决了多普勒频移的问题。

迄今为止，我们尚未发现地外生命存在的迹象，不过仍有数百万个频道有待搜索。面对批评者，该项目的组织者反驳称：它成本低廉且全靠自发的捐款运营。从潜力来看，它或许具有惊人的性价比。但这个项目并不是寻找地外生命的唯一途径。

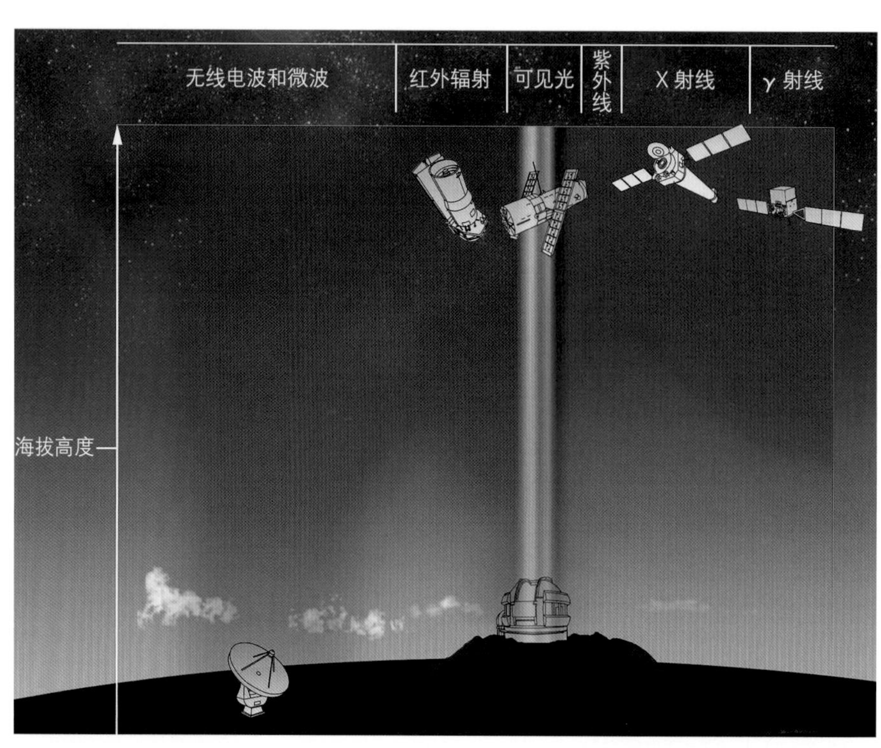

右图　不同波长的电磁辐射能穿透地球大气层的不同深度

上图　银河系的中心区域。图中可一窥在我们的“宇宙岛”中存在多少颗恒星以及多少潜在的生命家园

愈大愈好

像哨兵计划与百万频道地外信号测验计划这样的项目，一次只能对天线所指的天空中的一小块区域进行搜索。此种方法最大的问题在于，当我们在一个方向上搜寻时，信号或许会从太空中的另一个方向到来。当然，我们希望地外智慧生物能在同一地点、在数月乃至数年内持续发射信号，这样我们才有足够的时间发现这些信号。一种快速扫描全天（或天空中最值得关注的区域）的方法是让性能更为强大的计算机同时对数个方向进行观测。为了提高探测器的灵敏度，可将多个类型的天线连接在一起。

采取此种“蛮力”的方法以美国国家航空航天局在 20 世纪 70 年代对独眼神计划（Project Cyclops）进行的设计研究为典型代表，但该计划从未真正实施。独眼神计划的草案提到要在美国西南部的沙漠中放置一个由 1 500 面抛物面天线构成的阵列，其中每面直径 100 米，相互间隔 300 米。以极其强大的计算机性能为依托，与整个阵列相连接的数据处理计算机可以分辨出来自太空中不同方向的无线电波。在一台处理器监控某一方向的观测时，另阿雷西博射电望远镜曾在电影《超时空接触》中出镜。

一台处理器可以处理另一个方向的观测。

这个系统的成本过于高昂，几乎没有真正实现的可能性。不过，这些费用也仅相当于美国在越南战争中实际支付的 3 个月的战费而已。

走向未来

21 世纪初与独眼神计划设计时期的重大区别在于，有效计算能力的大幅增长以及相应成本的急剧下降。这意味着，即便不构建如此硕大无朋的阵列，我们也能拥有独眼神计划的许多优势。尽管大型“地外智慧生物搜寻”项目仍未得到政府资助，但正如百万频道地外信号测验计划所证明的那样，此类项目现已获得充分的私人资助。

艾伦望远镜阵（Allen Telescope Array，ATA）规模巨大，以“公顷望远镜”（One Hectare Telescope，1HT）而闻名，它将巨量的天线连接在一起。借助计算机的强大性能，这些天线不但可以同时观测数十颗恒星，而且能同时搜索无线电“窗口”中的诸多不同频率。

公顷望远镜并非我们的终极目标——其只是一个运行的试验台，用以测试平方千米阵（Square Kilometre Array，SKA）所需的技术。平方千米阵是一个边长为 1 千米的望远镜阵列（覆盖面积达 100 万平方米），其灵敏度可达现有“地外智慧生物搜寻”探测器的 100 倍，这意味着它可以在银河系中

下图　美国加利福尼亚大学伯克利分校的艾伦望远镜阵，用于“地外智慧生物搜寻”项目和射电天文学研究

费米悖论

倘若宇宙中确实存在掌握了先进科技的地外智慧生物，他们为何迟迟没有现身？1950 年，物理学家恩里科·费米（Enrico Fermi，右图）提出了这个悖论（费米悖论实际上并不是一个悖论），以支持人类在宇宙中是独一无二的这样的观点。费米悖论的要点在于，宇宙与银河系有着上百亿年的历史，这个时间跨度至少是太阳与太阳系历史的 2 倍，其他智慧文明有充足的时间崛起并发明在宇宙中旅行的工具。只要拥有较人类略为先进的计算机与火箭技术，这些地外智慧生物便能发射以低于光速的速度行进的探测器，在短短 3 亿年的时间里到访银河系中的每一颗恒星。地外智慧生物完全可以做到这一点，因为一旦有一台探测器到达类似太阳系的系统，就可以利用其中卫星和小行星中的物质大量制造复制品，随后再将这些复制的探测器发射出去以对其他恒星系统进行探索。只需用一台探测器（或是两台，倘若需要备份的话），地外智慧生物便能探索整个银河系。

对这道谜题的最佳解答是，尽管宇宙已经存在了超过 100 亿年，但对于智慧生物的出现而言，这段时间仍然不够长。前后几代恒星才制造出构成地球及人体的重元素，而地外智慧生物的进化同样需要数十亿年的时间。有一种与费米悖论相反的观点认为，宇宙中或许存在诸多与人类发展水平相当、即将初步开展太空旅行的文明，但我们不大可能遇到较人类先进得多的文明。无人知道何种观点才是正确的。

观测到 10 倍远的地方，探测到较之前多 1 000 倍的恒星系统发出的信号。

这类项目之所以成本低廉，是因为其本质上使用的是与家用电脑相同的数据处理系统。发展像平方千米阵这样的系统所面临的最大问题在于，由于技术已然变得如此价格低廉、无处不在，无线电“窗口”正在迅速地被那些我们逐渐将其视为不可或缺的技术（譬如手机）的辐射所填满。或许到 21 世纪中叶，我们便不得不将天线放置在月球的背面，方可避免来自地外生命的信号被人类自己发出的无线电噪声所淹没。不过另一种可能性是，成本低廉的计算机或可变得足够强大，于是我们可以将分散在世界各地不同区域的数个类似平方千米阵的系统连接起来，同时筛去人类的干扰。又或许，到 2050 年此类项目便不再有存在的必要，因为我们在那时已然与地外文明取得了联系。

德雷克公式

1961 年，美国康奈尔大学的天文学家弗兰克·德雷克提出了一个公式——德雷克公式（Drake equation），这是一种表示宇宙中存在能与人类进行交流的其他智慧生物的概率的方式。此公式以简洁的形式囊括了大量天文学信息，不过关于应将哪些数字代入方程目前仍是众说纷纭。

数恒星

德雷克公式中的第一项参数是银河系中新恒星形成的速度，以符号 R 表示。这是争议较少的项之一，大多数天文学家接受每年 20 颗左右的数值。

这些恒星中有多少颗与我们的母恒星太阳相似呢？对此研究而言，德雷克认为有可能存在多达 1/10 的恒星与太阳足够相似，这一项以符号 f_s 表示，其中“f”代表“分数”（fraction）。

上图　有些文明或许在有机会与其他文明接触之前便已自我毁灭

左图·上　有些地外生命或许并无与其他文明交流的意愿。根据某些标准而言，海豚非常聪明，但它们未能建立科技文明

左图·下　即便不考虑战争，科技文明也可以“找到其他方法”毁灭自身与周围的野生生物

公式中的第三项参数表示一颗类太阳恒星拥有行星的概率，以符号 f_p 表示。当德雷克提出 f_p 值为 0.5 时，许多人认为他过度乐观，然而近期对系外行星的发现表明，德雷克或许一直是正确的。

数行星

公式的下一项参数只能靠纯粹的猜测：在每个行星系统中，有多少颗行星适合我们所知的生命存在？毫无疑问，太阳系中与地球类似的行星的数量（n_e）正好为 1，但有些人认为这一数值远远大于平均值，另一些人则认为其远远小于平均值。我们只能将数字设为 1（这几乎是我们唯一能做出的猜测），然后怀揣最好的希望。

若要使科技文明在一颗行星上崛起，还需要何种

上图　一些智慧生物或许就生活在像木星这类巨行星的云层之下，它们甚至可能对宇宙其他部分的存在浑然不知

条件呢？首先要有生命存在。根据太阳系中火星的贫瘠程度来判断，宜居行星中拥有生命的比例（f_l）显然小于 1。但从星际气体尘埃云中存在复杂有机分子的证据来看，此数值或许不会比 1 小很多。我们所能做的仍是猜测。

至于下两项参数——能够孕育生命的行星中有智慧生物出现的比例（f_i），以及智慧生物中发展出科技文明的比例（f_c），也同样具有一定的不确定性。

这里有种情况耐人寻味。即便某种文明（譬如古罗马或印加帝国）成功崛起，也完全有可能不具备跨越星际空间进行交流所需的技术，我们可以想象某颗行星上的文明无限期地停留在这种状态。同时，智慧生物也有可能未能建立科技文明。海豚在某种意义上非常聪明，但它们并未掌握科技。

数地球

公式中的最后一项参数涉及这种科技文明的寿命，以符号 L 表示，以年为单位。20 世纪六七十年代，核战争的威胁促使一些悲观主义者将这一数值设得相当之低——不超过 100。如今人们变得较为乐观，但公式的这一项显然也存在着巨大的不确定性。事实上，在悲观主义者看来，人类只是将核毁灭的危机替换为用污染毁掉地球的危机，而人类现有的文明在 21 世纪结束之前或许便将覆灭。

将上述所有参数放到一起便得到如下公式，它代表着今日整个银河系中能够主动参与交流的先进文明的数量。

$$N = Rf_sf_pn_ef_lf_if_cL$$

这便是德雷克公式。如果 R 约等于 20，且 R 之后的前 6 个因子相乘得到的积约为 0.05（此数值较为合理），那么 N 就约等于 L。也就是说，只要文明避免同室操戈，或是将其所在的星球污染至毁灭的境地，那么宇宙中理应存在数量巨大的在尝试互相联系以及与我们建立联系的文明。

第四章

其他宇宙

第 1 节

宇宙中的巧合

从诸多方面看来，我们身处的这个宇宙似乎非常适合如我们这样的生命体存在。在某种程度上，这自然是因为人类在进化的过程中适应了周围的环境。然而，从另一个层面来说，研究表明倘若没有基本物理定律中的微妙平衡，那么生命便根本不可能存在。这是否仅是一个巧合？抑或宇宙的运行方式与其中生命的存在之间有着某种深层的联系？有些人认为这些问题的答案超出了科学的范畴，不过，科学家们永远在不断地进取拓荒，推进领域的前沿。尽管此类问题现在处于宇宙学研究的最前沿，尚无明确的答案，但人类正在积极开展对于这些问题的科学探索，况且科学已经解答了诸多一度被认为属于哲学范畴的问题。

第 202 页图　这张电脑模拟图以恒星为背景呈现了一个黑洞的外观

金凤花姑娘宇宙

地球有时被称为“金凤花姑娘行星”，因为正如童话中熊宝宝的麦片粥正好适合金凤花姑娘一样，地球对于生命而言也是理想的居住地。然而，一些天文学家的想法较此更进一步，他们认为地球这类行星的存在依赖一组极其精确的宇宙条件，我们应该从“金凤花姑娘宇宙”（Goldilocks Universe）的角度来思考我们的宇宙为何被“设置”得恰好有利于生命存在（无论这是出于偶然还是精心设计）。科学界将这一领域的探索称为“人择宇宙学”（anthropic cosmology）。这几乎是一种完全在大脑中进行的探索，因为人择宇宙学的原理几乎无法通过实验来检验。

宇宙中的生命

最简单地说，人择宇宙学便是一个根据人类存在这一事实，来推断宇宙整体运行规律的领域。弗雷德·霍伊尔对碳存在“共振”的成功预言，可谓是这种研究最好的范例，尽管那时并没有所谓的人择宇宙学。碳的“共振”使恒星得以通过三 α 过程将其内部的氦转化为碳。事实上，霍伊尔是这样推

本页图　地球是多种不同形式的生命的理想家园

上图　葱茏碧绿、被青苔覆盖的热带雨林可以充分展现地球上生命的面貌

论的："人类是存在的，而人类由含碳化合物所构成，所以碳一定能在恒星内部产生。因此，宇宙中必然存在一种允许三 α 过程进行的共振。"在霍伊尔提出这一推论之前，从未有人测量到这种共振，也不曾有人预测出它的存在，而霍伊尔的预言完全基于人择宇宙学的推理。

1957 年，在霍伊尔的预言获得实验证实之后不久，美国天文学家罗伯特·迪克（Robert Dicke）指出，即便是宇宙的大小也"不是随机的，而是受到生物因素的制约"。

迪克认为，使人类得以存在的最低条件只是要有一颗恒星与一颗环绕其运行的行星，且二者均由合适的化合物构成。而宇宙的其余部分，那散布于数百亿光年的上千亿个星系以及每个星系中数以亿计的恒星，似乎都是不必要的。不过，我们还需考虑到，宇宙大爆炸事件只产生了氢与氦（以及暗物质）。第一代恒星耗时数十亿年才制造出重元素，随后借由轰轰烈烈的爆发将它们散布至星际空间之中。而在这种星尘孕育出的一颗行星上，又过了数十亿年，生命才进化至足以提出有关宇宙的问题的阶段。而与此同时，宇宙

佩利的钟表

18 世纪英国的牧师、哲学家威廉·佩利（William Paley）认为，像人类或花朵这样与外部环境完美兼容的生物，一定有“设计师”的存在。正如一个对钟表或航海经线仪（marine chronometer，右图）一无所知的人，若是偶然看到这样一台装置，会根据装置内部所有零件协调工作的方式推断出它必然是由智慧生物设计出来的。他继续推论：将一摞钟表零件随意地扔在一处，永远也不可能产生一台可以正常运转的钟表。然而，显示生物通过自然选择（natural selection）而进化的理论移除了佩利观点中的这种外力，此时自然选择（而不是某个智慧生物）发挥着“设计师”的作用，将各种生物完美地嵌入各自的生态龛位中。

重点在于，尽管进化是非智能的，但它却并不是随机的。虽然生物的个体变化（突变）是随机的，但进化会选择那些能给个体带来优势的变化。只需足够长的时间，这一过程便能将细菌发展成人类。佩利对于这种自然选择促成的进化茫然无知，因为他是在 1805 年逝世的，比查尔斯·达尔文（Charles Darwin）与艾尔弗雷德·华莱士（Alfred Wallace）发表他们的理论之时早了 50 多年。

一些宇宙学家试图运用同样的推理来说明宇宙必然是由一名“设计师”创造的，然而绝大部分宇宙学家认为，今日的我们与彼时的威廉·佩利处于相同的境地：我们对于使自然演化的宇宙看上去仿佛一项精心设计的工作的那些科学定律暂时茫无所知。希望这一次，我们不必再等上 50 多年才理解其背后的规律。

始终在膨胀。人类能够提出有关宇宙的问题的那一刻，便意味着宇宙至少已经存在了数十亿年，其直径也至少达到了数十亿秒差距。

弱人择原理

直至 20 世纪 70 年代，人择宇宙学才开始引起人们的关注。那时，物理学家布兰登·卡特（Brandon Carter）对这些概念进行了详尽的阐述，并将其分为两类。霍伊尔与迪克的想法符合卡特所称的“弱人择原理”（weak anthropic principle）的框架。弱人择原理认为，我们周围所见的宇宙并不是

☆ 弱人择原理认为，所有物理量与宇宙学要素的观测值皆受限于以下这一条件——宇宙中必须存在碳基生命可以进化的地点。

强人择原理认为，宇宙必须具有允许生命在宇宙历史中的某个阶段出现于宇宙内部的一些特性。

唯一存在的宇宙。宇宙学家的数学模型说明，我们完全可以描述出基于不同物理定律的多个类型的宇宙，譬如：在某一个宇宙模型中，其中的引力或许会比我们宇宙中的引力更强或更弱；在另一个宇宙模型中，有可能不存在使三 α 过程得以发生的共振。

这些“其他宇宙”会存在于何处呢？如果宇宙是无限大的，那么这些不同的物理定律或许会在宇宙中的某些区域起作用。这些区域超出了我们望远镜的观测范围，确切地说，是永远超出我们望远镜的观测范围，因为宇宙的膨胀使得这些空间区域正在以比光速更快的速度远离我们。或者，倘若一个弹性宇宙（bouncing universe）经历过多个周期，那么它在大爆炸“之前”可能出现过不同的物理定律。

总之，我们能想象出很多可能性。弱人择原理说明有诸多（也许是无限多个）被空间或时间（又或者二者同时）阻隔的不同的宇宙，而唯有在与我们的宇宙非常相似的宇宙之中，生命才能存在并发现自然规律。

除此之外还有一种与之相对应的观点，卡特称之为“强人择原理”（strong anthropic principle）。强人择原理认为从大爆炸中诞生的宇宙——我们所在的这个宇宙，确实是独一无二的，而它对物理定律并没有“选择权”。这些物理定律只适合生命（尤其是人类）的存在。

一些宇宙学家因此被引入了量子力学的奇异世界，在这个学科下，根据对某些方程的诠释，未被智慧生物观测到的现实就是不存在的。根据这种奇特的推论，物理定律只能是现在这样，如此人类才能存在，才能注意和测到物理定律，并使它们成为现实。另一些人则认为，宇宙恰好适合生命存在的这一“巧合”证明宇宙是被设计出来的。然而，这便需要追问“设计师来自何处”的问题。

强人择原理会使我们远离科学，将我们带入哲学与宗教的领域。然而幸运的是，弱人择原理足以带我们展望宇宙学研究在未来几年内的进展。

一个量身定制的宇宙？

若要直观地了解我们的宇宙在多大程度上“恰好”适合生命存在，最好的方法是对塑造宇宙的关键参数中的一个或者多个进行微小的改变，并观察它可以导致怎样的差异。物理学家们讨论了 20 余个此类关键参数可能导致的影响，其中一些参数相当奇特。有少数几个候选参数最能直观显示差异，而其中最为合适的便是在真正意义上塑造着宇宙的基本力——引力。

左图　少量的电荷便足以使人的头发直立起来，抵消整个地球对其的引力

引力的作用

引力对于我们乃至整个宇宙而言都是极其重要的，因为引力总是累积的。组成地球的每一个原子与亚原子粒子，都会为这颗行星的总引力做出微小的贡献。而日常生活中常见的另一种基本力——电磁力（这里具体指静电力）则并非如此。原子既含有带正电荷的质子，也含有带负电荷的电子，因此无论是原子还是地球在整体上都是电中性的。不过，引力事实上是一种极其微弱的基本力，通过比较两个质子间的引力和导致两个质子相互排斥的静电力，我们便能直观地看出这一点。

因为静电力与引力都遵循平方反比定律，所以无论两个质子相距多远（或离得多近），这两种基本力的比率始终是相同的——使两个质子相斥的静电力要比二者之间的引力强 10^{36} 倍[①]。这一巨大的数字极为重要，思索其含意的物理学家简单地将其称为 N。这个数字本身便足以解释恒星为何如此庞大。

让我们从一组物体开始想象，这些物体都被放在一处，它们分别含有 10 个氢原子、10^2 个氢原子、10^3 个氢原子等，以此类推。第 24 个物体含 10^{24} 个氢原子，大小相当于一块方糖。此时，塑造原子的静电力仍可以轻而易举地抵抗引力向内的吸引，因为引力一开始仅相当于静电力的 $1/10^{36}$。以此类推，第 39 个物体的直径达到 1 000 米，它依然可以抵抗自身的引力。

然而，一个物体的体积与质量会随着其半径的立方（本质上来说，是其所含原子数）的增大而增大，因此物体半径增大为原来的 10 倍时，其质心的引力会增大到原来的 10^3 倍。不过与此同时，随着一个物体的体积变大，

① 不同基本力的作用范围不同，因此宏观尺度上强大的引力在亚原子粒子的微观尺度上微不足道。

上图　美国亚利桑那州图森市上空的多道闪电

其向内的引力也会随着其半径的平方增大而减弱为原来的 1/100。总体来说，随着原子数量的增加，引力相对于静电力而言迅速增强。让我们再来看集合中的第 54 个物体，它的大小相当于木星，此时引力在物体的质心处将原子压碎成亚原子粒子。集合中的第 57 个物体将极为巨大，它质心的引力可以使质子足够猛烈地碰撞在一起，从而发生聚变。事实上，像太阳这样的恒星确实含有大约 10^{57} 个质子。

常数 ε

引力的强度决定了恒星的大小，而有一个常数则决定着恒星的寿命。当 4 个质子（氢原子核）被转化成 1 个氦 -4 原子核时，质子质量的 0.7% 会以热量的形式被释放出来（详见第 66 页）。这一比值——0.007，可以被用来衡量抵抗质子之间的电斥力、使质子与中子结合成原子核的强相互作用力的强度。恒星内部进行的所有核聚变过程（从氦元素起一直到铁元素为止）进一步释放的能量，只相当于最初将氢聚变成氦时所释放能量的 1/7。因此，恒星的寿命几乎完全取决于 0.007 这一数字（通常写作 ε），它决定了有多少能量可以用来使恒星继续发光。

不过，ε 的作用尚不止于此。倘若这一常数只有 0.006，那么强相互作用力太弱，不足以将一个质子与一个中子结合成氘原子核。于是，聚变过程的第一步（质子 - 质子链，详见第 66 页）便不会发生，宇宙中将不存在比

▷ 从一个极端到另一个

并不是所有人都能接受人择宇宙学这一概念。在 1985 年出版的《完美的对称性》（*Perfect Symmetry*）一书中，美国著名物理学家海因茨·帕格尔斯（Heinz Pagels，右图）写道："在我看来，那些被人择原理吸引的物理学家与宇宙学家似乎不必要地放弃了传统物理科学的成功模式，即以普遍的物理定律为基础来理解我们宇宙的定量属性。或许他们的恼怒与沮丧……已经占了上风……人择原理对于当代宇宙学模型的发展并无任何实际价值。它什么也解释不了，甚至还产生了负面影响，这一点可从以下事实得到证明：一些人曾经诉诸人择原理来解释的特定常数的值，譬如光子与核子的相关参数的比值，但如今已能用新的物理定律来解释……我会选择拒绝人择原理，因为它是科学概念体系中不必要的混乱。"

而另一个极端是，弗雷德·霍伊尔将宇宙视为一项"精心设计的工作"，这正是令帕格尔斯感到恼怒的代表性观点。霍伊尔在出版于 1965 年的《星系、原子核与类星体》（*Galaxies, Nuclei and Quasars*）一书中写道："物理定律是经过深思熟虑设计出来的，设计时考虑到了它们对恒星内部反应的影响。我们人类只存在于宇宙中碳原子核与氧原子核恰好处于适当能级的区域。"

上述两种见解可能都有些过于极端。也许我们确实身处一个能级与其他参数"恰好"适合生命的宇宙中，但这一点可能是出于偶然而非有意的设计。帕格尔斯的愿望仍有可能实现，即"通过传统方法发现决定宇宙本质的基本定律，从而消除理论界对'设计师'的依赖"。

氢更复杂的元素。而倘若 ε 是 0.008，那么强相互作用力过强，会把两个质子粘在一起。进一步的核聚变仍有可能发生，但宇宙中将不会再存在氢（只存在氦 -2），而生命存在的重要先决条件——水也将不复存在。ε 的数值是"金凤花姑娘效应"最有力的例证之一。

宇宙的粗糙度

认识宇宙特殊性的另一种方法是观察它的粗糙度，天文学家用 Q 来指代这一数值。倘若宇宙从大爆炸中诞生时是完全均匀的，那么时至今日它仍然会是完全均匀的，即一片向所有方向膨胀的均匀的气体海洋。

三维的宇宙

初次得知以下这一点时我们或许会感到惊讶：使我们的宇宙有利于生命存在的最主要特征之一，便是它存在于三维空间中。尽管时间被视为第四维度，但它的表现方式显然不同于其他 3 个维度。事实证明，如果空间维度多于或者少于三维，生命将不可能存在。

感受力的作用

在我们的三维宇宙中，引力与电磁力等基本力遵循平方反比定律。电磁学奠基人迈克尔·法拉第（Michael Faraday）生动地解释了这一现象。

右图　提出力线概念的迈克尔·法拉第

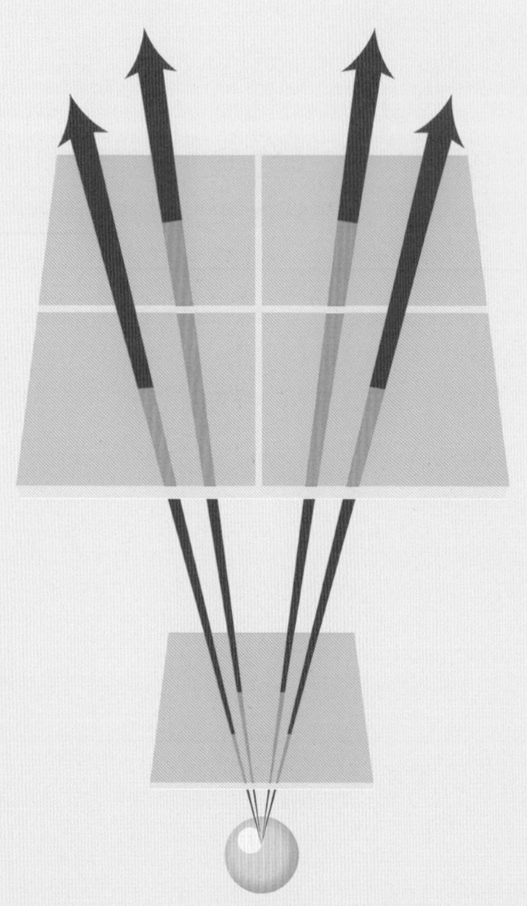

下图　平方反比定律的可视化图像。一旦将距离翻倍，力线便会分散在 4（2^2）倍于原面积的区域里

一个带电粒子向各个方向均匀地伸出“力线”。如果这个带电粒子被一个球体围绕，那么球体表面每平方厘米面积上穿过的力线的数量一定是相等的。随着球体半径的增大，它的表面积也将随半径平方的增大而相应地增大。在力线的总数不变的情况下，穿过每平方厘米球体表面的力线的数量，会随着球半径（球面到球心的距离）平方的增大而减小。这就是说，电磁力遵循平方反比定律。

四维太多

倘若存在 4 个空间维度，那么“四维球体”的表面积将随着其半径立方的增大而增大。电磁力（以及引力）将遵循立方反比定律。距离一旦翻倍，相应的力便会减弱到原来的 1/8 而非 1/4。

这种条件对于生命而言是不利的，因为立方反比定律（或者说除平方反比定律以外的任何定律）将使行星无法形成稳定的轨道。在我们的宇宙中，一颗行星在受到轻微推动后仍将停留在大致相同的公转轨道

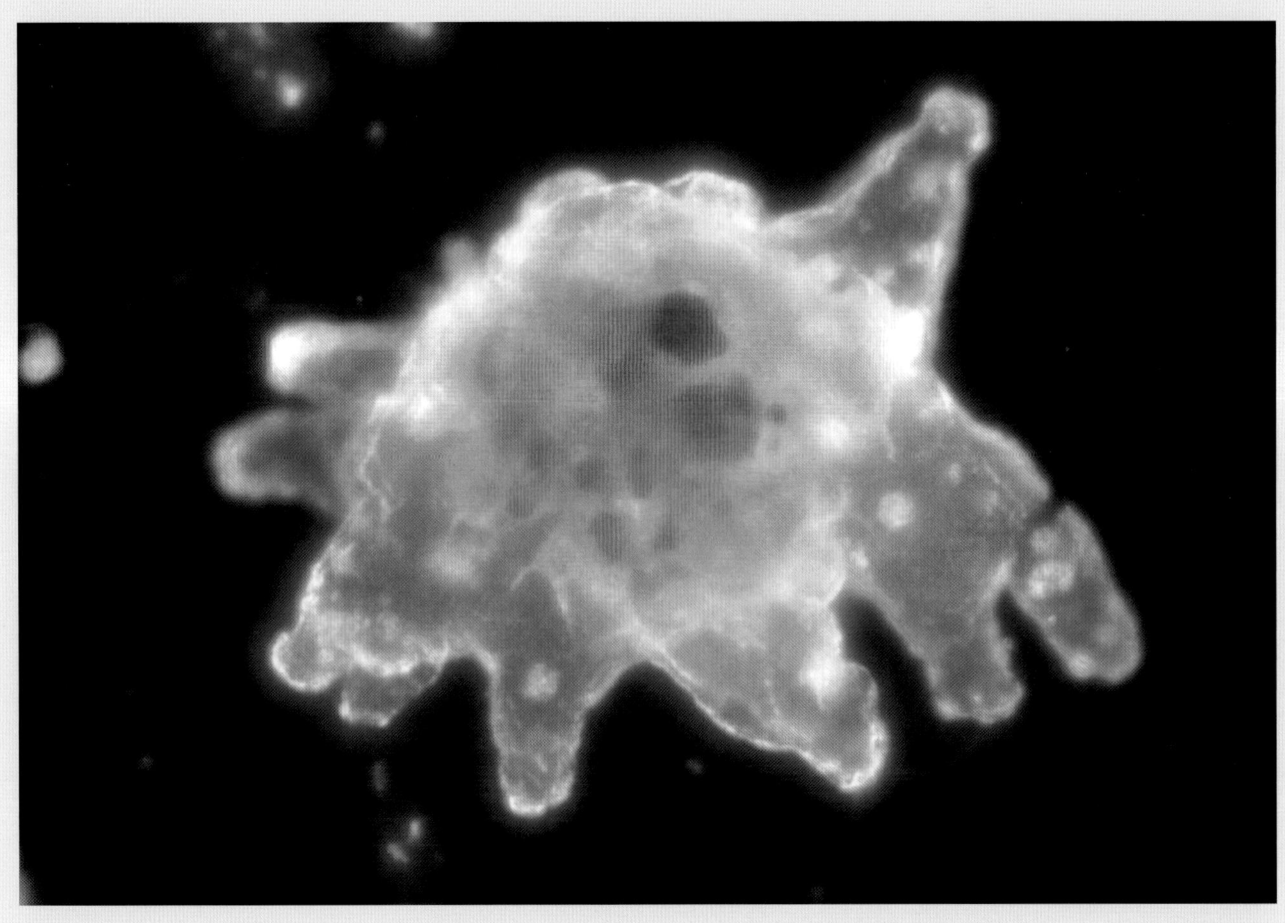

上图　变形虫是地球上最接近二维生命体的生物

中，因为平方反比定律决定着在一定距离上引力恰好可以与离心力相互抵消。而在四维宇宙中，较小的距离差异便会使引力发生巨大的变化（可以说它呈现一个更陡峭的梯度变化曲线）。这种变化的结果是：只要行星稍微偏向特定轨道的内侧，引力便会彻底压倒离心力；而一旦它略微偏向轨道外侧，离心力便将占据主导地位。这意味着，一颗行星即便只是受到一个微小的推动力，也必然会滑向其母恒星或是在相反方向上呈螺旋形飘向太空深处。如果维度继续增加，这种效应将变得更为明显。

二维不够

在二维宇宙中，复杂的生命体是不可能存在的。当然，二维宇宙中或许可以存在一种如变形虫一般的扁平生物，它可以通过在身体侧边打开一个孔来吞噬食物，随后再打开另一个孔来进行排泄。但它不能同时打开两个孔，否则便会彻底散架。然而，此类生物只能拥有极其简单的大脑，因为直线只有平行、相交或重合的可能，神经元之间只会存在最简单的连接（即便是简单连接也会阻碍食物的流动）。

综上所述，如果“金凤花姑娘宇宙”中要有智慧生物的存在，那么空间维度的数量只能是不多不少的3个。

主题链接
第 207 页　佩利的钟表
第 209 页　引力的作用
第 230 页　地理与相对论

上图　是宇宙为人类而造，还是人类为宇宙而生？

天文学家计算了破坏星系团系统并使其广泛分散在宇宙中所需的能量，并将此计算结果与同一系统中的总质能（$E = mc^2$）进行比较，发现这两个数值的比例在整个宇宙中始终是相同的，为 1 ： 100 000。而在测量宇宙微波背景辐射中涟漪的大小时，天文学家也发现了同样的数值。也就是说，自从时间诞生以来，宇宙的粗糙度便一直是十万分之一。

倘若 Q 的数值较此大得多，那么在宇宙历史的极早期，引力便会使大量物质团块聚集在一起，形成超大质量恒星与黑洞。如此演化出的宇宙将与我们现在身处的宇宙迥然不同。在我们这个宇宙中，Q 的大小恰好足以允许如今这些有趣的天体形成，同时又能使宇宙非常近似于平直宇宙（详见第 108 页），这一事实也是“金凤花姑娘效应”的一种体现。同时，Q 的大小也与宇宙在诞生之初受暴胀驱动而向外膨胀的现象（详见第 129 页）有着紧密的联系。

另一种可能性

鉴于引力与其他基本力相比是如此微弱，有人或许认为引力的精确强度并没有那么重要。然而，此种想法完全是错误的。根据一些估算，倘若引力的强度增大了 10^6 倍，那么形成一颗恒星所需的氢的质量将会是之前的 10^{-9} 倍。

这样一种变化可能对存在于宇宙学家的宇宙模型中的条件产生惊人的影响。我们不妨了解一下，在一个引力强度比我们这个宇宙中的引力强度大 10^6 倍但所有其他关键参数皆保持不变的宇宙中将会发生什么。

生命节奏过快的恒星

在我们这个宇宙中，太阳是一颗典型的恒星，它的质量被定义为单位质量（1 倍太阳质量），它的寿命约为 10^{10} 年。而在上文所述的这种引力强度大得多的宇宙中，产生相同的压力只需较少的物质，而较低质量的物质将变得更热。因此，此类宇宙中恒星的质量通常只有约 10^{-9} 倍太阳质量，相当于 2×10^{21} 千克，略低于我们宇宙中月球质量的 2.8%。此类宇宙中恒星内部的所有一切活动（包括释放能量以使恒星得以支撑自身的核反应）都与太阳内部相同，而且恒星核心处的原子核并不“知道”引力强度的绝对值，只会“感受”到压在其上的物质的重力。

恒星的寿命与它的大小相关，而不只是与其拥有的燃料总量相关。这是因为恒星会通过适当的轻微膨胀或收缩来调整燃料的燃烧速度，以补偿不断从其表面逃逸的能量。这意味着，真正重要的参数是电磁能从产生之处（恒星的内核）到达逃逸之处（恒星的表面）需要多长时间。因为辐射在到达恒星表面的路途中会在恒星内部不断反弹（正如小球在复杂的弹球机中四处反弹一般），所以这一时间取决于恒星半径的平方，而不是恒星半径本身。我们知道，质量随着半径立方的增大而增大，因此对于一颗质量相当于 10^{-9} 倍太阳质量的恒星而言，它的半径将是太阳半径的 10^{-3} 倍，它的寿命则是太阳寿命的 10^{-6} 倍——大约 10^4 年，而非太阳的大约 10^{10} 年。

生命能存在吗？

假设在这个宇宙模型中，即便所有其他过程——尤其是化学过程（原子、分子相互作用的方式）都没有任何改变，我们仍然很难想象在一颗如上文所

下图　光子在恒星内部的反弹，正如小球在使其加速的弹球机中弹跳一般

对应于宇宙中存在的每一个重子（质子或中子），宇宙微波背景辐射中都存在着大约 10 亿（10^9）个光子。

述的恒星在耗尽自身核燃料、经历生命周期中的寻常阶段（膨胀成为一颗红巨星，随后逐渐变得暗淡，成为一颗白矮星）之前，生命能有多大的机会在围绕其运行的行星上形成、演化。然而纵然只是为了乐趣，让我们暂且想象一下，倘若确实有生命存在于这样一个宇宙中的一颗行星之上，那将会是何种生命。

由于引力强度的增大，在这颗想象中的行星上，人体受到的重力（引力）将会大为增加（当然，在计算将人体束缚在该行星表面的重力时，人体自身的质量也需要被纳入考量）。这种极强的引力足以将任何大小相当于人类的物体压得粉碎。在这样一颗行星上，断然不会存在巍峨的山峰与高耸的树木。任何可能生活在此处的动物皆会呈现出外形矮胖、靠近地面、小心翼翼地用短粗的腿行走的特点。即便只是从几厘米的高度摔下来，于他们而言也将会是一场灾难。

一个致密的宇宙

除了上述恶劣条件之外，在我们想象的这种致密宇宙里，行星存在于稳定轨道中的可能性也是微乎其微的。在这样一个宇宙中，由于引力的强度更大，星系很早便会形成，孕育它们的气体团在引力相同的条件下，比我们这个宇宙中孕育星系的气体团要小。在致密宇宙中的星系内部，恒星彼此之间的距离会近得多。这种宇宙中星系的总数大致与我们这个宇宙相同（至少有 1 000 亿个），但每个星系的直径仅约为银河系的 10^{-6} 倍。典型星系的直径应该是 0.03 秒差距左右（比太阳与半人马座 α 星之间的距离还要小）。恒星之间的距离不再以秒差距来衡量，它们如此紧密地挤在一起，以至于经常发生近距离接触。即便行星仍能形成，从附近经过的恒星的引力也足以使它们脱离轨道，并将其分散在星际空间之中。

以上所有的过程会在何时发生呢？我们这个宇宙正处于如下阶段：重元素已被第一代恒星制造出来，并已被转化成如同人类这般有趣的生物。同时，宇宙也已经膨胀了 140 亿年。从这个意义上说，从此处到我们所能观测到的最遥远之处的距离是 140 亿光年，这一距离有时被称为哈勃半径（Hubble radius）。然而，致密的宇宙将以快 100 万倍的速度，即在诞生仅 14 000 年后便进入与我们这个宇宙同样的生产重元素并将其散布开来的阶段（可惜的是，它应该无法产生像生命这般有趣的事物），此时整个宇宙的哈勃半径仅为 14 000 光年（直径仅为 28 000 光年）。换言之，当这种演化节奏过快、十分致密的宇宙达到我们这个宇宙今日所处的阶段时，其直径尚不及银河系的1/3。

物理定律完全没有规定致密宇宙乃至其他更为奇异的宇宙不可能存在。那么这些其他宇宙在何处呢?

下图　在拥有各自的一套物理定律的诸多宇宙中，我们所在的宇宙是否只是其中的一个“泡沫”？

第218—219图　银河系的艺术渲染图

第2节

选择宇宙

倘若我们的宇宙并非专为人类而设计(并非一个“量身定制”的宇宙)，那么它恰好有利于生命存在这一点，可能只是因为它是诸多宇宙中的一个，正如一套合身的服装可能并不是专为某人量身定制的，它之所以合身只是因为某人从一系列成衣中选择了它。如果这种假设成立，那么我们所在的宇宙便不可能是独一无二的。在时空之中，必然存在着数量巨大、种类繁多的不同宇宙，正如被悬挂于商店货架上的不同服装一般。其中或许有无数个贫瘠的宇宙（相当于不合身的服装)，但生命只能存在于与我们所在宇宙类似的宇宙之中（相当于合身的服装）。为了探索这种可能性，宇宙学家必须踏入量子物理学的奇异世界。量子物理学自然而然地包含了“多世界”的概念，这些世界在某种意义上是并存的。长期以来，此类概念一向令科幻小说的作者与读者心醉神迷，不过如今，我们必须在科学事实的框架内来考虑这些非商业性的概念。

量子的多重世界

对于我们而言，量子物理学显得相当奇特，因为它以比原子更小的微观尺度来描述事物的运行，而我们完全无法凭借日常经验来理解原子内部的情况。我们所了解的只有原子尺度下的描述性方程——量子力学方程。如果我们将这些量子力学方程用于预测可测量的事物（譬如在电视屏幕上构成画面的电子的位置）的变化，那么它们是完全可靠的。不幸的是，至少有 6 种所谓的“量子力学诠释”（interpretation of quantum mechanics）试图解释电子等亚原子粒子在未被测量时所发生的一切。它们全都有助于发挥人类的想象力，尽管其中没有一个可以被视为唯一的“真理”。由于我们将在后文阐明的一些原因，诸多宇宙学家更倾向于接受的一种诠释被称为“多世界诠释”（many-worlds interpretation，MWI）。

粒子与波

电子和光子等亚原子粒子既表现为粒子，又表现为波，这一点充分体现了量子力学的奇特性。用于测试量子实体（任何比原子小的实体）作为波的性质的实验，清楚地表明它们确实是波。在著名的“双缝实验”（double-slit experiment）中，实验人员将一束光照射在一面有两条狭缝的屏幕上。实验

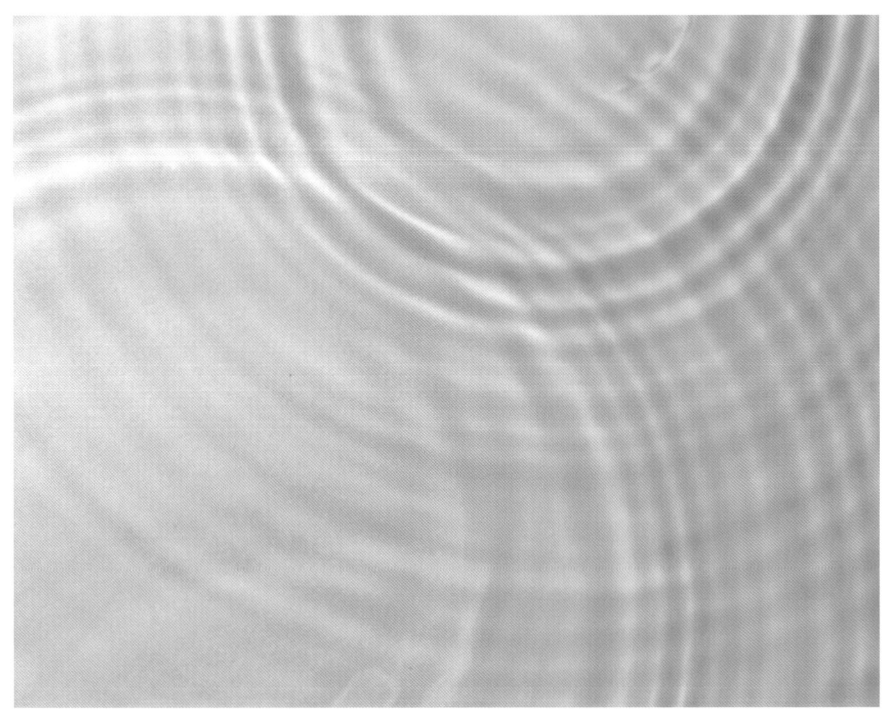

左图　由两组波产生的干涉图样

第 222 页图　光波在被雨滴折射与反射之后便形成了彩虹

显示光以波的形式从两条狭缝中延伸了出去，并在另一面屏幕上形成了一种特有的、明暗相间的图案，即“干涉图样”。这与池塘中的涟漪发生干涉的方式如出一辙。此外，用电子束进行的类似实验也显示它们表现为波。

然而，测试光子和电子作为粒子的性质的实验，却又表明它们确实像击中目标的一串微型子弹一般，这说明光子和电子具有粒子的性质。可见，量子实体既是粒子又是波，既具有粒子的性质又具有波的性质，这种特性被称为“波粒二象性”(wave-particle duality)。量子实体似乎以波的形式传播，但以粒子的形式到达目的地。描述它们如何运动的方程称为“波函数[1]”(wave function)。

▷ 真实的二象性

人们有时会想，波粒二象性或许只是一种统计学效应而已，毕竟我们看到的海洋中的波浪，实际上是由数以亿计的微小粒子——原子构成的。然而，量子物理学的波粒二象性却不能用这种方式来理解——这个理论适用于光子或电子这类单个量子实体，其作为“波”时的大小也是与“粒子”大致相同的。自 20 世纪 20 年代以来，证明波粒二象性的间接证据便始终存在；到了 20 世纪 90 年代初，一项由印度理论物理学家设计、日本实验物理学家进行的实验，尤为出色地证明了波粒二象性的真实性。我们之所以耗时许久才等来最终的证实，是因为在此之前技术水平一直无法满足要求。这项实验包括如下内容：发射一些单个光子，使其穿过两块玻璃（实为两个棱镜）之间的一个微小空气间隙，并对它们的行为进行监测。

此项实验要求极高的精度。这种精度要求不仅体现在需要形成单个光子，也体现在要让这些光子对准两个棱镜之间的空气间隙并从中穿过，毕竟空气间隙的宽度被控制在数百亿分之一米，只有实验波长的 1/10 左右。空气间隙如此之小，而光以波的形式传播，所以光可以穿过这一间隙。同时，其他测试又清楚地表明抵达这个间隙另一侧的光子具有粒子的性质。在这同一项实验中，实验人员成功地观测到了单个光子既表现为波又表现为粒子。印度团队的负责人迪潘卡尔·霍姆（Dipankar Home）总结了其中的意义：“距离牛顿（右图）所处的时代已经过去 3 个世纪了，但我们必须承认，我们仍然无法回答‘光是什么’这个问题。”

① 波函数是对微观系统的量子态的一种数学描述，是描述粒子的物质波的函数，以希腊字母 ψ 表示。具有波粒二象性的微观粒子的运动状态，不能用坐标、速度、加速度等经典力学的传统物理量来描述，因此波函数应运而生。通过某个微观系统的波函数，可以求出对该微观系统进行测量时出现各种可能结果的概率。根据物理学家马克斯·玻恩（Max Born）的统计解释，波函数模数的平方代表一个粒子在某一时刻在空间中的某一点被探测到的概率密度（或可简单理解为一个粒子在某一地点出现的概率）。另外，奥地利物理学家埃尔温·薛定谔提出了一个描述波函数的二阶线性偏微分方程——薛定谔方程，它反映了波函数是如何随时间演化的。

获得博士学位后，休·埃弗里特进入美国国防部从事机密研究，再未发表过任何科学论文。

多世界

波粒二象性仍只是量子力学奇异故事的开篇而已。我们用日常生活中的任何经验都无法理解，一个运动过程中的量子实体为何可以在被观测到的一瞬间“决定”自己是何种粒子。试举一个简单的例子，我们可以想象一个电子在空间中穿行，每个受测的电子都会表现出“自旋”（spin）以及其他一些属性。电子的自旋既不同于陀螺的旋转，也不同于地球绕自转轴的旋转。我们最好将其理解为电子的一种“标签”。重要的是，电子被测出的自旋只能取两种状态中的一种，即上自旋或下自旋。受测的电子总是有且只有这两种自旋态中的一种。

那么，电子在被测量之前又是什么样的呢？根据量子理论的标准诠释，当一个电子独立存在时，它没有确定的自旋态，而是处于一种不确定的、概率各 50% 的状态，表现为上自旋与下自旋的混合态。这便是所谓的“叠加态”，而且它适用于所有的量子属性。只有在进行测量时，才会发生“波函数坍缩”（collapse of wave function），而电子会（随机地）选择进行哪种自旋（或者

下图　美国物理学家约翰·惠勒（John Wheeler），他促进了“多世界理论之父”休·埃弗里特（Hugh Everett）对“多世界”概念的研究

其他性质）。爱因斯坦十分厌恶这种随机性，并曾就此发表过“上帝不会掷骰子”的名言。

然而，我们还可以选择另外一种诠释。量子力学方程同样适用于以下情况：不是一个电子处于量子叠加态，而是两个分别处于两种可能的量子态的电子存在于两个独立的宇宙之中[①]。无论我们身处哪一个宇宙，一旦测量这个电子的自旋，我们都会得到一个明确的答案，（在这种情况下）自旋为上或为下的可能性的概率皆为50%。对于更为复杂的情况（譬如一次掷6个骰子）而言，概率也相应地变得更为复杂，但波函数并不会坍缩。根据这种诠释，正如美国作家多萝西·帕克（Dorothy Parker）可能会说的那样，“一个电子就是一个电子就是一个电子”。对于每一次可能存在的量子测量的每一个潜在结果，都相应地存在着一个独立的宇宙，即一个独立的物理现实。这便是“多世界诠释”这一名称的由来。

适合宇宙学家的量子物理学

宇宙学家更喜爱多世界的概念，因为他们在运用量子力学的标准诠释时遇到了巨大的困难。我们可以想象用单独一个量子波函数来在数学的角度描述整个宇宙，这样的波函数有时被称为惠勒－德维特方程（Wheeler-de Witt equation），以研究这一问题的两位物理学家的名字命名。然而，我们事实上并不知道这一方程的具体内容，只知道它必须具有的一些性质。

宇宙学家彼时在运用标准诠释时所遇到的问题是，既然宇宙便是存在的一切，那么宇宙之外便没有任何物质能与波函数相互作用并使其坍缩——它必须永远存在于所有可能状态的叠加态中。这本质上便相当于说，所有可能的宇宙都是同时“并排”存在的，而时间量度上的每个瞬间也都同时并存（一个瞬间位于另一个瞬间的前面），任何事物都不会发生真正的变化。这也意味着，科幻作品中“或然历史”（alternative history）的概念（譬如美国南方独立派赢得美国南北战争的世界，纳尔逊·曼德拉未被捕入狱的世界，等等）成了量子力学对现实的描述的一部分（相当小的一部分）。那么，这一诠释会对宇宙大爆炸与宇宙膨胀等概念造成何种影响呢？

量子宇宙学

量子宇宙学可以分为两种类型。其中一类量子宇宙学着重研究的是在非常接近第一普朗克时间（或时间零点）时发生在“我们这个宇宙”中的事件。

① 通俗来说，这种诠释（量子力学的多世界诠释）认为，并不是单独一个粒子处于不止一个量子态的叠加态，而是该粒子处于每个可能的量子态的不同“版本”皆在不同的宇宙中存在着。重点在于波函数不会坍缩，每一次量子测量的每一种可能的结果都会在某个宇宙中得到实现。推而广之，如果我们观测到结果a，这只是因为我们恰好身处于结果a（而不是结果b）得到实现的一个版本的宇宙中。每一个量子事件的每一种不同的可能性都会分离出一个不同的宇宙。

上图 根据量子理论，宇宙正如一棵分支众多的大树一般，每一个分支都对应着一种不同的现实

这些事件导致了暴胀与宇宙大爆炸的发生，而在大爆炸中，氢与氦在略少于4分钟的时间内从纯粹的能量中被创造出来。另一类量子宇宙学则着重于探索多世界诠释与惠勒－德维特方程的含意。它更偏向于思辨与推测，对这些概念与想法的探索带我们越过了对宇宙运行方式的现有认知的边界。正是这种探索使得未知的事物逐渐为人类所知，而第一类量子宇宙学也因此才得以成为天文学研究中令人重视的一个领域。

宇宙沙漠

倘若我们暂时接受时间不可阻挡地向前流逝的这一日常生活观念，我们可用如下这种方式来可视化地想象多世界诠释的宇宙版本：在时间本身的开端处（如今的整个可观测宇宙只有一个量子实体的大小时）发生的量子过程使宇宙分裂成了诸多不同的分支，正如一棵高耸的巨树一般，这一概念有时被称为“多重宇宙”（Multiverse）。多重宇宙的不同分支在某种意义上仍是同一“家族”的成员，并受一些共同的重要自然定律（尤其是描述宇宙分裂过程并允许宇宙随着时间的推移不断重复分裂的量子原理）所支配。在多重宇宙的内部，存在着数量巨大（可能是无限多个）、种类繁多的宇宙，而在这个无限的阵列中，宇宙基本参数（如 Ω、Λ 或者哈勃常数）能取到所有可能的值（以及所有可能值的组合）。N、ε 或 Q 值不同的宇宙甚至也能存在。

在多重宇宙类型颇多的所有可能分支中，基本参数的组合允许生命存在的宇宙只占很小的一部分。然而，倘若多重宇宙的数量确实是无限的，那么有生命存在的宇宙子集可能也是无限的，不过这一无限子集只是更大的无限集合中的一小部分。此处，它便可以与弱人择原理（详见第 207—208 页）相互印证。多重宇宙中的绝大部分是贫瘠的，仿佛一片宇宙沙漠。生命只存在于散布在宇宙沙漠中的数量较少的绿洲里。然而，人类这样的生命体在环顾四周时，只会看到一片绿洲，而不会看到沙漠。这些概念甚至可以对我们应该看到何种类型的“绿洲”做出预测。

霍金的宇宙

20 世纪 80 年代初，斯蒂芬·霍金提出了一种以多世界概念为基础的宇宙学假说。他的出发点是宇宙必然没有边界（无论是在时间还是空间上都没

左图 斯蒂芬·霍金是一位具有先驱意义的量子宇宙学家

1906 年，英国物理学家约瑟夫·约翰·汤姆森（Joseph John Thomson）因发现了电子这种“基本粒子”而获得了诺贝尔奖。1937 年，其子乔治·佩吉特·汤姆森（George Paget Thomson）因证明电子具有波的性质而获得了诺贝尔奖。他们二人都是正确的。

有“边缘”）这一假设（或猜测）。以传统的观点看来，我们知道宇宙在大爆炸中（严格来说，在第一普朗克时间处）有一个时间上的边缘。在不涉及具体数学细节的情况下，我们可以借助几何学来理解霍金处理这一问题的巧妙方法。具体来说，我们需要运用到球面几何学，此处涉及的球面与地球表面类似。

我们不妨想象一下，用围绕球面的一条线（类似地球的纬线）来表示空间的 3 个维度，再用一条与空间线相垂直的线（类似地球的经线）来表示时间，然后我们便可以从球体的一个极点（类似地球的北极点）开始沿着经线来测量时间的长度。在此处，北极点代表时间的起点，而环绕北极点的一个微小的圆则代表大爆炸中宇宙的致密状态。随着“时间的流逝”，我们向较低纬度的地区移动，远离极点而靠近赤道。与此同时，代表处在不同时间点的空

右图　对于一只站立在北极点的北极熊而言，所有方向皆为南方

间的纬线会愈来愈长，说明真实宇宙正随着时间而膨胀。

关键的一点是，根据霍金提出的这种宇宙学假说，在北极点处空间并没有边缘，正如地球在北极点处没有边缘一样。当我们站在北极点时，地球表面的所有方向于我们而言都是南方，同理，倘若我们站在第一普朗克时间处，那么时间的每一个方向都指向未来。去问在大爆炸“之前”曾发生什么，正如去问在北极点之“北”有什么一样，是没有意义的。

上图　如果我们沿着一条“直线”不断向正北方向行走，我们最终将会走向南方

更新霍金的宇宙模型

在霍金最初的宇宙模型中，这一几何类比并没有止步于北半球，而是延伸到了最长的纬线——赤道以南，一直进入“南半球”。自然，靠近南极点的纬线将变得愈来愈短。这就是说，霍金所描述的宇宙必然是闭合的，而这种空间必须在达到最大值之后朝着大挤压的方向坍缩。霍金认为，在宇宙进入坍缩的半程之后，时间有可能会倒流。

然而，21 世纪初，人类确定宇宙的膨胀因为暗能量的存在而正在加速。霍金的模型仍然是无懈可击的，它可能描述了在多重宇宙中的某处存在着的一个真实宇宙，但它却并未描述我们所身处的这个宇宙。不过，只需对霍金的宇宙模型略加修改，便能获得一个与我们这个宇宙相匹配的模型。此处所需做出的修改是，我们不再将时空视作静态球体的表面，而是将其想象为一个正在膨胀的气球的表面。由于暗能量的存在，气球将会随着时间的推移而变得愈来愈大。因此，任何从北极点出发的事物都永远无法到达赤道，更不必说穿过赤道。

霍金提出的这个宇宙模型中的其他要素仍然成立，而就时间不会在开始处有一个边缘这一判断而言，尤其正确。它与我们这个真实宇宙的区别在于，尽管我们宇宙中的时间确实不存在一个终结，但这是出于一个不同的原因，即宇宙的永恒膨胀。不过，时间事实上是一个微妙的概念。如今，一些理论物理学家正在探索这样一种可能性，即我们根本不应该认为时间从过去流向未来。

1908 年，德国数学家赫尔曼·闵可夫斯基（Hermann Minkowski）将几何学融入了爱因斯坦的狭义相对论。他曾是爱因斯坦的大学老师之一，那时他将自己的这名学生戏称为“懒狗”，称爱因斯坦“从不费心考虑数学上的问题”。

时间存在吗?

无论是在科学领域还是哲学领域，时间的本质都是一大未解之谜。每个人都体验着时间的流逝，感到时间源自过去，途经现在，流向未来。然而，在现在已经发生之后，过去去了哪里？而在未来尚未来临之时，未来又在何处？一位在牛津郡进行研究的英国独立物理学家朱利安・巴伯（Julian Barbour）与此前其他一些学者都曾提出，过去与未来事实上一直存在于“每个时刻”（无论它意味着什么），而唯一“流逝”的只是我们对“当下”这一时刻的意识、知觉。

地理与相对论

巴伯的这种观点是将时间视为第四维度的相对论的自然推论。如果我们用几何学来表示爱因斯坦的理论，那么时间可以被视为与我们更为熟悉的3个空间维度互相垂直的一个维度（四维分别是上—下、左—右、前—后以及过去—未来）。这并不仅限于一个单纯的类比。描述物体在三维空间中的位置的方程，是毕达哥拉斯（Pythagoras）关于直角三角形边长的著名方程（勾股定理）——“斜边边长的平方等于两个直角边边长的平方和”的三维推广。而描述物体在时空中的位置的方程，则是毕达哥拉斯方程的四维推广，这种推广形式也是完全有效的。

下图　早期的计时器通过油灯中逐渐下降的油量来记录时间

这似乎意味着，四维地理与三维地理或者二维地理同样真实。不管我们身处地球的何处，月球始终是一个真实的去处，我们可以通过太空旅行到达那里。而在爱因斯坦的宇宙中，下个星期四便如同月球一样始终是真实的，通过时间旅行便能到达。二者的不同之处在于，我们无法决定自己在时间中穿行的速度，也无法选择要去向何方——如同乘坐一列密闭的火车以恒定的速度在乡间穿行。20世纪90年代末，巴伯进一步发展了自己的假说，提出根本不存在“现在”（或星期四、1914年），而是存在数量极其巨大、超出人类理解、对应着传统时间维度上每个可能瞬间的“当下”。他认为所谓“时间的流逝”并不存在，每一个时刻都永远存在。

如何看待过去

巴伯这种观点的出发点是量子力学对现实的一种解读，那便是将现实视作由诸多平行世界所构成的阵列，其中每一个可能的量子事件所暗含的每一种可能的结果都会发生。根据这一设想，倘若我们进行一项实验，让一个电子随机地穿过两个孔之中的任何一个，那么“世界”(整个宇宙)此时将会分裂成两个副本，二者除了电子选择穿过的孔之外完全相同。这一区别似乎并不显著——除非这个实验被设计为一旦电子穿过A孔，它便会触发一颗摧毁伦敦的核弹，而如果电子穿过B孔，伦敦则能幸存。如此，我们便很容易区分两个版本的差异。

然而，即便是这种设想也仍然暗含着时间流逝与宇宙(或多个宇宙)演化的概念，而巴伯的宇宙(或者说多重宇宙)则是真正永恒的。所有可能的量子现实中的所有可能的瞬间都永远地存在。根据巴伯的观点，过去与未来的区别只在于，某些瞬间包含可被称为“记录”(record)的结构，精确地描述了在我们称之为“过去”的其他瞬间存在的事物。这些记录既可能是由人类创造的(譬如日记)，也可能是一些自然现象(譬如地质岩层中的化石)，无须涉及时间的流逝，它们便能定义时间的方向。不过，此处确实存在一项前提条件，那便是这些记录必须是自洽的——每一个瞬间的记录都描述了一种可能的历史。

巴伯认为，人类之所以能感知到时间的流逝，是因为在每一个瞬间，我们的大脑都包含着一组重叠的结构——巴伯称之为“时间胶囊”(time capsule)，它造成了一种时间正在“移动”的错觉，正如电影胶片通过重叠的图像给人画面正在运动的假象一般。不过，意识并不会按照“时间胶囊”的顺序有序地移动——在每一个有意识的时刻，每一个时间胶囊都“始终存在”，且分别有着自己的历史记录与时间流逝的错觉。

不同世界的合并

我们也可以用另一种方式来看待多世界概念。这种方式减少了所需考虑的宇宙的数量，因此更易于被人们接受。同样来自牛津的一位物理学家戴维·多伊奇(David Deutsch)在时间流逝是一种错觉这一点上与巴伯持相同的看法，但同时也提出了自己的观点：当实验中的光子随机穿过两个孔中任何一个时，世界确实会分裂为两个副本，光子在其中一个宇宙中穿过A孔，而在另一个宇宙中穿过B孔；然而，当光子的两条可能的路径在干涉图样中再次汇合时，这两个宇宙也将再次合并到一起，这恰恰是为什么我们可以看到“干涉图样”。这两个副本只有在光子(或多个光子)正在穿过实验道具的那一刻，才会作为两个不同的现实存在。

右页图　时间是否真的存在？或者它只是一连串凝结的瞬间？

根据多伊奇的观点，如果我们着手实施这一实验并允许干涉图样的形成，那么宇宙的分裂与重新聚合只是发生在实验室角落里的局部现象而已。然而，倘若我们在光子穿过实验道具的那一瞬间，对光子正在穿过哪一个孔进行观测并阻止干涉图样的形成，那么世界（宇宙）便将永久地分裂成两个副本。从某种意义上来说，我们可以根据需要来创造新的宇宙（我们这个宇宙的新副本）。事实上，量子物理学定律还允许我们在较此更宏大的尺度上创造宇宙。

一名非传统的科学家

上述对朱利安·巴伯（左图）研究的简要介绍并不能充分展现他用30年的时间才完善的、新颖且突破传统的观点。巴伯的著作《时间的终结》（*The End of Time*）将他的思想和盘托出，这本书通常被视为一本对智力要求较高的读物。然而，除了著作本身的吸引力之外，巴伯的经历也十分吸引人，这与他在这30年的工作方式有关。巴伯虽然获得了物理学博士学位，但却仍然选择退出“要么发表，要么灭亡”的学术竞争，以完全自由地钻研其非传统的观点，他依靠俄语翻译的工作谋生。巴伯并没有与世隔绝，也不是一个我行我素的怪人。他定期参加学术会议，（在自认为恰当的时间）发表论文，颇受同行尊重。

巴伯的成绩不但是自由意志之力量的光辉例证，也是独立职业选择的结果。不过，巴伯的观点却对“自由意志”（free will）这一概念提出了深刻的质疑。巴伯认为，根据对于现实的“多瞬间诠释”（many-instants interpretation），“每个当下”都与“所有其他的当下在一场永恒的比赛中”竞争，“以赢得最高的概率”。尽管在所有正在读这本书的人所经历的“当下”中，朱利安·巴伯是一个独立的伙计并提出了新颖而具独创性的想法，但在无数个其他的“当下”中，无数个版本的朱利安·巴伯接受了常规的学术工作，发表了一系列有价值但乏味的有关常规话题的论文。是偶然，且只有偶然，使得“我们的”朱利安·巴伯与众不同。

薛定谔的猫

奥地利物理学家埃尔温·薛定谔（Erwin Schrödinger）是20世纪20年代量子力学的先驱之一。然而，到了1935年，由于对自己量子力学理论的潜在含意感到厌恶，他设想出了一项虚构的实验以证明它的荒谬。如今，这项实验已经成为科学界最负盛名的“思想实验”。思想实验不必被“真正地”付诸实施。此类实验应当具有极其明显的含意，逻辑极其严谨，因此它的结论是毋庸置疑的。

上图　埃尔温·薛定谔，“猫悖论”的提出者

叠加态科学

薛定谔的论证是以量子力学的标准诠释为基础的。标准诠释认为，量子实体在被测量的那一刻之前一直处于一种叠加态，而在被测量后则会坍缩至一个确定的状态。薛定谔所用的例子涉及放射性衰变，不过，倘若我们想象一个孤立的电子处于两种状态——上自旋与下自旋的混合中，这项“实验”也是同样有效的。当我们对电子的自旋进行测量时，它会以完全相等的概率坍缩至两种状态中的任意一种。每当一个电子从原子中被击出时（可想象为当“电子枪”发射电子束以在电视屏幕上形成画面时），电子便在叠加态中“准备”着发生坍缩。

盒子中的猫

我们不妨想象如下情况：当这样一个电子从电子枪中被发射出来时，我们将它置于一组磁场或电场之中，而不立即对它的自旋进行测量。这个“电子陷阱”（electron trap）处于一个与装满有毒气体的容器相连接的装置内，而所有实验道具都被密封在一个大房间里。房间中有一只健康的猫，且供应有充足的食物与水。当对这个电子的自旋进行测量时：倘若它的自旋向上，某个自动装置便会释放出有毒气体将猫杀死；倘若电子自旋向下，猫则会幸存[①]。薛定谔指出，根据量子力学的标准诠释，在观测者看向房间的内部并注意到其中的情况之前，这个密封房间里包括猫在内的一切事物将处于一种概率各50%的叠加态。这意味着，猫同时既是死的又是活的。

① 薛定谔这项思想实验最初的版本（1935年的版本），是想象将一只猫、极少量放射性物质与一瓶有毒的氰化物同时置于一个密封的盒子中，并想象所用的放射性元素在一个小时内恰好有50%的概率发生衰变。倘若一个小时内放射性物质发生了衰变，便会触发一个自动装置打碎瓶子，释放氰化物，毒死此猫；而倘若一个小时内放射性物质并未发生衰变，猫则会幸存。在外部观测者打开盒子进行观测之前，猫同时既是死的又是活的。描述这个系统的波函数会反映出猫既死又活的叠加态，只有在打开盒子进行观测之后，波函数才会坍缩，叠加态才会收缩到某一个本征态。这种结论基于“哥本哈根诠释”，即前文所说的“量子力学的标准诠释”。而“多世界诠释”则认为即便在打开盒子之后，波函数仍不会坍缩，活着的猫与死去的猫同时存在于两个不同的平行宇宙之中。

上图　由埃尔温·薛定谔设计的思想实验“薛定谔的猫”表示，一只活着的猫与其“幽灵”可以同时存在

平行世界的可能性

量子力学领域存在几种相互竞争的诠释，试图避免这种令人难以接受的状态。诸多宇宙学家赞同的一种诠释涉及平行世界（宇宙）的概念。根据这种诠释，在电子被释放的那一瞬间，整个世界（宇宙）将分裂成自身的两个副本。在其中一个世界里，电子的自旋向下，猫仍然活着；而在另一个世界中，电子的自旋向上，猫已经死去。对于身处两个世界中任意一个的人类观测者而言，当往房间里看时，发现猫仍活着的概率依然是50%——但两个世界中的猫都不会处于叠加态。

将这个例子延伸开来，可知整个宇宙倍增出无限多个分支，而任何可能发生的事件都一定会在一个（或多个）现实的分支中发生。薛定谔的这项实验确实是个“完全的思想实验”，从不曾有人用现实中的猫进行这样的实验！

主题链接

第149页　量子涨落
第223页　真实的二象性
第224页　多世界
第250页　宇宙的“进化”

第3节

踏入未知

将量子多重宇宙中可能存在平行世界这一点与弱人择原理结合起来，便能对“我们的宇宙为何看似是为生命而设计的”这一问题提供一种有效的解答。如此我们便无须诉诸一位“设计师”，也不必陷入“又是谁设计了设计师”的无穷倒推。不过，这些认识都相当抽象，具有哲学意味。

事实上，量子物理学定律也允许宇宙之间存在更为直接的联系，这意味着它们可能是在物理上实际相连的。一个宇宙有可能通过黑洞从另一个宇宙中诞生。这也就是说，宇宙会进行“繁殖”，孕育婴儿宇宙，而婴儿宇宙在“成长”之后又会复制同样的“繁殖”过程。上述观点源自科学界最前沿的研究，尚未接受检验，不过它们揭示了21世纪的宇宙学研究会将人类带往何方。

越过黑洞

确立已久且已获得诸多实验验证的广义相对论方程告诉我们，黑洞必须向着一个数学意义上的点（奇点）坍缩。然而，同样有着充分根据的量子物理学的方程却告诉我们，这个数学意义上的点在现实中并不存在，没有什么能比普朗克半径更小。

将这两种坚实可靠的理论结合起来，物理学家得出如下结论：物质（质能）在不断向内坠入黑洞的过程中到达普朗克半径时，会发生某种不寻常的变化。最有可能的情况是，正在坠落的物质会遽然反弹，并再次向外膨胀。不过，这些物质并不会在其原先坠入黑洞的那个宇宙中突然再次涌现出来。相反，它们会被转移至一组新的维度，在旧宇宙的旁侧形成一个新的膨胀的宇宙。

为了将这些概念置于适宜的框架中思考，我们有必要回想一下黑洞是何种类型的天体。

下图　M87 星系中心的黑洞所喷出的气体射流的特写图

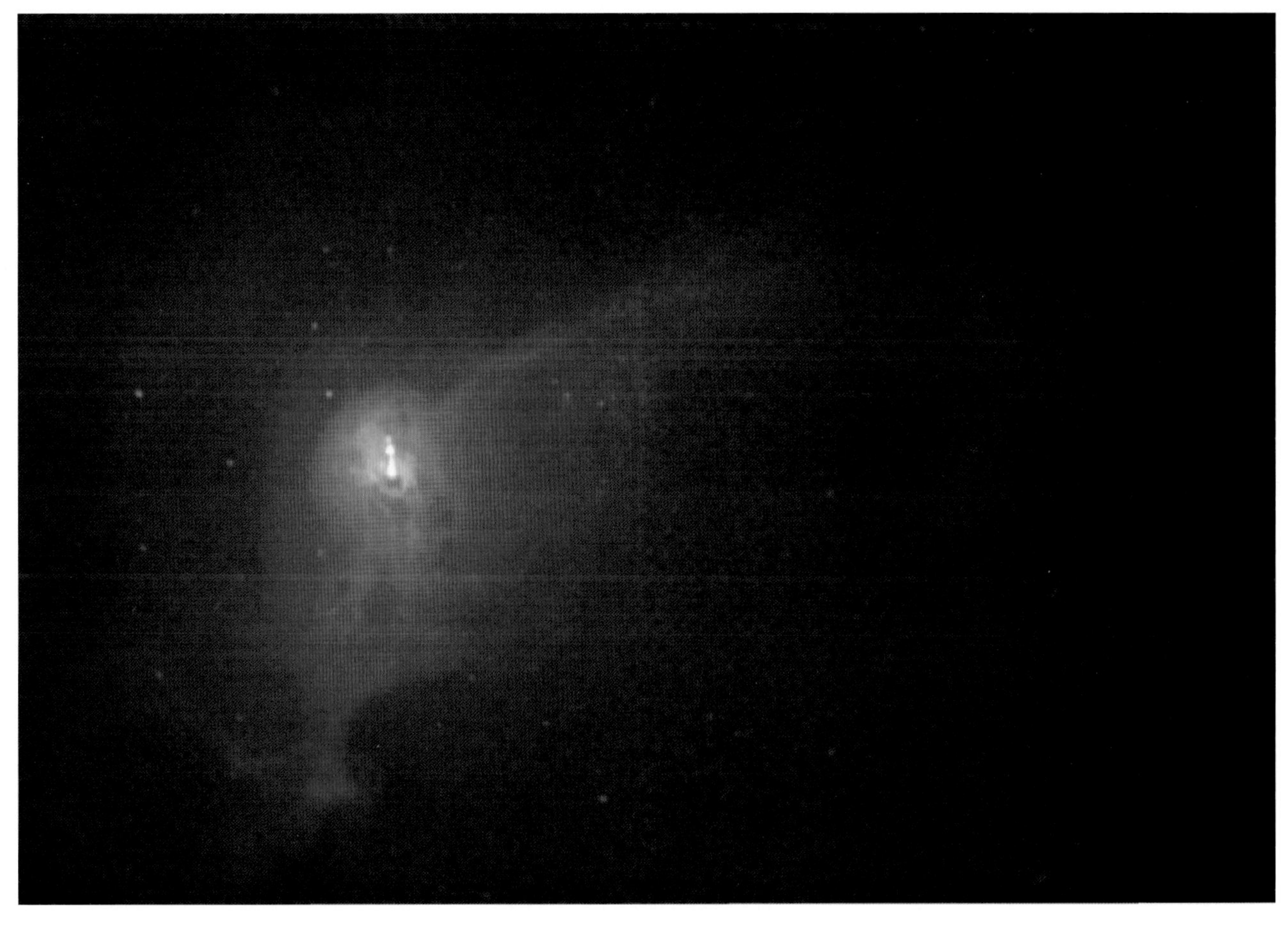

"发明"了黑洞的人

第一个提出黑洞存在的人是一名18世纪的英国教区牧师约翰·米歇尔(John Michell),但他不只是一名普通的牧师。米歇尔出生于1724年,在担任圣职之前是那个时代顶级的科学家之一,因他有关1755年里斯本大地震(左图)的研究而声名鹊起。米歇尔于1760年被选为英国皇家学会(Royal Society)成员,于1762年出任剑桥大学地质学教授。1764年他离开了剑桥大学,成为约克郡一个教区的教区长。不过,此后他仍然保持着对科学的浓厚兴趣,陆续发表了几篇重要的天文学论文。在他的成就中有必要一提的是,米歇尔是最早对除了太阳以外的恒星与地球之间的距离做出相当准确的估算并将结果发表的科学家之一。他以织女星(Vega)的视亮度为基础进行论证,计算出该恒星与地球之间的距离比日地距离大46万倍。1783年,在一篇由其友人——英国物理学家亨利·卡文迪许(Henry Cavendish)向皇家学会宣读的论文中,米歇尔指出宇宙中可能存在一些"暗星",其质量大得连光都无法从彼处逃逸:

"倘若自然界中确实存在某种密度不低于太阳密度、直径却超过太阳直径500倍的天体,那么,由于它们发出的光无法抵达地球……我们将无法通过直接观测获得有关它们的任何信息。然而,如果恰好有其他任何发光的天体围绕它们旋转,我们或许便能通过这些旋转天体的运动推断出中心天体的存在。"

米歇尔在论文中提到的"暗星"正是现在被认为与类星体相关的一类黑洞,而且科学界确实是借由明亮天体围绕它们旋转的方式推断出它们的存在。

回顾黑洞

任何聚集在一起的物质,当其引力场的强度大得足以使时空彻底弯曲、形成一个闭合的表面时,便会成为一个黑洞。黑洞可以通过两种不同的方式形成。其一,如果任何物质团块被挤压成一个球体,过程中质量保持不变,而密度不断增大,那么在达到某个临界密度时,它便将成为一个黑洞。正如前文所述,某些超新星会形成这一类型的黑洞。其二,如果过程中物质团块的密度保持不变,而质量不断增大,那么在达到某个临界质量时,它也将变成一个黑洞。驱动类星体的黑洞便属于这一类型。

物体变成黑洞的临界半径被称为施瓦西半径。如此命名是为了纪念德国物理学家卡尔·施瓦西，他是第一个认识到广义相对论方程预言了黑洞存在的人。我们不妨用如下这种方式来理解施瓦西半径：从半径达到施瓦西半径的天体表面逃逸所需的逃逸速度正好等于光速。任何物体都不能从施瓦西半径之内向外逃逸，因为它需要达到比光速更快的逃逸速度。

若要了解黑洞形成的两种不同机制，我们不妨以太阳为例来思考黑洞的形成。倘若太阳被挤压成一个直径仅有 2.9 千米（质量为 1 倍太阳质量之物体的施瓦西半径）的球体[①]，那么它将成为一个超致密黑洞（superdense black hole）。然而，倘若我们能向太阳添加物质而不使其坍缩[②]（想象一个装有大量弹珠的袋子，其中每个弹珠都代表一颗与太阳类似的恒星），那么当它的质量达到几百万倍太阳质量，其半径相当于太阳系半径（质量为几百万倍太阳质量之物体的施瓦西半径）时，它也将成为一个黑洞，不过属于超大质量黑洞这一类型。制造这种超大质量黑洞所需的物质密度只比水密度略大一些，不过物质随后便会向着中心不断坍缩，并在到达普朗克半径时不复存在。

爱因斯坦的虫洞

尽管黑洞直至 1967 年才被约翰·惠勒赋予这一名称，但卡尔·施瓦西早在 1916 年便已预测了黑洞的存在，而提出广义相对论的爱因斯坦本人也曾在 20 世纪 30 年代研究过黑洞的数学描述。爱因斯坦与以色列物理学家纳森·罗森（Nathan Rosen）在普林斯顿合作研究时意识到，施瓦西所发现的广义相对论方程的解所描述的其实并不是空间中的单个孔洞，而是某个连接两个不同时空的空间隧道。后来，此类隧道被命名为爱因斯坦－罗森桥，不过近年来物理学家更多地称之为“虫洞”（wormhole）。

爱因斯坦－罗森桥，或称虫洞，能在位于时空中不同位置的两个黑洞之

下图 “虫洞”有可能将一个宇宙中的不同区域乃至不同的宇宙连接起来

① 即增大密度而保持质量不变。
② 即增大质量而保持密度不变。

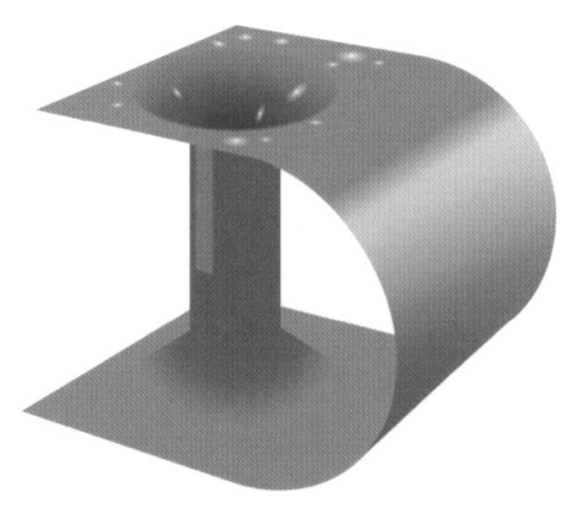
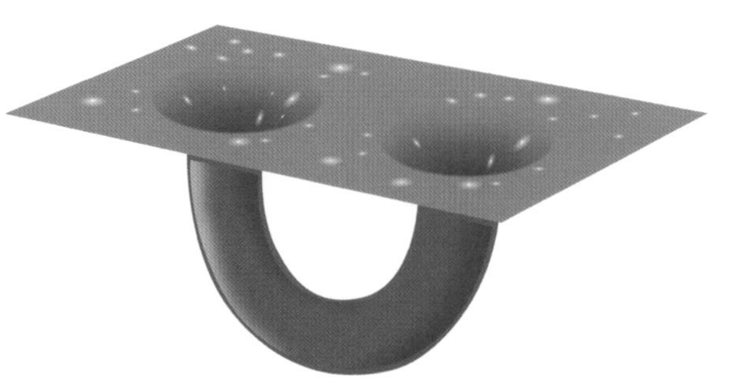

间建立连接。起初我们想到，如果此类实体是真实存在的，那么它们可以像宇宙中的地铁那样将我们这个宇宙的不同部分连接起来[①]。这一点确实是事实。不过，由于这个理论涉及的并不只是空间，而是时空，所以从原则上说，虫洞还有可能连接我们这个宇宙中的不同时刻。这意味着，它可能是某种“时光机器”。此外，如今宇宙学家猜测，倘若其他宇宙确实存在，那么虫洞或许也能在不同宇宙之间提供一种连接。

量子泡沫

不过，面对通过虫洞穿越到另外一个地点、时刻乃至宇宙的可能性，我们不必感到过于激动。建造一个可供人类穿越的大型虫洞将会是极其困难的（从实际意义上来说，几乎是不可能的）。天然的虫洞倘若真正存在，也只会存在于普朗克长度这一尺度上[②]，无论它连接的黑洞本身的施瓦西半径有多大。在这一语境下，一个黑洞便是一条特定宇宙地铁线路的入口。

然而，研究此类实体的数学描述的那些物理学家依然为虫洞着迷。这是因为在普朗克长度这一尺度上运作的量子过程有可能生成大量微小（比亚微观尺度还要小）的虫洞，而时空的结构可能正是由这些虫洞构筑的。正如地毯中纵横交错的线缕形成了地毯一般，量子虫洞交织在一起，形成了时空看似牢固的结构。此外，量子虫洞也有可能是婴儿宇宙的“种子”。

下图及右页图　我们离海平面越近，便会观察到它越不平坦

① 以下这种比喻有助于我们理解虫洞这一概念：想象一只蚂蚁在一张很宽的白纸（近似二维空间）上缓慢地爬动，它从白纸的一端爬至另一端需要较长时间。然而，倘若我们在三维空间中将白纸直接卷起，便能创造一条捷径——一条三维的“隧道”，使蚂蚁立即到达纸的另一端。同理，我们生活在时空的“表面”，而理论上的虫洞则是四维的“隧道”。它将时空折叠起来，使我们能瞬间跨越上百亿光年的距离（甚至到达其他宇宙或其他时刻）。部分物理学家认为虫洞是四维空间在三维空间的一种投影。

② 不过根据美国物理学会出版的期刊《物理评论》（*Physical Review*）刊登的一篇文章，倘若在宇宙诞生之初负质量的“宇宙弦”（cosmic string）使微型虫洞的存在成为可能，那么微型虫洞也许会随着宇宙的暴胀而膨胀为宏观尺度上的虫洞。

如何创造一个宇宙

时空可能是由量子尺度上的虫洞"编织"而成的，这一观点与约翰·惠勒所提出的另一个设想有关。惠勒认为时空是量子实体的"泡沫"，这些泡沫在普朗克长度的尺度上忽然出现而又在须臾之间消逝。这个设想也适用于黑洞对（black hole pairs）以及将它们连接起来的虫洞。惠勒将海洋表面的外观与此作了一个类比：从飞机上远远望去，海面看起来是平直的；倘若靠近一些再看，它便显得有些粗糙；倘若在足够近的距离上仔细观察，我们会发现海面上有着不断更替的由微小气泡和波浪组成的泡沫。在我们看来时空之所以是平直的，也许只是因为人类的尺度与普朗克长度相比实在大得太多——毕竟普朗克长度仅为 10^{-35} 米，是一个质子直径的 $1/10^{20}$。

虚拟现实

惠勒的设想基于量子力学的一种猜测，即像"粒子对"这样的量子实体可以在极短的时间内从无到有地凭空出现，这一过程便是产生"虚粒子对"。在本书的第二章，我们在驱动宇宙加速膨胀的暗能量的背景下，已经谈及这一概念。虚粒子对显然不仅仅是宇宙学家为了诠释对遥远星系的观测结果而提出的一种猜测。此类量子涨落是量子力学不可或缺的组成部分，并且为"真空"提供了一种结构。量子涨落所导致的结果可以直接在实验室中测量。

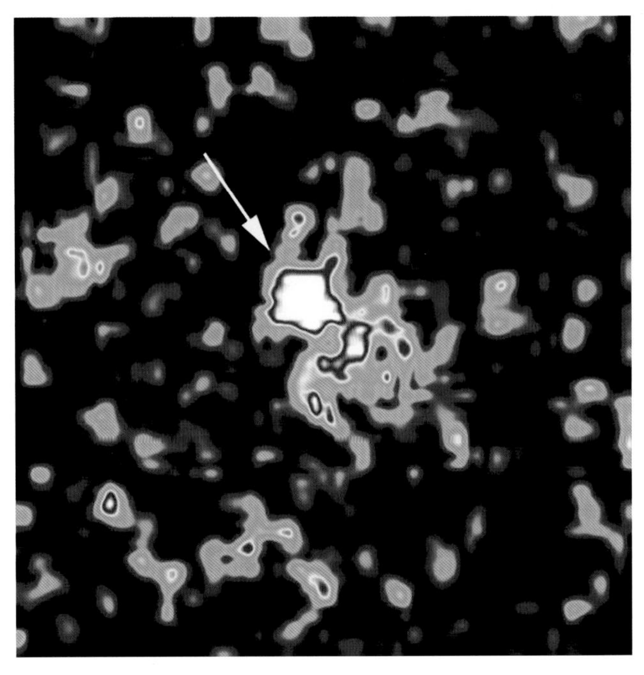

上图　哈勃空间望远镜所拍摄到的一个 γ 射线源

左页图　乌鸦座的一对交互作用的星系——"触须星系"（Antennae Galaxies），两个交互星系分别是 NGC 4038 和 NGC 4039

从虚无中诞生的粒子总是成对出现的（被称为虚粒子对），而成对的两个虚粒子具有恰好相反的量子性质。譬如，一个虚电子总是伴随着一个虚正电子，即一个类似电子但带正电而非负电的粒子。当附近存在一个带电荷的实粒子（譬如实电子）时，即便是对于虚粒子对短暂的寿命而言，虚正电子也有足够的时间靠近实电子，并使虚电子远离实电子。这便会在实电子的周围产生一种屏蔽效应，削弱实电子电荷的作用，这一点可以通过这一实电子对另一个实电子的影响来测量。量子理论可对这种屏蔽效应的影响进行预测，而事实证明，其结论可以与实验中真正测量出的电子等带电粒子的行为相吻合。毋庸置疑，量子涨落是真实存在的。

引力的负能量

引力相当于负能量这一点可谓是非专业人士最难接受的科学概念之一。不过，它也是一个至关重要的科学概念，因为倘若没有引力的负能量，我们所处的这个宇宙可能根本不会存在。

延伸至无穷

在不深入讨论广义相对论方程的情况下，我们可用以下这种方式来理解上述概念：想象我们在不断地拆解某物（任何事物），并且将它的组成部分一直散布至无穷远处。这只是一项“思想实验”，因此我们完全可以在原子或是质子、中子等亚原子粒子的层面上进行这一实验。不过，为了更直观地理解引力的负能量，此处我们不妨用一堆砖块来继续这项思想实验。

正如前文所述，引力遵循平方反比定律。这意味着任意两块砖之间引力的大小都与二者之间距离的平方成反比。倘若砖块之间的距离是无穷大，那么引力的大小必然为零，因为任何数除以无穷大（更不必说除以无穷大的平方）都等于零。

储存能量

某个引力场中所储存的能量的大小，取决于相互吸引的物体之间的作用力。这条规律并不只适用于引力。以弹簧为例，当弹簧处于自然放松的状态时，它没有储存任何能量（当然，此处我们不考虑它的 mc^2）。当它受到拉伸时，向回拉动弹簧[①]的力也会相应地不断增大，此时弹簧便会储存一定的能量。然而，对于引力而言，当物体彼此远离时，它们之间的引力反而会变小。倘若我们能将弹簧拉伸至无穷远处而不使其断裂，那么与此同时，也会存在一个极其巨大的、向回拉动弹簧的力[②]，弹簧所储存的能量将会大得不可思议。反观引力，只有当物体相当靠近彼此时，它们才可能对彼此产生巨大的引力。当两个物体相隔的距离达到无穷大时，引力的大小等于零，引力场中的能量也等于零。

提取能量

然而，我们也知道当物质向内坍缩时，引力能会被释放出来。恒星的内核正是通过这种由坍缩释放引

① 指弹力 / 弹性力（elastic force），即在物体受外力作用发生形变时，一种能使发生形变的物体恢复原来形状的作用力。弹力的方向与使物体产生形变的外力的方向相反。向外拉伸弹簧、使弹簧发生弹性形变（elastic deformation）的拉力愈大，反方向上弹簧的弹力便愈大，弹簧具有的弹性势能（elastic potential energy）也愈大。

② 因为弹力不遵循平方反比定律。

左页图 要将任何物体从地球的重力井（gravitational well）中提取出来都需要巨大的能量

上图 距离地球 4 000 ~ 6 000 光年的礁湖星云（Lagoon Nebula）。作为恒星诞生区，近期它已孕育出数千颗新恒星

力能的过程变得极其炽热，从而启动核燃料的燃烧。想象一下，散布至无穷远处的所有这些砖块受到了轻微的推动，继而全部开始坍缩。在坍缩的过程中，它们会释放出引力能。然而，这些砖块的初始能量等于零。这意味着，在释放一些引力能之后，它们所余的能量应该小于零。这便如同银行账户余额为零的人开出了一张支票，忽然间他的银行存款便会变成负数。对于所有的真实物体而言，它们引力场能量的大小皆是负值。

如果这些砖块已从无穷远处一直坍缩至一个点（或是普朗克长度），那么根据广义相对论方程，坍缩过程中砖块所释放出的总能量的大小恰好等于砖块总质能的负值，即 $-mc^2$。我们可以将这一过程逆转过来，这意味着，一个将要膨胀至无穷大的宇宙可以在普朗克尺度上“无中生有”地凭空出现，因为其正的质能恰好会被其负的引力能完全抵消。

主题链接
第 37 页 恒星开始燃烧
第 82—83 页 寻找黑洞
第 98 页 在奇点中开始
第 149 页 量子涨落
第 248 页 爱因斯坦的惊诧

上图 M87 星系中的物质被该星系中心的一个超大质量黑洞释放的喷流射中

“无中生有”

事实上，量子物理学定律并没有限定只有粒子可以通过这种方式从虚无中被暂时地创造出来。少量的纯能量（一些半径与普朗克长度相当的“气泡”）也能从无到有地凭空出现，前提是它们会在海森伯的不确定性原理所允许的时间内消失。不过，这段时间其实可能相当之长。

正如前文所述，一次量子涨落所包含的能量愈少，其存在的时间便愈长。这种质能“气泡”的能量事实上以两种不同形式存在，一种形式是质量，另一种形式是引力。特别的是，引力场的能量实际上是负的。这意味着，对于一个质能恰好合适的气泡而言，以这两种不同形式存在的能量正好可以相互抵消，使气泡的总能量等于零。在这种情况下，气泡将能永远存在下去。“恰好合适”指的是，气泡的质量正好能使它保持平直，只要质量略大一些它便会成为黑洞。而如果我们所在的这个宇宙确实是平直的，那么它所包含的总能量也等于零。

早在 1973 年，在纽约城市大学进行研究的美国物理学家爱德华·特赖恩（Edward Tryon）便指出，根据量子物理学，我们这整个宇宙可能只不过是真空的一次量子涨落。

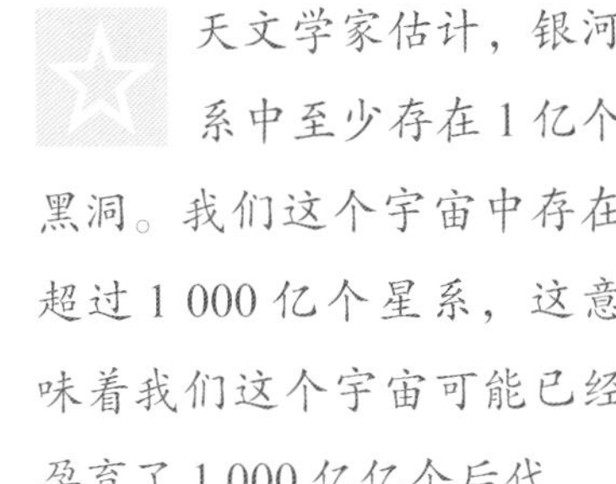
天文学家估计，银河系中至少存在1亿个黑洞。我们这个宇宙中存在超过1 000亿个星系，这意味着我们这个宇宙可能已经孕育了1 000亿亿个后代。

气泡的膨胀

特赖恩的设想面临一个有待解决的问题，那便是量子涨落只发生在普朗克尺度上。量子物理学定律并没有否定一个所含质能与我们这个宇宙相当的气泡不能出现在普朗克尺度上，只是气泡中相应存在的巨大引力会在其诞生后立即将其摧毁。特赖恩的设想一直被搁置到20世纪80年代，直到暴胀理论提供了一种机制，可使一粒超致密的量子“种子”扩大至我们世界中一个可观测物体的大小。暴胀所提供的巨大推力可以起到“反引力”的作用，抵消引力，使时空变得平直，并且避免婴儿宇宙在形成后立即被自身的引力毁灭。

显然，我们没有理由止步于仅仅一个宇宙。根据特赖恩的设想，量子涨落可以产生各种大小的宇宙。在量子涨落产生的所有不同宇宙中，有些宇宙的宇宙学常数过小，仅能使其略微膨胀一点，有些宇宙的宇宙学常数则足够大，可以使宇宙永远膨胀下去，而两个极端之间一切可能的中间情况也都存在。每一个宇宙便如同时空泡沫中的一个气泡，以自身的方式进行膨胀，完全不与周围的其他宇宙发生接触。于是，我们需要再次诉诸弱人择原理，来解释我们所处的宇宙为何是现在这样的。

我们可以将特赖恩的设想、暴胀理论以及有关黑洞的数学描述结合在一起，为我们这个宇宙如何演变至今、人类如何能够诞生这些问题提供一种更令人着迷的见解。

黑洞与婴儿宇宙

我们这个宇宙以及其他诸多宇宙的“种子”，可以作为一种质能的聚集突然出现。此类“种子”在普朗克半径的范围内包含了可观测宇宙中所有的质能，“诞生”于第 10^{-43} 秒——即第一普朗克时间。之后，暴胀将能推动一个这样的婴儿宇宙膨胀至宏观尺度的大小。这一过程可以发生在我们周围真空中的任何地方。实际上，婴儿宇宙也许正在你此刻所读的这一页书的原子之间的空隙中诞生。倘若事实确是如此，那么这些宇宙并不会向外爆炸并填满我们所处的时空，而会存在于其特有的、与我们的时空维度相互垂直的时空维度中。此外，从原则上说，有意地创造一个宇宙也是有可能的。

爱因斯坦的惊诧

引力的负能量恰好可以彻底抵消一块物质（或是整个宇宙）的质能（$E=mc^2$），这一想法实在令人震惊，因此即便读过详尽的阐述，抑或亲自研究过相关方程，你或许依然感到难以置信。这种感觉并不奇怪，因为爱因斯坦也曾对引力的负能量感到惊诧。

第一个意识到这种可能性的人是德国物理学家帕斯夸尔·约尔旦（Pascual Jordan）。20 世纪 40 年代，他正在美国工作。那时，爱因斯坦（左图）正在为美国海军担任顾问，负责评估平民向军方发送的新武器计划。爱因斯坦相当胜任这项工作——他曾在瑞士专利局工作了数年，因此他惯于发现各种专利发明中的缺陷。每隔两个星期左右，在华盛顿哥伦比亚特区同样参与战争事务工作的乔治 · 伽莫夫都会前往普林斯顿与爱因斯坦探讨物理学界的最新进展。

在其中一次相聚时，正如伽莫夫日后在自传《我的世界线》（*My World Line*）中回忆的那样，两位物理学家正从爱因斯坦的住所前往他工作的普林斯顿高等研究院。那时，伽莫夫不经意间提到约尔旦曾对他说，一颗恒星完全可以从无到有地凭空诞生，因为在体积为零时，它的负引力能恰好可以彻底抵消它的正质能。“爱因斯坦猛然停下了脚步，”伽莫夫告诉我们，“由于我们正在过马路，好几辆车不得不停下来，以免将我们撞倒。”

按需创造宇宙

一些物理学家，包括暴胀理论的先驱之一艾伦 · 古思，已经在数学上探索过这一可能性。他们探讨的一个关键点是，即便是要创造一个与我们所处的宇宙同样大的宇宙，在初始时也并不需要获得巨大的质能。借由引力的负能量，自然界完全可以从无到有地凭空创造出诸多宇宙。人类不大可能做到这一点，因为我们必须投入能量方可触发暴胀过程。不过，即便是与太阳这类恒星较小的能量输出相比，实际所需的能量也可谓少得惊人。

触发暴胀所需的条件包括极高的温度与极大的密度，而几颗氢弹所产生的能量便足以创造出这样的条件。真正的难点在于，如何将这种能量限制在原子大小的微小空间之内，即便限制的效果只能持续短短一瞬。古思等学者研究的方程表明，倘若我们可以做到这一点，那么某些情况下这个被压缩的区域内便会发生暴胀。

还有另一种创造宇宙的方法。尽管就人类目前的科技水平而言，这种方法同样无法实现，但它与上述方法一样，从物理定律的角度来说是可行的。这种方法便是制造一个黑洞。正如罗杰·彭罗斯（Roger Penrose）在 20 世纪 60 年代证明的那样，黑洞内部的物质必然会向着奇点处坍缩。当正在坍缩的物质被压缩到普朗克体积之内时，量子过程便会开始占据主导，将坍缩中的物质侧向“分流”至一组新的时空维度中，形成一个新的、膨胀的宇宙。进入黑洞的质能的大小并不重要，它是以水、氢原子、花生抑或其他什么形式存在也不重要。借由引力的负能量，任何质量的黑洞都能创造出与我们这个宇宙同样令人赞叹的宇宙。

这个迷人故事的一大转折是，没有什么规定婴儿宇宙中的物理定律必须与孕育它的宇宙完全相同。

下图　制造氢弹的技术给了我们造出黑洞的可能性，也许还能制造出婴儿宇宙

宇宙的"进化"

在宾夕法尼亚州立大学进行研究的物理学家李·斯莫林（Lee Smolin）提出了一条在科学界相当引人关注的推测。他推测每当婴儿宇宙通过黑洞或虫洞的"脐带"从另一个宇宙中诞生时，新宇宙中的物理定律皆会与母宇宙的略有不同，但也不会迥然相异。正如孩子与父母虽然有所不同，但马孕育的始终是马，猫孕育的始终是猫，等等。不过，迄今为止，这仍然只是一种推测而已。

假设宇宙确实会以这种方式"进化"，那么在量子涨落产生新的宇宙时，宇宙便会以各种不同的形式出现，其中有些宇宙比另一些膨胀得更多。但是每当新宇宙从母宇宙中诞生时，它们都会保留自己母宇宙的一些"家族遗传特征"。如果某次量子涨落形成的宇宙未能膨胀得足够大,未能产生大量黑洞，那么它便只会留下很少的后代，也许完全没有任何后代。而一个宇宙愈大，它所能产生的黑洞便愈多，因此它能孕育的婴儿宇宙也愈多——关键在于这些婴儿宇宙将与父母具有相似的特性，倾向于膨胀成较大的宇宙，并由此孕育更多的婴儿宇宙。

斯莫林认为，这必然将使得较大的、其中物理定律被调整得可以使黑洞数量最大化的宇宙普遍形成。根据此种推测，我们这个宇宙事实上应该是多重宇宙中最为常见的一类，我们甚至无须诉诸弱人择原理，便能解释我们为何生活在这样一个宇宙中。然而，倘若我们这个宇宙确实只是某种有利于黑

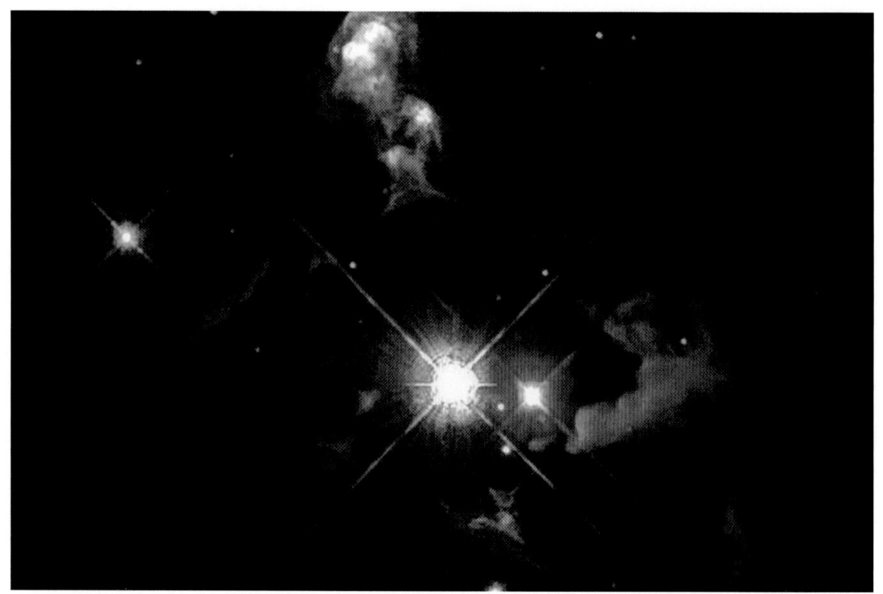

右图　年轻的恒星赫比格－阿罗32①（Herbig-Haro 32），被孕育它的星云环绕着

① 准确来说，赫比格－阿罗天体并非恒星，而是由新生恒星喷射出的部分电离气体与附近气体尘埃云发生碰撞而形成的类似星云的天体。

洞形成的进化过程的自然结果，人类又为何会存在呢?

人类只是寄生虫

斯莫林的答案是，人类充其量只是黑洞形成的自然过程的“副产品”，甚至可以说是我们这个宇宙的寄生虫。宇宙的大小并不是孕育大量婴儿宇宙所需的唯一条件，倘若一个宇宙要繁衍大量后代，那么它的物理定律也必须正好适合黑洞在其中形成，人类的诞生也与此相关。

若要将物质转化为新的宇宙，最高效的方法是形成大量的较小黑洞，因为每个黑洞都能孕育一个新的宇宙。1 亿个质量为 1 倍太阳质量的黑洞，远胜于单独一个质量达 1 亿倍太阳质量的黑洞。我们知道，恒星质量黑洞是由恒星产生的，是恒星从诞生至死亡的自然生命周期中的一部分，而这种自然生命周期在极大程度上取决于碳与氧等关键元素的存在。我们接下来将阐明这一点与黑洞的关系。

当气体尘埃云（巨分子云）开始坍缩并形成恒星时，其内部会变得炽热。随着第一代恒星的诞生，它们会辐射出大量紫外线与可见光，并由此在气体尘埃云中引发爆炸。除非气体尘埃云能将这种热量散去，否则诸如太阳这类之后世代的恒星将完全无法形成。而气体尘埃云散去热量的方式便是由一氧化碳与水等化合物吸收紫外线与可见光，并在红外波长上将其再次辐射出去。红外线可以穿过气体尘埃云，逃逸到太空之中。于是，气体尘埃云便能再次坍缩并孕育更多的恒星，其中包括一些黑洞的前身天体——超新星。

倘若没有碳与氧的存在，那么宇宙中便只会有少数恒星诞生，而这些恒星正是我们这个宇宙中碳和氧的起源。正如前文所述，我们这个宇宙中的物理定律似乎经过了调整，以允许碳与氧在恒星内部形成，而这一点恰好有利于像人类这样以碳为基础、呼吸氧气的生命体。倘若斯莫林的推测是正确的，那么允许碳与氧存在的“巧合”既不是出于偶然，更不是出于有意的设计，而是宇宙间“自然选择”过程的一个组成部分。碳与氧是我们这个宇宙的繁殖循环中不可或缺的一部分，而人类的诞生只是搭上了黑洞形成过程的顺风车而已。

这是一种发人深省的认识，能够让人类彻底摒弃自己置身于宇宙中心的错觉。有一点比较令人欣慰，即这些推测若是正确无误，便意味着还存在无数个相对富含碳与氧的其他宇宙，如同人类这样的生命体可以在彼处繁衍生息。

第 252 页图 巨分子云 M42